磁致伸缩材料与传感器

王博文 翁 玲 黄文美 孙 英 李明明 著

北 京

冶金工业出版社

2020

内 容 提 要

本书系统地介绍了磁致伸缩材料、磁致伸缩传感器和磁致伸缩换能器。全书共分9章，分别论述了磁致伸缩原理、磁致伸缩材料、磁致伸缩合金相图与材料制备、磁致伸缩材料特性与测试、磁致伸缩位移传感器、磁致伸缩触觉传感器、磁致伸缩纹理检测传感器与识别技术、磁致伸缩微重量传感器、超声磁致伸缩换能器。既有材料科学的理论深度，又有传感器器件设计与应用的实例，在磁致伸缩新材料、磁致伸缩合金相图、磁致伸缩传感器与超声换能器的设计与制作研究方面具有创新。

本书可供从事磁性材料、机器人、传感器、控制技术等领域的研究人员、工程技术人员阅读，也可作为高等学校电气信息、材料科学与工程、机械工程等专业研究生和本科生的参考书。

图书在版编目（CIP）数据

磁致伸缩材料与传感器/王博文等著 . —北京：冶金工业出版社，2020.5

ISBN 978-7-5024-8468-2

Ⅰ.①磁… Ⅱ.①王… Ⅲ.①压磁材料—研究 ②磁性传感器—研究 Ⅳ.①TM271 ②TP212

中国版本图书馆 CIP 数据核字（2020）第 072054 号

出 版 人 陈玉千
地 址 北京市东城区嵩祝院北巷 39 号 邮编 100009 电话 (010)64027926
网 址 www.cnmip.com.cn 电子信箱 yjcbs@cnmip.com.cn
责任编辑 于昕蕾 美术编辑 彭子赫 版式设计 孙跃红
责任校对 石 静 责任印制 李玉山
ISBN 978-7-5024-8468-2
冶金工业出版社出版发行；各地新华书店经销；三河市双峰印刷装订有限公司印刷
2020 年 5 月第 1 版，2020 年 5 月第 1 次印刷
169mm×239mm；20.75 印张；407 千字；320 页
118.00 元

冶金工业出版社 投稿电话 (010)64027932 投稿信箱 tougao@cnmip.com.cn
冶金工业出版社营销中心 电话 (010)64044283 传真 (010)64027893
冶金工业出版社天猫旗舰店 yjgycbs.tmall.com
（本书如有印装质量问题，本社营销中心负责退换）

前　言

　　磁致伸缩材料是在磁场的作用下可以发生较大变形的新型功能材料。这种材料可将电磁能转换成机械能或声能，相反也可以将机械能转换成电磁能，是重要的能量转换功能材料。磁致伸缩效应最早是由 J. P. Joule 于 1842 年发现的，后来人们发现镍、钴、铁及它们的合金也具有明显的磁致伸缩效应，但是应变仅限制在 $50×10^{-6}$ 以内。以稀土-铁和铁-镓为代表的磁致伸缩材料的磁致伸缩远高于传统材料的磁致伸缩，并具有承载能力大、能量转换效率高和反应速度快的特点。这种材料在海洋探测与开发、微位移驱动、减振与防振、机器人等高新技术领域有着广泛的应用。

　　本书主要作者在 2003 年和 2008 年分别出版了《超磁致伸缩材料制备与器件设计》和《磁致伸缩材料与器件》两本专著，主要论述了磁致伸缩材料、材料制备技术和器件设计。鉴于近年磁致伸缩材料与器件领域的研究不断深入，尤其在磁致伸缩新材料和传感器方面，内容丰富，成果颇多，出版的书籍已不能满足磁致伸缩材料与磁致伸缩传感器及换能器领域的研究人员和工程技术人员的需要，因此作者在 2003 年和 2008 年出版的书籍基础上，结合磁致伸缩材料与磁致伸缩传感器及换能器领域的近年研究成果，撰写了本书。本书主要作者从 1990 年开始从事磁致伸缩材料与器件的研究工作，在国家自然科学基金委员会（批准号：59871030、50371025、50571034、50971056、51171057、51201055、51777053、51801053）、河北省自然科学基金委员会（批准号：501027、503055、E2017202035、E2019202315）和河北省高等学校博士科研基金等的资助下，对磁致伸缩材料、磁致伸缩特性测试和磁致伸缩传感器及换能器进行了深入的研究，取得了多项研究成果，本书是作者近年来取得的研究成果的概括和总结。本书较系统地介绍了磁致伸缩材料、磁致伸缩传感器和磁致伸缩换能器，全书共分9章，分别论述了磁致伸缩原理、磁致伸缩材料、磁致伸缩合金相图与材料制备、磁致伸缩材料特性与测试、磁致伸缩位移传感器、磁致伸缩触觉传感器、磁致伸缩纹理检测传感器与识别技术、磁致伸缩微重量传感器、超声磁致伸缩换能器。

本书既具有材料科学的理论深度，又具有传感器器件设计与应用的实例，在磁致伸缩新材料、磁致伸缩合金相图、磁致伸缩传感器与超声换能器的设计与制作研究方面具有创新。作者的研究成果主要体现在本书的磁致伸缩材料磁化过程、合金相图、触觉传感器与换能器设计等方面。书中部分内容反映了当前木学科国内外的最新研究成果。

本书内容丰富、素材新颖、层次分明，可供从事磁性材料、机器人、传感器和控制技术等方面的研究人员和工程技术人员阅读，也可作为高等学校电气信息、材料科学与工程、机械工程等专业研究生和本科生的参考书。相信本书的出版将会有力地促进磁致伸缩材料与传感器领域的研究工作向前发展。

本书第1~3章由王博文教授和李明明副教授撰写，第4章和第8章由翁玲副教授撰写，第5章由孙英副教授撰写，第6章和第7章由王博文教授撰写，第9章由黄文美教授撰写，全书由王博文教授统稿与审核。

本书的出版得到了省部共建电工装备可靠性与智能化国家重点实验室的资助，河北工业大学电气工程学院对于本书的出版给予了大力的支持。张冰、李亚芳、郑文栋等博士研究生，李云开、王晓东、王启龙等硕士研究生和北京科技大学的高学绪教授、李纪恒副教授以及赵亚陇、王继全、袁超、史家兴等博士研究生为本书编写提供了相关资料。在此一并表示衷心的感谢。此外，书中选用了国内外一些磁致伸缩材料与器件工作者的研究成果，在此亦向这些作者表示诚挚的谢意。

　　期望本书的出版能够推动磁致伸缩材料与传感器在国内的研究、应用和发展，但由于水平有限，时间仓促，书中不妥之处，恳请读者不吝指正。

　　　　　　　　　　　　　　　　　　　　　　作　者
　　　　　　　　　　　　　　　　　2020 年 1 月于天津

目　录

1 磁致伸缩原理

1.1 磁致伸缩效应与微观理论

1.1.1 磁致伸缩效应

铁磁体在外磁场中磁化时，其尺寸也会相应地发生变化，这个现象称为磁致伸缩或磁致伸缩效应。它是焦耳（J. P. Joule）在 1842 年发现的，故亦称焦耳效应。稍后维拉里（E. Villari）又发现了磁致伸缩的逆效应，即铁磁体发生变形或受到应力的作用要引起材料的磁化状态发生变化的现象。磁致伸缩的逆效应也称为铁磁体的压磁性现象，表明铁磁体的形变与磁化有密切的关系。

[英] 焦耳（James Prescot Joule，1817~1889）

沿棒状铁磁体轴向施加一个磁场时，将产生 Δl 的伸长量，如图 1-1 所示。比值 $\Delta l/l = \lambda$ 称为线磁致伸缩应变或线磁致伸缩系数。l 为样品在加载磁场前的长度，Δl 为在磁场作用下的变形量。λ 为正值时，表示在磁场下作用下它是伸长的，λ 为负值时，则表示它是缩短的。磁致伸缩系数随磁场的增大而增加，当磁场增加到某一个值时，λ 增加到一个饱和值，称为饱和磁致伸缩系数 λ_s。

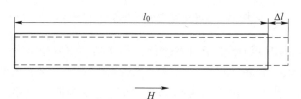

图 1-1　铁磁体的线磁致伸缩示意图

材料的磁致伸缩由两部分组成：一是材料本身温度低于居里温度时，磁畴形成过程中，磁矩排列导致的尺寸变化，这部分尺寸变化叫做自发磁致伸缩，这一类伸缩无法通过改变外磁场进行控制，所以狭义的磁致伸缩不包括此部分磁致伸缩；二是材料在外磁场作用下产生的尺寸变化，被称作感应磁致伸缩，也是人们通常所说的狭义磁致伸缩。

1.1.1.1　自发磁致伸缩

当铁磁性材料从居里温度之上冷却至居里温度之下时,其内部混乱的原子磁矩在彼此之间的交互作用下开始整齐排列并形成磁畴,这个过程被称作自发磁化过程[1]。而材料的磁致伸缩就起源于原子间磁矩的交换作用。

从交换作用与原子距离的关系很容易说明自发磁致伸缩,交换积分 J 与 d/r_n 的关系是一曲线（Slater-Bethe 曲线,如图 1-2 所示）,其中 d 为近邻原子间的距离,r_n 为原子中未满壳层的半径。设球形晶体在居里温度以上原子间的距离为 d_1。当晶体冷至居里温度以下时,若距离仍为 d_1（相应于图 1-2 曲线上的 "1" 点）则交换积分为 J_1。若距离增至 d_2（相应于图 1-2 曲线上的 "2" 点）,则交换积分为 $J_2(J_2 > J_1)$。我们知道,交换积分越大则交换能越小。由于系统在变化过程中总是力图使交换能变小,所以球形晶体在从顺磁状态变到铁磁状态时,原子间的距离不会保持在 d_1,而必须变为 d_2,因此晶体的尺寸便增大了。同理,若某铁磁体的交换积分与 d/r_n 的关系是处在曲线下降一段上的话（如图 1-2 曲线上的 "3"）,则该铁磁体从顺磁状态转变到铁磁状态时就会发生尺寸的收缩。

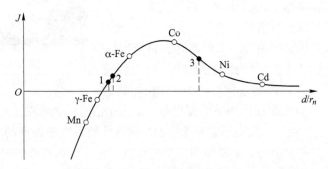

图 1-2　交换积分与晶格原子结构的关系（Slate-Bethe 曲线）

铁磁体在居里温度以下由于自发磁化,晶体结构将发生变化。对于在居里温度以上是立方晶系的铁磁性材料,自发磁化后由于其易磁化方向的不同,分别畸变为不同的晶格。当易磁化方向为<100>方向时畸变为四方晶格,易磁化方向为<111>方向时畸变为菱方晶格,易磁化方向为<110>方向时畸变为单斜晶格。当采用 X 射线衍射技术测试铁磁体的自发磁致伸缩时,铁磁体中的易磁化方向相当于磁场方向,晶面法向方向相当于自发磁致伸缩测量方向[2,3]。

对于易磁化方向为<100>方向的铁磁体,自发磁致伸缩应变将导致铁磁体的晶格由立方畸变为四方。根据立方晶系单晶体的磁致伸缩的表达式[4]可以确定自发磁致伸缩 λ_{100} 与晶格参数之间的关系。设磁化方向为 [001] 方向,自发磁致伸缩的测量方向为 [001] 方向时,易磁化方向与测量方向平行的自发磁致伸缩

$\lambda_{/\!/}$可表示为

$$\lambda_{/\!/} = \lambda_{001,\,001} = \frac{d_{001} - d_0}{d_0}$$

$$= \lambda^{\alpha} + \frac{3}{2}\lambda_{100}\left(\alpha_x^2\beta_x^2 + \alpha_y^2\beta_y^2 + \alpha_z^2\beta_z^2 - \frac{1}{3}\right) +$$

$$3\lambda_{111}(\alpha_x\alpha_y\beta_x\beta_y + \alpha_y\alpha_z\beta_y\beta_z + \alpha_z\alpha_x\beta_z\beta_x)$$

$$= \lambda^{\alpha} + \frac{3}{2}\lambda_{100}\left(1 - \frac{1}{3}\right)$$

$$= \lambda^{\alpha} + \lambda_{100} \tag{1-1}$$

式中，d_0 和 d_{001} 分别为铁磁体晶格未发生畸变和（001）晶面发生畸变后的晶面间距。当自发磁致伸缩的测量方向为［100］方向时，易磁化方向与测量方向垂直的自发磁致伸缩 $\lambda_{\perp}$ 为

$$\lambda_{\perp} = \lambda_{001,\,100} = \frac{d_{100} - d_0}{d_0}$$

$$= \lambda^{\alpha} + \frac{3}{2}\lambda_{100}\left(\alpha_x^2\beta_x^2 + \alpha_y^2\beta_y^2 + \alpha_z^2\beta_z^2 - \frac{1}{3}\right) +$$

$$3\lambda_{111}(\alpha_x\alpha_y\beta_x\beta_y + \alpha_y\alpha_z\beta_y\beta_z + \alpha_z\alpha_x\beta_z\beta_x)$$

$$= \lambda^{\alpha} + \frac{3}{2}\lambda_{100}\left(-\frac{1}{3}\right)$$

$$= \lambda^{\alpha} - \frac{1}{2}\lambda_{100} \tag{1-2}$$

式中，d_{100} 为铁磁体晶格（100）晶面发生畸变后的晶面间距。因而，铁磁体晶格由于自发磁致伸缩发生的晶格畸变为

$$\lambda_{/\!/} - \lambda_{\perp} = \frac{d_{001} - d_{100}}{d_0} = \Delta d/d_0 = \frac{3}{2}\lambda_{100}$$

即

$$\lambda_{100} = \frac{2}{3}\Delta d/d_0 \tag{1-3}$$

对于易磁化方向为<111>方向的铁磁体，自发磁致伸缩应变将导致铁磁体的晶格由立方畸变为菱方。根据立方晶系单晶体的磁致伸缩的表达式[4]可以确定自发磁致伸缩 λ_{111} 与晶面间距 d 之间的关系为

$$\lambda_{111} = \Delta d/d_0 = \Delta\alpha \tag{1-4}$$

式中，$\Delta\alpha$ 为铁磁体晶格发生畸变后偏离 $\pi/2$ 的角度。根据铁磁体的自发磁致伸缩与晶格参数之间的关系，通过 X 射线衍射技术可以确定铁磁体由自发磁致伸缩导致的晶格畸变 $\Delta d/d_0$，或铁磁体晶格发生畸变后偏离 $\pi/2$ 的角度，进而通过计算可以得到自发磁致伸缩的数值。

例如，对于金属间化合物 $TbFe_2$，其易磁化方向为 <111> 方向，自发磁化后畸变为菱方晶格。在 X 射线衍射谱线上，（110）、（220）、（330）、（440）、（310）和（620）晶面反射峰都分裂为等强度的两个峰[5]，由反射峰分裂的两个峰可以确定相应的衍射角 θ_1 和 θ_2，如图 1-3 所示。由自发磁致伸缩导致的晶格畸变 $\Delta d/d_0$ 可由下式确定：

$$\Delta d/d_0 = 1 - (\sin\theta_2/\sin\theta_1) \tag{1-5}$$

应用式 1-4 和式 1-5 就可以确定金属间化合物 $TbFe_2$ <111> 方向的自发磁致伸缩。

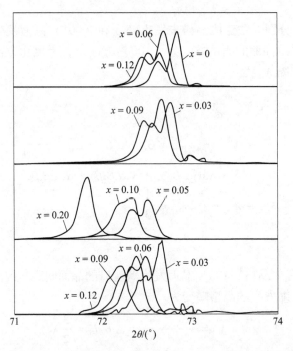

图 1-3 $Tb(Fe_{1-x}T_x)_2(T = Mn，Ga)$ 化合物在 $2\theta = 71° \sim 74°$ 的 X 射线衍射谱线

1.1.1.2 感应磁致伸缩

通常所说的狭义磁致伸缩是指感应磁致伸缩。当铁磁性材料的温度高于其居里温度时，其内部的原子磁矩混乱排列，此时的材料是磁各向同性的，可以将其类比成一个球形。当铁磁性材料的温度从高温降低至低于其居里温度时，材料内部开始进行自发磁化过程形成磁畴。在磁畴内，各磁矩沿同一方向排列，在原子间磁矩的交换作用下，会使原子间距产生改变。此时，磁畴在沿着其磁矩方向会产生一个应变 e，如图 1-4a 所示。当材料磁化饱和时，每个磁畴都沿着外磁场方向排列，结果导致磁体尺寸发生变化，如图 1-4b 所示。这一类尺寸变化是由材

料内部混乱排列的磁畴沿外磁场方向偏转所引起的，磁畴转动过程如图 1-5 所示[6,7]。

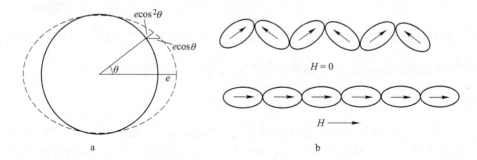

图 1-4 自发磁化过程中的应变（a）和感应磁致伸缩示意图（b）

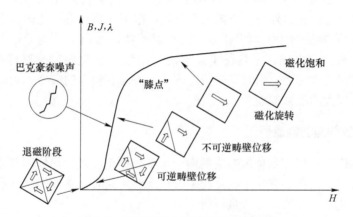

图 1-5 磁化过程中的磁畴转动示意图

沿外磁场方向所得到的饱和磁致伸缩 λ_s 可表示如下：

$$\lambda_s = e - \lambda_0 = e - \frac{e}{3} = \frac{2}{3}e \tag{1-6}$$

即 $e = \frac{3}{2}\lambda_s$，对于各向同性材料而言，测量所得到的饱和磁致伸缩 $\lambda_s(\theta)$ 可以用式 1-7 表示：

$$\lambda_s(\theta) = e\cos^2\theta - \frac{e}{3} = \frac{3}{2}\lambda_s\left(\cos^2\theta - \frac{1}{3}\right) \tag{1-7}$$

式中，θ 为测量方向与外磁场方向夹角；λ_s 为磁化方向的饱和磁致伸缩系数。当测量方向平行于外磁场方向时，$\lambda_{/\!/} = \lambda_s(0) = \lambda_s$；当测量方向垂直于外磁场方向时，$\lambda_\perp = \lambda_s(\pi/2) = -\lambda_s/2$。所以：

$$\lambda_{/\!/} - \lambda_\perp = \lambda_s + \frac{\lambda_s}{2} = \frac{3}{2}\lambda_s = e \tag{1-8}$$

1.1.1.3　形状效应

设一个球形的单畴样品，想象它的内部没有交换作用和自旋−轨道的耦合作用，而只有退磁能 $\frac{1}{2}NM_s^2V$，为了降低退磁能，样品的体积 V 要缩小，并且在磁化方向要伸长以减小退磁因子 N，这便是形状效应，其数量比其他磁致伸缩要小。

1.1.1.4　稀土离子超磁致伸缩的起源

在稀土金属和合金或金属间化合物中，超磁致伸缩主要起源于稀土离子中局域的 4f 电子。由于 4f 电子受外界电子的屏蔽，所以轨道与自旋耦合作用比稀土离子和晶格场的作用要大 1~2 个数量级，和 3d 过渡族金属不同，稀土离子的轨道角动量并不冻结。稀土离子的 4f 电子轨道是强烈的各向异性的，在空间某些方向伸展得很远，在另外一些方向上又收缩得很近。当自发磁化时，由于轨道与自旋耦合及晶格场的作用，使 4f 电子云在某些特定方向上的能量达到最低，这就是晶体的易磁化方向。大量稀土离子的"刚性"4f 轨道就是这样被"锁定"在某几个特定的方向上，引起晶格沿着这几个方向有较大的畸变，当施加外磁场时就产生了较大的磁致伸缩[8]。

1.1.2　磁致伸缩的唯象理论

唯象理论[4]处理磁致伸缩效应的两个主要依据是：磁性晶体因其磁各向异性能与应变有关而依靠形变使系统总能量降至最低，同时，总的能量在晶格对称操作下保持不变。其经典的总能量可表示为

$$E = E_0 + E_a + E_{me} + E_{el} \tag{1-9}$$

式中，E_0 为不依赖磁化强度方向的静磁能；E_a 为磁晶各向异性能；E_{me} 为磁弹性能；E_{el} 为弹性能。假设磁致伸缩应变为弹性形变，设坐标轴 x、y、z 与立方晶系三个晶体轴 [100]、[010]、[001] 一致，则根据自由能最小原理和晶体对称性，立方晶系单晶磁致伸缩可表述为

$$\lambda = \lambda^\alpha + \frac{3}{2}\lambda_{100}\left(\alpha_x^2\beta_x^2 + \alpha_y^2\beta_y^2 + \alpha_z^2\beta_z^2 - \frac{1}{3}\right) +$$
$$3\lambda_{111}(\alpha_x\alpha_y\beta_x\beta_y + \alpha_y\alpha_z\beta_y\beta_z + \alpha_z\alpha_x\beta_z\beta_x) \tag{1-10}$$

式中，α_x、α_y、α_z 分别表示磁化强度的方向余弦；β_x、β_y、β_z 分别表示测量方向的方向余弦；λ^α 为不随磁化强度方向改变的形变；λ_{100}、λ_{111} 分别表示<100>和<111>方向的饱和磁致伸缩。磁致伸缩各向同性铁磁材料，各方向磁致伸缩相等，即 $\lambda_{100} = \lambda_{111} = \lambda$，由于 λ^α 不随磁化强度方向改变，忽略此项，上式可简化为

$$\lambda = \frac{3}{2}\lambda_s\left(\cos^2\theta - \frac{1}{3}\right) \tag{1-11}$$

式中，$\cos\theta = (\alpha_x\beta_x + \alpha_y\beta_y + \alpha_z\beta_z)$，$\theta$ 表示磁化方向与磁致伸缩测量方向之间的夹角，如图 1-6 所示，λ_s 为饱和磁致伸缩，当 $\theta = 0°$，$\lambda = \lambda_s$ 即沿磁场方向的饱和磁致伸缩应变。对于磁致伸缩为各向异性，但晶粒无取向的多晶材料，其磁致伸缩亦可用上式近似计算，其中 λ 表示多晶沿某一方向各晶粒磁致伸缩的平均值。图 1-7 为应用式 1-7 计算得到的 Ni 多晶的饱和磁致伸缩与 θ 角之间的关系曲线，可见计算结果与实验值符合较好。

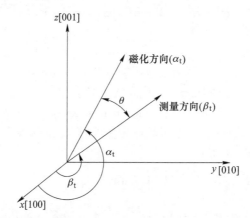

图 1-6 磁化方向与磁致伸缩测量方向之间的夹角

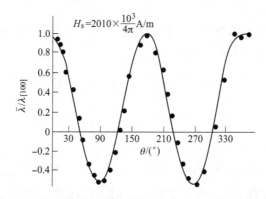

图 1-7 镍多晶的饱和磁致伸缩与 θ 角之间的关系曲线

可以证明，在忽略不随磁化强度方向变化的形变，多晶体的饱和磁致伸缩与其单晶磁致伸缩 λ_{100}、λ_{111} 有如下关系：

$$\lambda_s \approx \frac{2}{5}\lambda_{100} + \frac{3}{5}\lambda_{111} \tag{1-12}$$

证明如下：考虑多晶体的每一晶粒为一单晶体，每一晶粒的磁致伸缩测量方向与其磁化方向是一致的，即 $\alpha_i = \beta_i (i = x, y, z)$。忽略不随磁化强度方向变化的形变 λ^α 时，由式 1-7，每一晶粒的磁致伸缩可以表示为

$$\lambda = \frac{3}{2}\lambda_{100}\left(\alpha_x^4 + \alpha_y^4 + \alpha_z^4 - \frac{1}{3}\right) + 3\lambda_{111}(\alpha_x^2\alpha_y^2 + \alpha_y^2\alpha_z^2 + \alpha_z^2\alpha_x^2) \tag{1-13}$$

因为：

$$\alpha_x^2 + \alpha_y^2 + \alpha_z^2 = 1 \tag{1-14}$$

$$(\alpha_x^2 + \alpha_y^2 + \alpha_z^2)^2 = (\alpha_x^4 + \alpha_y^4 + \alpha_z^4) + 2(\alpha_x^2\alpha_y^2 + \alpha_y^2\alpha_z^2 + \alpha_z^2\alpha_x^2) \tag{1-15}$$

所以：

$$(\alpha_x^4 + \alpha_y^4 + \alpha_z^4) = 1 - 2(\alpha_x^2\alpha_y^2 + \alpha_y^2\alpha_z^2 + \alpha_z^2\alpha_x^2)) \tag{1-16}$$

将式 1-16 代入式 1-13，得

$$\lambda = \lambda_{100} + 3(\lambda_{111} - \lambda_{100})(\alpha_x^2\alpha_y^2 + \alpha_y^2\alpha_z^2 + \alpha_z^2\alpha_x^2) \tag{1-17}$$

将式 1-17 中的 α_x、α_y、α_z 用极坐标表示，$\alpha_x = \cos\varphi\sin\theta$，$\alpha_y = \sin\varphi\sin\theta$，$\alpha_z = \cos\theta$，其中 $0 \leqslant \varphi \leqslant 2\pi$，$0 \leqslant \theta \leqslant \pi$，并代入式 1-17，得

$$\lambda = \lambda_{100} + 3(\lambda_{111} - \lambda_{100})(\sin^4\theta\sin^2\phi\cos^2\phi + \sin^2\theta\cos^2\theta) \tag{1-18}$$

多晶体的饱和磁致伸缩 λ_s 是多晶体中整个区域 Ω 的各个晶粒在测量方向上的磁致伸缩的平均值，因而：

$$\lambda_s = [1/(4\pi)]\int\lambda\mathrm{d}\Omega = [1/(4\pi)]\int_0^{2\pi}\int_0^{\pi}\lambda\sin\theta\mathrm{d}\theta\mathrm{d}\phi$$

$$= [1/(4\pi)]\int_0^{2\pi}\int_0^{\pi}\sin\theta[\lambda_{100} + 3(\lambda_{111} - \lambda_{100}) \times (\sin^4\theta\sin^2\phi\cos^2\phi + \sin^2\theta\cos^2\theta)]\mathrm{d}\theta\mathrm{d}\phi$$

$$= \left(\frac{2}{5}\right)\lambda_{100} + \left(\frac{3}{5}\right)\lambda_{111} \tag{1-19}$$

对于六角晶系的磁致伸缩，如设坐标轴 x、y、z 与六角晶系的 a、b、c 轴一致，则六角晶系单晶体的磁致伸缩为

$$\lambda_s = \lambda^{\alpha1,0}(\beta_x^2 + \beta_y^2) + \lambda^{\alpha2,0}\beta_z^2 + \lambda^{\alpha1,2}\left(\alpha_z^2 - \frac{1}{3}\right)(\beta_x^2 + \beta_y^2) + \lambda^{\alpha2,2}\left(\alpha_z^2 - \frac{1}{3}\right)\beta_z^2 +$$

$$\lambda^{\gamma,2}\left[\left(\frac{1}{2}\right)(\alpha_x^2 - \alpha_y^2)(\beta_x^2 - \beta_y^2) + 2\alpha_x\alpha_y\beta_x\beta_y\right] + 2\lambda^{\varepsilon,2}(\beta_x\alpha_x + \beta_y\alpha_y)\beta_z\alpha_z \tag{1-20}$$

式中，α_x、α_y、α_z 为磁化强度的方向余弦；β_x、β_y、β_z 为测量方向的方向余弦。$\lambda^{mi,n}$ 是单离子不可约磁弹性耦合常数，它们的物理意义是：$\lambda^{\alpha1,2}$ 表示基面的膨胀，$\lambda^{\alpha2,2}$ 表示沿 c 轴的膨胀，这两者都不改变圆柱的对称性。$\lambda^{\gamma,2}$ 代表六角对称向菱形对称转变时的形变，$\lambda^{\varepsilon,2}$ 代表 c 轴方向的剪应变，$\lambda^{\alpha1,0}$ 和 $\lambda^{\alpha2,0}$ 都是与磁化强度的方向无关、只与反常热膨胀和交换磁致伸缩有关的形变。研究者还根据能量极小原理对（Tb,Dy）Fe_2 晶体的磁化过程和磁致伸缩进行了分析和计算。Jiles 和 Thoelke[9] 根据畴转模型给出的单晶磁致伸缩计算公式如下：

$$\Delta\lambda = \sum_{i,f=1}^{8}\Delta\lambda_{i,f} \times P_i \tag{1-21}$$

其中

$$\Delta\lambda_{i,f} = \frac{3}{2}\lambda_{111}\sum_{i,f=1}^{8}(\cos^2\theta_{f,j} - \cos^2\theta_{i,j})\cos^2\phi_j +$$

$$3\lambda_{111}\sum_{j=1}^{8}(\cos^2\theta_{f,j}\cos^2\theta_{f,j+1} - \cos^2\theta_{i,j}\cos^2\theta_{i,j+1})\cos^2\phi_j\cos^2\phi_{j+1} \quad (1\text{-}22)$$

式中，$\Delta\lambda$ 为单晶体的磁致伸缩；$\Delta\lambda_{i,f}$ 为磁畴从初始角度 $\theta_{i,j}$ 转到最终角度 $\theta_{f,j}$ 所引起的磁致伸缩；P_i 为第 i 个磁畴的初始占有分数。应用式 1-21 和式 1-22 计算了 $Tb_{0.27}Dy_{0.73}Fe_2$ 化合物单晶体的磁致伸缩，磁畴从不同的初始 $<111>$ 方向转到 $[112]$ 方向诱发的磁致伸缩如图 1-8 所示。可见磁畴从初始的 $[11\bar{1}]$ 和 $[\bar{1}11]$ 方向转到 $[112]$ 方向所诱发的磁致伸缩最大，达到 2190×10^{-6}。

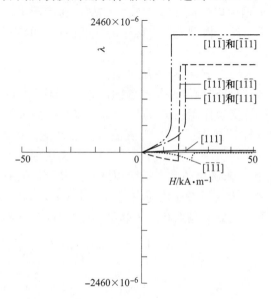

图 1-8　$Tb_{0.27}Dy_{0.73}Fe_2$ 单晶体的磁畴从不同的初始 $<111>$ 方向转到 $[112]$ 方向诱发的磁致伸缩
（施加的磁场沿 $[112]$ 方向）

1.1.3　磁致伸缩的量子理论

在居里温度以下，由于直接交换或间接交换作用的存在，材料内部发生自发磁化，形成大量磁畴，在每个磁畴内晶格都发生形变，其磁化强度的方向是自发形变的一个主轴，在未加磁场时，磁畴的磁化方向是随机取向的，因此无外加磁场时材料宏观不显示形变效应[10,11]。在外磁场中大量磁畴的磁化方向转向外磁场方向，结果使得材料沿外磁场方向伸长或缩短，即显示线性磁致伸缩效应。随着温度的升高，一般磁致伸缩应变的绝对值减小，在自发磁化消失的居里点处变为零。这表明磁致伸缩现象的产生原因是原子间的相互作用，它是由自旋-轨道相互作用，各向异性交换作用以及偶极子间距相互作用能量中与自旋对晶轴取向和形变成比例变化的部分产生的。这种耦合是与晶体各向异性有关的，当外场要使电子自旋重新取向时，电子轨道也相应地重新取向，但轨道与晶格强相互耦合，使自旋轴的转动产生阻力。将自旋系统从易轴转离所需的能量，就是克服自旋晶格耦合的各向异性，磁晶各向异性大的材料，相应的磁致伸缩各向异性大。磁致伸缩是磁化强度的单值函数，相对于磁场的变化则有一个滞后。

　　磁致伸缩的唯象理论可以从宏观形变的角度解释磁性体形变的变化，但无法解释产生磁致伸缩的微观机制。这就需要发展一个磁致伸缩的微观理论，能够根据晶体结构、磁性离子的占位和电子结构参数，计算出磁致伸缩的大小，并可以分析各参数变化对磁致伸缩的影响，有目的地指导新材料的研究。目前对稀土类材料磁致伸缩的量子理论以单离子模型较为成功。在稀土类离子中，由于 4f 电子的局域性，可以用单离子模型处理含稀土的铁磁性物质的磁致伸缩。系统的哈密顿可表示为

$$H = H_m + H_e + H_{me} + H_a \tag{1-23}$$

式中，H_m 为自旋系统的哈密顿量，包括各向同性交换作用项和外磁场的塞曼相互作用，包括各向异性交换作用；H_e 为与均匀应变有关的弹性能；H_{me} 为自旋系统和应变耦合的磁弹性相互作用；H_a 为磁晶各向异性能，代表未畸变晶格对自旋系统的作用。

　　在处理中，H_m 作为未微扰的基态哈密顿量，而 H_{me} 和 H_a 作为微扰项，H_e 作为经典的附加项出现（因为只考虑均匀应变而不计入非均匀应变和声子模）。

　　在单离子模型下，在立方晶系和六角晶系中磁晶各向异性能为

$$E_a \big|_{\text{立方}} = K^{a,4}\left(a_x^2 a_y^2 + cycl. - \frac{1}{5}\right) + K^{a,6}\left[a_x^2 a_y^2 a_z^2 - \frac{1}{11}\left(a_x^2 a_y^2 + a_y^2 a_z^2 a_z^2 a_x^2 - \frac{1}{5}\right) - \frac{1}{105}\right]$$

$$E_a \big|_{\text{六角}} = -K_2\left(a_3^2 - \frac{1}{3}\right) + K_4\left(a_3^4 - \frac{6}{7}a_3^2 + \frac{3}{35}\right) + \cdots \tag{1-24}$$

　　磁晶各向异性能和磁致伸缩常数来源于轨道不同层次的作用。对于立方、六角晶系的晶体，在最低级近似下，磁致伸缩展开式中对称多项式的 $l = 2$，磁晶各向异性的展开式中对称多项式的 $l = 4$（立方系）、$l = 2$（六角系）。在立方晶系中，磁致伸缩（$l = 2$）与磁晶各向异性（$l = 4$）来自于不同级的贡献。磁致伸缩很大的材料，磁晶各向异性可以很小。根据这个规律，可以按需要从磁晶各向异性和磁致伸缩不一样的材料中，通过成分调配得到磁致伸缩大而磁晶各向异性小的材料，使其在低场下的应用性能得到很大提高，如 Terfenol-D。在六角晶系中，由于 E_a 和 λ 都来自于 $l = 2$ 级多项式，其变化是一样的，要使其磁致伸缩大，磁晶各向异性就无法降低。

1.1.4　磁致伸缩的原子模型

　　稀土铁化合物 RFe_2 属于 Laves 相化合物，具有立方 $MgCu_2$（C_{15}）型晶体结

构。这种结构可看作由稀土原子和铁原子点阵穿插而成，铁原子位于四面体顶点，稀土原子为金刚石立方结构排列，如图 1-9a 所示。每个单胞由 24 个原子组成，其中 8 个稀土原子处于 8a 晶位，坐标为 $\left(000, \dfrac{1}{4}\dfrac{1}{4}\dfrac{1}{4}\right)$，16 个铁原子处于 16d 晶位，坐标为 $\left(\dfrac{3}{8}\dfrac{3}{8}\dfrac{5}{8}, \dfrac{3}{8}\dfrac{5}{8}\dfrac{3}{8}, \dfrac{5}{8}\dfrac{3}{8}\dfrac{3}{8}, \dfrac{5}{8}\dfrac{5}{8}\dfrac{5}{8}\right)$。原子所在的 $MgCu_2$ 型 RFe_2 化合物中每个 R 原子最近邻有 4R+12Fe 原子，而每个 Fe 原子的最近邻为 6R+6Fe 原子。在理想情况下，$MgCu_2$ 型 RFe_2 化合物中的 R 原子与 Fe 原子的尺寸见图 1-9b。图中尺寸大的圆代表 R 原子，尺寸小的圆代表 Fe 原子。将 R 原子与 Fe 原子都看成为刚球，R 原子与 Fe 原子相互接触。当原子作最密排列时，最近邻 R-R 原子的距离为 $\dfrac{\sqrt{3}}{4}a$，最近邻 Fe-Fe 原子的距离为 $\dfrac{\sqrt{2}}{4}a$，最近邻 R-Fe 原子的距离为 $\dfrac{\sqrt{11}}{8}a$，其中 a 为 $MgCu_2$ 型 RFe_2 晶体的点阵常数，则 R 原子与 Fe 原子的半径比 $r_R/r_{Fe} = \dfrac{\sqrt{3}}{\sqrt{2}} = 1.225$，这也是 $MgCu_2$ 型 Laves 相存在的几何条件。

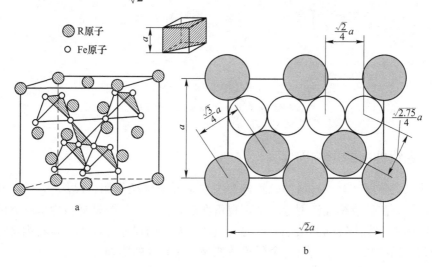

图 1-9 立方 $MgCu_2$ 型 Laves 相化合物的晶体结构

a—透视图；b—沿（100）面投影图

因为在 $MgCu_2$ 型结构中有两个不等效四面体位置，它使得沿<111>方向可以出现内部畸变，所以可以有大的 λ_{111} 值。图 1-10a 为 $TbFe_2$ 和其他含扁椭球形电荷分布的化合物的畸变情况。图中只画出稀土原子，在 0，0，0 和 1/4，1/4，1/4 上的两种不等效位置分别用 A（或 A′）和 B（或 B′）表示。在图 1-10a 中，磁化沿

[111] 方向，则扁椭球形电子云（-e）垂直于磁化轴。当只考虑静电库仑相互作用时，在 A 上的 4f 电子云离 B′原子的距离比离 B 原子的距离更近，从而 A—B 键拉长，结果是距离 a 的增大要大于距离 b 的减小，在 [111] 方向上产生一个正的磁致伸缩。相反，对于 4f 电荷密度分布为长椭球形的稀土化合物，如 $SmFe_2$、$ErFe_2$ 和 $TmFe_2$ 等，距离 a 的减小要大于距离 b 的增加，从而产生负的磁致伸缩。图 1-10b 给出易磁化轴在 [100] 方向的 $DyFe_2$ 和 $HoFe_2$ 的情况。磁化方向为 [100]，4f 电子云与最邻近的稀土原子距离相等，所有的 A—B 键都是等价的并且呈高度对称性，因而无法因点电荷静电相互作用而产生磁致伸缩性内部畸变[12]。

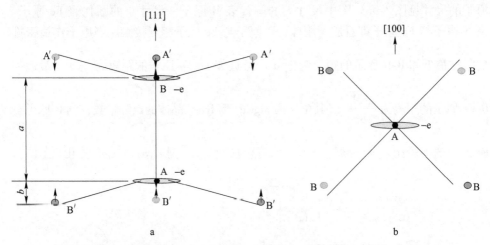

图 1-10　立方 Laves 相化合物的磁致伸缩模型

（●在纸面的上方；●在纸面的下方）

a—[111] 方向；b—[100] 方向

1.2　磁致伸缩的影响因素

从微观角度来看，材料的磁致伸缩主要来源于交换作用、晶场和自旋-轨道耦合作用、磁偶极相互作用等。从宏观角度来看，磁致伸缩是材料内部的磁畴在外磁场作用下发生转动的结果。压力、温度和合金的成分可以改变材料内部磁畴的分布和运动状态，因而对合金的磁致伸缩具有较大的影响。

1.2.1　磁晶各向异性

与磁各向异性一样，磁致伸缩起源于原子间磁矩的交换作用。当原子磁矩间的距离可变时，相互作用能可写为

$$w(r, \cos\phi) = g(r) + l(r)\left(\cos^2\phi - \frac{1}{3}\right) + q(r)\left(\cos^4\phi - \frac{6}{7}\cos^2\phi + \frac{3}{35}\right) + \cdots$$

$$(1\text{-}25)$$

式中，r 为原子间距（图 1-11）。如果相互作用能为 r 的函数，则当铁磁性磁矩出现时，晶格会发生变化，因为该相互作用将根据原子间结合键（二原子间的连线）方向的不同，来不同程度地改变键长。第一项，$g(r)$ 为交换作用项，它与磁化强度的方向无关。因此由第一项引起的晶体形变，对通常的磁致伸缩没有贡献。但是此项在体积磁致伸缩中，起着重要的作用。

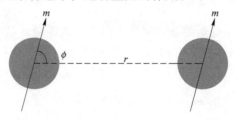

图 1-11　键长 r 以及平行自旋与键的夹角 ϕ 均可变的自旋对

第二项代表偶极-偶极相互作用，它依赖于磁化强度的方向，可看做是通常磁致伸缩的主要来源。第二项以后的项，也对通常的磁致伸缩有贡献，但与第二项的贡献相比很小。忽略这些高阶项，该原子对的能量可写为

$$w(r,\ \cos\phi) = l(r)\left(\cos^2\phi - \frac{1}{3}\right) \tag{1-26}$$

令（$\alpha_1,\ \alpha_2,\ \alpha_3$）为磁畴磁化强度的方向余弦，（$\beta_1,\ \beta_2,\ \beta_3$）为结合键的方向余弦。则式 1-26 为

$$w(r,\ \phi) = l(r)\left[(a_1\beta_1 + a_2\beta_2 + a_3\beta_3)^2 - \frac{1}{3}\right] \tag{1-27}$$

考虑一个变形的简单立方晶格，其应变张量的分量为 e_{xx}、e_{yy}、e_{zz}、e_{xy}、e_{yz} 和 e_{zx}。当晶体有应变时，每一个自旋对同时改变键的方向和长度。例如，一个成键方向平行于 x 轴的自旋对，在无应变状态的能量由 $\beta_1 = 1$，$\beta_2 = \beta_3 = 0$ 时的式 1-28 表达，即

$$w_x(r,\ \phi) = l(r)\left(a_1^2 - \frac{1}{3}\right) \tag{1-28}$$

然而，当晶体发生应变时，其键长 r_0 变成 $r_0(1 + e_{xx})$，键的方向余弦变为 $\left(\beta_1 \approx 1,\ \beta_2 = \dfrac{e_{xy}}{2},\ \beta_3 = \dfrac{e_{zx}}{2}\right)$。则自旋对能量（式 1-27）的改变量为

$$\Delta w_x = \left(\frac{\partial l}{\partial r}\right) r_0 e_{xx}\left(a_1^2 - \frac{1}{3}\right) + l a_1 a_2 e_{xy} + l a_3 a_1 e_{zx} \tag{1-29}$$

类似地，对 y 和 z 方向的自旋对，有

$$\Delta w_y = \left(\frac{\partial l}{\partial r}\right) r_0 e_{yy}\left(a_2^2 - \frac{1}{3}\right) + l a_2 a_3 e_{yz} + l a_1 a_2 e_{xy} \tag{1-30}$$

$$\Delta w_z = \left(\frac{\partial l}{\partial r}\right) r_0 e_{zz}\left(a_3^2 - \frac{1}{3}\right) + l a_3 a_1 e_{zx} + l a_2 a_3 e_{yz} \tag{1-31}$$

将简单立方晶格中单位体积内的所有最近邻原子对的能力相加，就得

$$E_{\text{magnel}} = B_1\left[e_{xx}\left(a_1^2 - \frac{1}{3}\right) + e_{yy}\left(a_2^2 - \frac{1}{3}\right) + e_{zz}\left(a_3^2 - \frac{1}{3}\right)\right] +$$

$$B_2(e_{xy}a_1a_2 + e_{yz}a_2a_3 + e_{zx}a_3a_1) \tag{1-32}$$

式中，$B_1 = N\left(\dfrac{\partial l}{\partial r}\right)r_0$；$B_2 = 2Nl$。

这样用晶格应变和磁畴的磁化强度方向表示的能量，被称为磁弹性能（magnetoelastic energy）。对体心立方和面心立方的类似计算，也得到与式 1-32 相同的表达式，其差别只是系数 B_1 和 B_2 不同。对于体心立方晶格，有

$$B_1 = \frac{8}{3}Nl \ , \ B_2 = \frac{8}{9}N\left[l + \left(\frac{\partial l}{\partial r}\right)r_0\right] \tag{1-33}$$

对面心立方晶格有

$$B_1 = \frac{1}{2}N\left[6l + \left(\frac{\partial l}{\partial r}\right)r_0\right] \ , \ B_2 = N\left[2l + \left(\frac{\partial l}{\partial r}\right)r_0\right] \tag{1-34}$$

由于磁弹性能式 1-32 是关于 e_{xx}、e_{yy}、e_{zz}、e_{xy}、e_{yz} 和 e_{zx} 的线性方程，所以晶体将会无限制地形变，除非被一个弹性能反平衡。对于立方晶体，该弹性能为

$$E_{\text{el}} = \frac{1}{2}c_{11}(e_{xx}^2 + e_{yy}^2 + e_{zz}^2) + \frac{1}{2}c_{44}(e_{xy}^2 + e_{yz}^2 + e_{zx}^2) +$$

$$c_{12}(e_{yy}e_{zz} + e_{zz}e_{xx} + e_{xx}e_{yy}) \tag{1-35}$$

式中，c_{11}、c_{44} 和 c_{12} 为弹性模量。由于弹性能是应变的二次函数，它随着应变的增加而迅速增加，并在某个有限的应变下达到平衡。平衡条件由对总能量求最小值而得到。总能量为

$$E = E_{\text{magnel}} + E_{\text{el}} \tag{1-36}$$

故有

$$\left.\begin{aligned}
\frac{\partial E}{\partial e_{xx}} &= B_1\left(a_1^2 - \frac{1}{3}\right) + c_{11}e_{xx} + c_{12}(e_{yy} + e_{zz}) = 0 \\[4pt]
\frac{\partial E}{\partial e_{yy}} &= B_1\left(a_2^2 - \frac{1}{3}\right) + c_{11}e_{yy} + c_{12}(e_{xx} + e_{zz}) = 0 \\[4pt]
\frac{\partial E}{\partial e_{zz}} &= B_1\left(a_3^2 - \frac{1}{3}\right) + c_{11}e_{zz} + c_{12}(e_{xx} + e_{yy}) = 0 \\[4pt]
\frac{\partial E}{\partial e_{xy}} &= B_2a_1a_2 + c_{44}e_{xy} = 0 \\[4pt]
\frac{\partial E}{\partial e_{yz}} &= B_2a_2a_3 + c_{44}e_{yz} = 0 \\[4pt]
\frac{\partial E}{\partial e_{zx}} &= B_2a_3a_1 + c_{44}e_{zx} = 0
\end{aligned}\right\} \tag{1-37}$$

解这些方程，得到平衡时的应变为

$$
\left.\begin{aligned}
e_{xx} &= \frac{B_1}{c_{12} - c_{11}}\left(a_1^2 - \frac{1}{3}\right) \\[4pt]
e_{yy} &= \frac{B_1}{c_{12} - c_{11}}\left(a_2^2 - \frac{1}{3}\right) \\[4pt]
e_{zz} &= \frac{B_1}{c_{12} - c_{11}}\left(a_3^2 - \frac{1}{3}\right) \\[4pt]
e_{xy} &= \frac{B_2}{c_{44}}a_1 a_2 \\[4pt]
e_{yx} &= \frac{B_2}{c_{44}}a_2 a_3 \\[4pt]
e_{zx} &= \frac{B_2}{c_{44}}a_3 a_1
\end{aligned}\right\}
\tag{1-38}
$$

在 $(\beta_1,\ \beta_2,\ \beta_3)$ 方向观察到的伸长量，由下式给出：

$$
\frac{\delta l}{l} = e_{xx}\beta_1^2 + e_{yy}\beta_2^2 + e_{zz}\beta_3^2 + e_{xy}\beta_1\beta_2 + e_{yz}\beta_2\beta_3 + e_{zx}\beta_3\beta_1
\tag{1-39}
$$

将式 1-38 代入后，上式变为

$$
\frac{\delta l}{l} = \frac{B_1}{c_{12} - c_{11}}\left(a_1^2\beta_1^2 + a_2^2\beta_2^2 + a_3^2\beta_3^2 - \frac{1}{3}\right) -
$$
$$
\frac{B_2}{c_{44}}(a_1 a_2\beta_1\beta_2 + a_2 a_3\beta_2\beta_3 + a_3 a_1\beta_3\beta_1)
\tag{1-40}
$$

如果磁畴的磁化强度沿着 [100] 方向，则将 $a_1 = \beta_1 = 1$，$a_2 = a_3 = \beta_2 = \beta_3 = 0$ 代入式 1-40，得到该方向的伸长量为

$$
\lambda_{100} = \frac{2}{3} \times \frac{B_1}{c_{12} - c_{11}}
\tag{1-41}
$$

类似地，如果磁畴的磁化强度沿 [111] 方向，将 $\alpha_i = \beta_i = 1/\sqrt{3}$（$i = 1,\ 2,\ 3$）代入式 1-40，计算得到的伸长量为

$$
\lambda_{111} = -\frac{1}{3} \times \frac{B_2}{c_{44}}
\tag{1-42}
$$

利用 λ_{100} 和 λ_{111}，式 1-40 可表示为

$$
\frac{\delta l}{l} = \frac{3}{2}\lambda_{100}\left(a_1^2\beta_1^2 + a_2^2\beta_2^2 + a_3^2\beta_3^2 - \frac{1}{3}\right) +
$$
$$
3\lambda_{111}(a_1 a_2\beta_1\beta_2 + a_2 a_3\beta_2\beta_3 + a_3 a_1\beta_3\beta_1)
\tag{1-43}
$$

这样，立方晶体的磁致伸缩可用 λ_{100} 和 λ_{111} 来表示。在 [110] 方向的伸长并非

与 λ_{100} 和 λ_{111} 无关，将 $\alpha_1 = \beta_1 = \alpha_2 = \beta_2 = 1/\sqrt{2}$，$\alpha_3 = \beta_3 = 0$ 代入式 1-43 中发现

$$\lambda_{110} = \frac{1}{4}\lambda_{100} + \frac{3}{4}\lambda_{111} \tag{1-44}$$

还可以用自旋对的能量系数来表示 λ_{100} 和 λ_{111}：

$$\lambda_{100} = \frac{2}{3} \times \frac{N}{c_{12} - c_{11}}\left(\frac{\partial l}{\partial r}\right)r_0, \lambda_{111} = -\frac{2}{3}\frac{N}{c_{44}}l \quad 对简单立方（sc） \tag{1-45}$$

$$\lambda_{100} = \frac{16}{9} \times \frac{N}{c_{12} - c_{11}}l, \quad \lambda_{111} = -\frac{8}{27} \times \frac{N}{c_{44}}\left[1 + \left(\frac{\partial l}{\partial r}\right)r_0\right] \quad 对体心立方（bcc）$$

$$\tag{1-46}$$

$$\left.\begin{array}{l} \lambda_{100} = \dfrac{1}{3} \times \dfrac{N}{c_{12} - c_{11}}\left[6l + \left(\dfrac{\partial l}{\partial r}\right)r_0\right] \\[3mm] \lambda_{111} = -\dfrac{1}{3} \times \dfrac{N}{c_{44}}\left[2l + \left(\dfrac{\partial l}{\partial r}\right)r_0\right] \end{array}\right\} 对面心立方（fcc） \tag{1-47}$$

多晶材料的磁致伸缩是各向同性的，因为总的磁致伸缩是每个晶粒的形变的平均值，即使 $\lambda_{100} \neq \lambda_{111}$ 也是如此。假定 $a_i = \beta_i$（$i = 1$，2，3），将式 1-41 对不同的晶粒取向求平均，得到平均纵向磁致伸缩为

$$\bar{\lambda} = \frac{2}{5}\lambda_{100} + \frac{3}{5}\lambda_{111} \tag{1-48}$$

在上述讨论中，对于式 1-25 只考虑了偶极-偶极相互作用项。考虑高一级近似，立方晶系的磁致伸缩表达式可以写成由 Akulov、Becker 和 Doring 给出的五常数形式：

$$\begin{aligned} \frac{\delta l}{l}\Big|_{立方} = {}& h_1\left(\alpha_x^2\beta_x^2 + \alpha_y^2\beta_y^2 + \alpha_z^2\beta_z^2 - \frac{1}{3}\right) + \\ & 2h_2(\alpha_x\beta_x\alpha_y\beta_y + \alpha_y\beta_y\alpha_z\beta_z + \alpha_z\beta_z\alpha_x\beta_x) + \\ & h_4\left(\alpha_x^4\beta_x^2 + \alpha_y^4\beta_y^2 + \alpha_z^4\beta_z^2 + \frac{2}{3}s - \frac{1}{3}\right) + \\ & 2h_5(\alpha_x\alpha_y\alpha_z^2\beta_x\beta_y + \alpha_y\alpha_z\alpha_x^2\beta_y\beta_z + \alpha_z\alpha_x\alpha_y^2\beta_z\beta_x) + \\ & \begin{cases} h_3 s & （<100>易轴） \\ h_3\left(s - \dfrac{1}{3}\right) & （<111>易轴） \end{cases} \end{aligned} \tag{1-49}$$

式中，$h_1 = B_1/(c_{12} - c_{11})$，$h_2 = -B_2/2c_{44}$，$h_4 = B_4/(c_{12} - c_{11})$，$h_5 = -B_5/2c_{44}$，$s = \alpha_x^2\alpha_y^2 + \alpha_y^2\alpha_z^2 + \alpha_z^2\alpha_x^2$。

正如上述讨论，磁致伸缩来源于磁弹性能，即形变晶体的磁晶各向异性。因此，磁致伸缩的微观来源与磁晶各向异性的相同。

1.2.2　磁弹性能

铁磁体在受到外应力作用时，磁体将产生相应的应变。这时晶体的能量除了

由于自发形变而引起的磁弹性能外，还存在着由外应力作用而产生的非自发形变的磁弹性能，即磁弹性应力能。经推导表明[13]，铁磁体受到应力作用可归结为在自发形变的磁晶各向异性能上再叠加了一项与应力作用有关的磁弹性能 F_σ。可见外应力对铁磁体的磁晶各向异性的影响是在原来的磁晶各向异性能 F_K 上再叠加一项与应力有关的各向异性能 F_σ。应力各向异性能 F_σ 可表示为[14]

$$F_\sigma = -\left(\frac{3}{2}\right)\sigma\left[\lambda_{100}(\alpha_1^2\gamma_1^2 + \alpha_2^2\gamma_2^2 + \alpha_3^2\gamma_3^2) + 3\lambda_{111}(\alpha_1\alpha_2\gamma_1\gamma_2 + \alpha_2\alpha_3\gamma_2\gamma_3 + \alpha_3\alpha_1\gamma_3\gamma_1)\right]$$

$$(1\text{-}50)$$

式中，α_1、α_2、α_3 表示磁化强度的方向余弦；γ_1、γ_2、γ_3 表示应力的方向余弦。如果 $\lambda_{100} = \lambda_{111} = \lambda_s$ 时，则有

$$F_\sigma = -\left(\frac{3}{2}\right)\lambda_s\sigma\cos^2\theta \qquad (1\text{-}51)$$

式中，θ 为应力 σ 方向（γ_1，γ_2，γ_3）与饱和磁化强度 M_s 方向（α_1，α_2，α_3）间的夹角，所以 $\cos^2\theta = \alpha_1\gamma_1 + \alpha_2\gamma_2 + \alpha_3\gamma_3$。

根据式 1-22 所表示的磁弹性能，可以进一步定性地了解磁弹性能的物理意义。由 θ 所代表的角度，可知对于 $\lambda_s > 0$ 的材料，受到的应力为张应力（$\sigma > 0$）时，张应力使磁畴中的自发磁化强度矢量 M_s 的方向取平行或反平行于应力 σ 的方向，见图 1-12。因为当 $\theta = 0°$ 或 $180°$ 时，磁弹性能 F_σ 取得最小值，如图 1-12b 所示。同理，对于 $\lambda_s < 0$ 的材料，受到的应力为压应力（$\sigma < 0$）时，将使自发磁化强度矢量 M_s 的方向取平行或反平行于应力 σ 的方向，如图 1-12c 所示。如材料的 $\lambda_s > 0$，受到的应力为压应力（$\sigma < 0$）时，则 $\lambda_s\sigma < 0$，应力使自发磁化强度矢量 M_s 的方向取垂直于应力 σ 的方向（即 $\theta = 90°$ 或 $270°$），如图 1-12d 所示。对材料的 $\lambda_s < 0$，受到的应力为张应力（$\sigma > 0$）时，同样 $\lambda_s\sigma < 0$，应力使自发磁化强度矢量 M_s 的方向取垂直于应力 σ 的方向，如图 1-12e 所示。

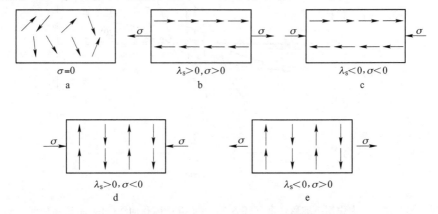

图 1-12 应力 σ 的方向与自发磁化强度矢量 M_s 的取向

可见，应力对磁化强度的方向将发生影响，使得磁化强度的方向不能任意取向。如果只有应力的作用，则视磁致伸缩常数的不同，磁化强度必须在与应力平行或垂直的方向上。这种由于应力而造成的各向异性称为应力各向异性，在改善材料的磁性时，这种效应也是必须要仔细考虑的。

图 1-13 示出了在张应力作用下坡莫合金（68% Ni）和 Ni 的磁化曲线。根据应力各向异性的概念，很容易理解图 1-13 中张应力使坡莫合金（68% Ni）容易磁化，但是却难以使 Ni 磁化的实验事实了。因为坡莫合金的 $\lambda_s > 0$，故张应力将

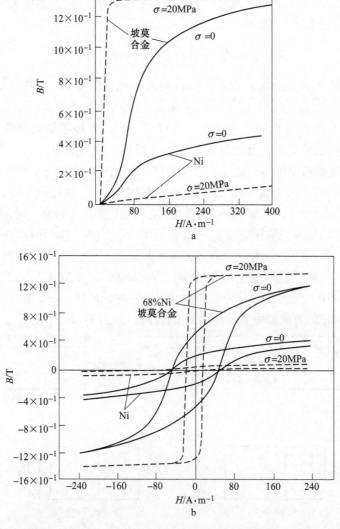

图 1-13   在张应力作用下坡莫合金（68% Ni）和 Ni 的磁化曲线（a）及磁滞回线（b）
（测量时最大磁场为 1600A/m）

使其磁化强度沿着张应力的方向，即张应力的方向是易磁化方向，所以在此方向上容易磁化。同理，Ni 的 $\lambda_s < 0$，张应力将使其磁化强度垂直于张应力的方向，那么在张应力的方向磁化就困难了，即与其他方向相比，在同样的磁场下得到的磁化强度较小。

1.2.3 温度对磁致伸缩的影响

由单离子模型建立的磁致伸缩与温度的关系可以发现 RFe_2 化合物的磁致伸缩随温度的增加而逐渐降低。由于 RFe_2 化合物中的稀土点阵的磁矩随温度的升高而降低，导致 RFe_2 化合物的磁致伸缩下降。Levitin 和 Markosyan[15]认为 $R'_xR''_{1-x}M_2$（R' 和 R'' 为不同的稀土元素，M 为过渡族元素）化合物的磁致伸缩可表示为

$$\lambda_{111}(x, T) = x\lambda_{111}^{R'}(0) \cdot I'_{5/2}[L^{-1}(m_{R'}(T))] + (1-x)\lambda_{111}^{R''}(0) \cdot I'_{5/2}[L^{-1}(m_{R''}(T))]$$

$$(1\text{-}52)$$

式中，$\lambda_{111}^{R'}(0)$ 和 $\lambda_{111}^{R''}(0)$ 分别为 0K 下 $R'M_2$ 和 $R''M_2$<111>方向的磁致伸缩；$m_{R'}$ 和 $m_{R''}$ 为 R' 和 R'' 的磁化强度；$I'_{5/2}$ 为约化的双曲贝塞尔函数；L^{-1} 为郎之万函数的反函数。他们应用式 1-20 计算了 $Tm_xTb_{1-x}Co_2$ 化合物的磁致伸缩，计算结果与实验值符合较好，如图 1-14 所示。同时应用式 1-20 还可对磁致伸缩与温度反常的关系进行解释。$TmCo_2$ 和 $TbCo_2$ 磁致伸缩的符号相反，数值又是同一数量级的。在较高温度下，由于 $TbCo_2$ 的居里温度较高，磁致伸缩较大，其对 $Tm_xTb_{1-x}Co_2$

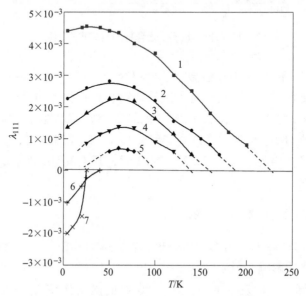

图 1-14　$Tm_xTb_{1-x}Co_2$ 化合物的磁致伸缩 λ_{111} 与温度的关系

1—$x=0$；2—$x=0.3$；3—$x=0.4$；4—$x=0.5$；5—$x=0.6$；6—$x=0.7$；7—$x=0.8$

化合物的磁致伸缩贡献较大；随着温度的降低，$TmCo_2$ 化合物的磁致伸缩迅速增加，对 $Tm_xTb_{1-x}Co_2$ 化合物的磁致伸缩贡献亦迅速增大。具有不同的磁致伸缩符号和不同的温度关系之间的竞争结果导致化合物的磁致伸缩在某一温度下出现一个峰值，而不是单调减少的关系。

温度的变化还对 RFe_2 化合物的易磁化方向具有较大影响。图 1-15 为 $Tb_{1-x}Ho_xFe_2$ 化合物的自旋再取向图。$Tb_{1-x}Ho_xFe_2$ 化合物当 $x=0.8$ 时在温度低于 200K 时的易磁化方向为 <110> 方向，当温度高于 200K 时，其易磁化方向变为 <111> 方向，成分 x 增加，易磁化方向变为 <100> 方向[16]。当易磁化方向为 <111> 方向时，$Tb_{1-x}Ho_xFe_2$ 化合物 <111> 方向的磁致伸缩远大于 <100> 方向的磁致伸缩，因而 $Tb_{1-x}Ho_xFe_2$ 化合物材料应在 200K 以上温度工作。

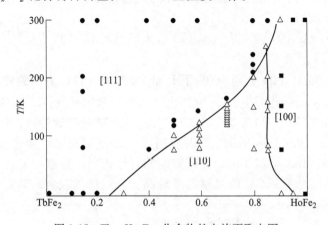

图 1-15　$Tb_{1-x}Ho_xFe_2$ 化合物的自旋再取向图

Kellogg 等[17]在对 $Fe_{81}Ga_{19}$ 合金单晶棒研究中发现，在 $-21\sim80$℃温度区间内温度、应力的复合作用下，其具有大磁致伸缩、高磁化率和温度不敏感的特性。Clark 等[18]研究了淬火态 $Fe_{100-x}Ga_x(x=18.2\sim26.5)$ 单晶在 $4\sim300K$ 的温度范围内磁致伸缩性能的变化情况，发现当 $x=18.2$、20.6 和 26.5 时，其磁致伸缩性能随温度升高下降；相反，当 $x=22.2$ 和 24.1 时，其磁致伸缩性能随温度升高急剧提高，见图 1-16。

1.2.4　合金成分对磁致伸缩的影响

合金的成分直接影响到化合物的磁矩、居里温度和磁晶各向异性，因而对磁致伸缩也具有重要的影响。当温度一定时，$R'_xR''_{1-x}M_2$ 化合物的磁致伸缩 $\lambda_{111}(x, T)$ 可由式 1-20 计算。分析发现 $R'_xR''_{1-x}M_2$ 化合物的磁致伸缩 $\lambda_{111}(x, T)$ 只由 $\lambda R'_{111}(0)$、$\lambda R''_{111}(0)$、$m_{R'}$、$m_{R''}$ 和 x 所决定。当 R' 和 R'' 一定时，$\lambda R'_{111}(0)$、$\lambda R''_{111}(0)$、$m_{R'}$ 和 $m_{R''}$ 都为常数，$R'_xR''_{1-x}M_2$ 化合物的磁致伸缩 $\lambda_{111}(x, T)$ 只是成分 x 的函数，

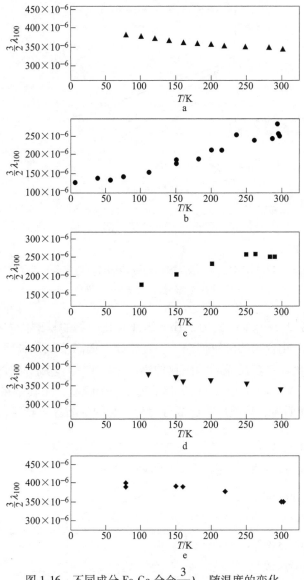

图 1-16 不同成分 Fe-Ga 合金 $\frac{3}{2}\lambda_{100}$ 随温度的变化

a—$Fe_{73.5}Ga_{26.5}$；b—$Fe_{75.9}Ga_{24.1}$；C—$Fe_{77.8}Ga_{22.2}$；d—$Fe_{79.4}Ga_{20.6}$；e—$Fe_{81.9}Ga_{18.2}$

由式 1-15 可知与成分呈线性关系。图 1-17 示出了 $R'_x R''_{1-x} Co_2$ 化合物磁致伸缩 λ_{111} 的部分实验结果，表明 $R'_x R''_{1-x} Co_2$ 化合物磁致伸缩 λ_{111} 与成分 x 呈线性关系。

采用 X 射线衍射技术测试得到的 $Tb_{1-x}Dy_x Fe_2$ 化合物单晶的磁致伸缩 λ_{111} 与成分 x 的关系如图 1-18 所示[12]。当 $x<0.7$ 时 $Tb_{1-x}Dy_x Fe_2$ 化合物的磁致伸缩 λ_{111} 与成分 x 呈线性关系；当 $x \geqslant 0.8$ 时 $Tb_{1-x}Dy_x Fe_2$ 化合物的磁致伸缩 λ_{111} 约等于零。

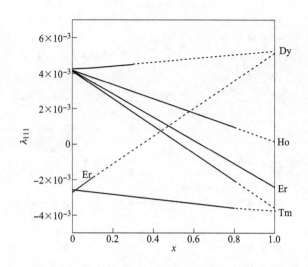

图 1-17　$R'_x R''_{1-x} Co_2$ 化合物的磁致伸缩 λ_{111} 与成分 x 的关系
（实线为实验值，虚线为外推值）

这是因为成分在 0.7~0.8 范围内，$Tb_{1-x}Dy_xFe_2$ 化合物的易磁化方向发生了变化，导致 $Tb_{1-x}Dy_xFe_2$ 化合物的磁致伸缩 λ_{111} 与成分 x 偏离了线性关系。图 1-19 示出了 $Tb_{1-x}Dy_xFe_2$ 化合物多晶样品的磁致伸缩（$\lambda_{/\!/}-\lambda_\perp$）与成分 x 的关系曲线[12]，发现磁致伸缩（$\lambda_{/\!/}-\lambda_\perp$）在 $x \approx 0.7$ 时呈现出一个峰值，尤其是在 800kA/m 的磁场下，峰值更加明显，反映出在此成分时化合物的磁晶各向异性较小。

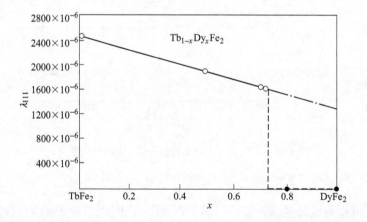

图 1-18　室温下 $Tb_{1-x}Dy_xFe_2$ 化合物单晶的磁致伸缩 λ_{111} 与成分 x 的关系

近年来，研究者发现 Fe-Ga 体心立方单晶体合金在低磁场下的磁致伸缩达 350×10^{-6}，并且单晶体的磁致伸缩与合金成分有很大关系。文献[19]认为 Fe-Ga

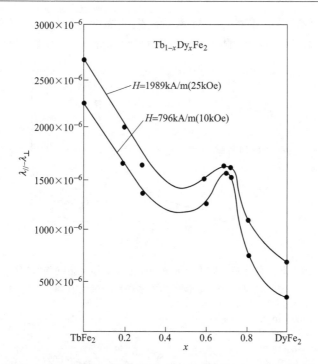

图 1-19 室温下 $Tb_{1-x}Dy_xFe_2$ 化合物多晶样品的磁致伸缩（$\lambda_{/\!/}-\lambda_\perp$）与成分 x 的关系

体心立方单晶体合金的磁致伸缩 λ_{100} 与合金 Ga 含量的关系可以由下式表示：

$$\lambda_{100}(X_{Ga}) = \lambda_{100}(0)\,\frac{(C_{11}-C_{12})(0)}{(C_{11}-C_{12})(X_{Ga})}\left[(1-X_{Ga})^2 + X_{Ga}^2\,\frac{\delta B_1}{B_1(0)}\right] \quad (1\text{-}53)$$

式中，$\lambda_{100}(0)$ 为合金不含 Ga 时的磁致伸缩；C_{11} 和 C_{12} 为弹性常数，其中 $\frac{1}{2}$ $(C_{11}-C_{12})$ 表示切变弹性常数；X_{Ga} 为合金的 Ga 含量；B_1 为合金的磁弹性耦合常数。式 1-53 中 $(1-X_{Ga})^2$ 表示由于 Ga 固溶于体心立方的 Fe 中导致合金的切变弹性常数（$C_{11}-C_{12}$）发生变化引起的磁致伸缩增加；$X_{Ga}^2\,\dfrac{\delta B_1}{B_1(0)}$ 的 δB_1 表示由于 Ga 固溶于体心立方的 Fe 中形成的 Ga 原子对引起的磁弹性耦合常数变化，它与 Ga 含量的平方成正比，即 $\delta B_1(X_{Ga}) \propto X_{Ga}^2$。图 1-20 示出了由式 1-53 计算得到的 Fe-Ga 体心立方单晶体合金的磁致伸缩 λ_{100} 与合金 Ga 含量的关系曲线，这里取 $\delta B_1(X_{Ga})/\delta B_1(0) \approx 50$，图中还示出了相应的实验数据。表明应用式 1-53 计算得到的 Fe-Ga 体心立方单晶体合金的磁致伸缩 λ_{100} 基本与实验数据符合。

Clark 等[20]研究了 3d、4d 过渡族元素对 Fe-Ga 合金磁致伸缩性能的影响，发现价电子少于 Fe 的元素（V、Cr、Mo、Mn）和高于 Fe 的元素（Co、Ni、Rh）的加入，能够增加合金中的 DO_3 相的稳定性，从而降低了 Fe-Ga 合金的饱和磁致伸缩系数，图 1-21 为对应的第三元素对磁致伸缩性能的影响。此外，合金的成分对组织和制备工艺也有影响，因而也影响到合金的磁致伸缩[21,22]。

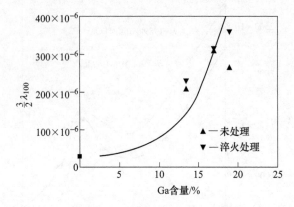

图 1-20　计算得到的 Fe-Ga 体心立方单晶体合金的磁致伸缩
λ_{100} 与合金 Ga 含量的关系曲线及其实验值

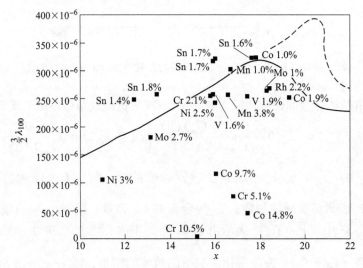

图 1-21　Fe-Ga 合金中第三元素（V、Cr、Mo、Mn、Co、Ni、Rh）对 $\frac{3}{2}\lambda_{100}$ 的影响

1.3　磁致伸缩材料的物理效应

1.3.1　ΔE_{λ} 效应

磁致伸缩材料受到外加弹性应力（拉应力或压应力）的作用时，磁畴将重新取向（畴壁位移和磁畴的转动），以使系统的自由能保持最低，与此同时材料的弹性模量呈现明显相应的变化[23]。未饱和磁化态的磁致伸缩材料在受到应力

σ 的作用时，会产生两种变形：弹性应变（$\Delta l/l_0$）$_\sigma$ 和磁弹性应变（$\Delta l/l_0$）$_m$。从而磁致伸缩材料弹性模量 E 可以表示为[24]

$$E = \frac{\sigma}{(\Delta l/l_0)_\sigma + (\Delta l/l_0)_m} \tag{1-54}$$

从上式能够看出，磁致伸缩材料在应力的作用下，饱和磁化态的弹性模量要大于退磁状态下的弹性模量，无论磁致伸缩系数的正负。这种弹性模量随外加磁场变化的现象即通常所说的模量亏损。图 1-22 给出了铁磁性材料拉应力作用下的应力-应变示意图[25]。图 1-22a 为弱形状各向异性铁磁性材料在拉应力下的应力-应变示意图，从图中可以看出，由于弱的形状各向异性，拉应力下的应变基本可以认为对应胡克定律的纯弹性应变。图 1-22b 为强形状各向异性铁磁性材料在拉应力下的应力-应变示意图，从图中可以看出，由于强的形状各向异性，拉应力下除了满足胡克定律的纯弹性应变，还有由于磁矩转动造成的附加磁弹性应变[26,27]。附加的磁弹性应变造成了材料弹性模量的降低。因此，对于强各向异

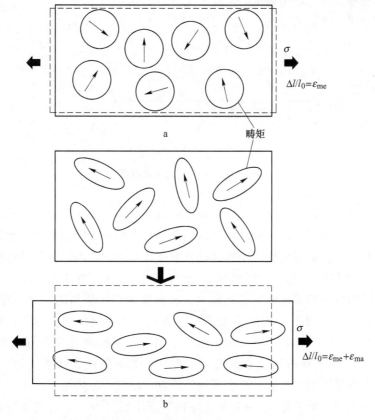

图 1-22　铁磁性材料拉应力下应力-应变示意图[25]
a—弱各向异性；b—强各向异性

性铁磁性材料，可以通过磁场控制其磁弹性应变值，从而控制材料弹性模量。弹性模量变化最大范围与铁磁性材料饱和磁致伸缩值相关。

1.3.2　威德曼效应

1859 年，Wiedemann 发现圆截面形状铁磁性材料同时受到轴向磁场 H_a（由 I_1 提供）和周向磁场 H_c（由 I_2 提供）时，会产生一个扭转，扭转角为 Φ，如图 1-23 所示。这种现象称为威德曼效应（Wiedemann effect）[28]，一般认为该效应是磁致伸缩材料在螺旋磁场作用下磁致伸缩效应的一种特殊表现形式，然而它们之间的相互关系并非一个简单的对应关系，而是十分复杂的[29]。当加载交变电流或者磁场时，磁致伸缩合金丝或者合金棒就会发生扭转振荡。这种效应为相关传感器的设计与应用提供了基础，尤其是非接触磁致伸缩位移传感器的研制、发展与应用[30]。

［德］威德曼（Wiedemann，1826～1899）

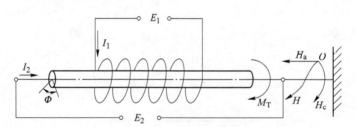

图 1-23　威德曼效应示意图

威德曼效应是铁磁性材料的一种磁机械效应，一直被认为与材料的磁致伸缩性质有关[31]。100 多年来，受技术条件的限制，人们无法测量到合金丝发生扭转时的扭转机械波，也不能准确地测量机械波在合金中的传播时间，磁致伸缩材料的威德曼效应也因此一直未得到应用。直到 20 世纪 80～90 年代，晶振技术的突破，使得计数脉冲的频率可以达到很高，从而使液位传感器的分辨率得到提高，实际测量中分辨率可以达到微米级别，使得威德曼效应可以应用到实践中。20 世纪 90 年代中期，美国 MTS 公司率先研制出了基于威德曼效应的液面位置/位移传感器[32]。由于这种传感器具有非接触式、高灵敏度、线性度好、量程大、抗干扰、多参量测量、可适应恶劣环境等优点，已被广泛应用于油库（炼油厂成品油库、储备库、加油站）、液体化工原料等液位测量中[33]，并在航空航天、核工业、精密机床、汽车、水处理等领域有着非常重要的应用。这种传感器的敏感单元目前是具有威德曼效应的 Fe-Ni 系恒弹性合金丝，选择该合金的原因有三点：一是具有威德曼效应；二是有着好的塑性容易加工成细丝；三是具有恒弹性，保证变温环境中传播扭转波声速的稳定性，提高测量精度。2000 年以来，国内开始大量进口这种传感器以及 Fe-Ni 合金丝；国内也有十多家单位进行了这种传感器的研制，部分产品已经开始进入市场。图 1-24 给出了磁致伸缩位移传感器原理图。

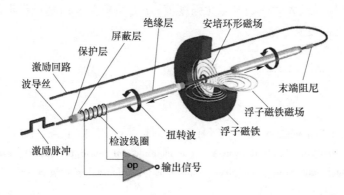

图 1-24　磁致伸缩位移传感器原理图

1.3.3　维拉里效应

1865 年维拉里（E. Villari）发现，铁在磁场中磁化时，如加不大的应力，其磁化曲线会随应力变化，这种现象称为维拉里效应。理论上，所有磁性材料都具有此效应，但因与材料的磁致伸缩系数大小和各向异性强弱有关，故并不都可能观测到。同样，应力也可以改变材料的矫顽力、剩磁等各种参量。应力作用使磁性材料内部具有应力能，对于多晶体有

$$E_\sigma = \frac{3}{2}\lambda_s \sigma_i \sin^2\theta \tag{1-55}$$

式中，λ_s 为饱和磁致伸缩系数；σ_i 为内应力；θ 为磁化强度方向与 σ_i 方向的夹角。考虑材料具有各向异性，对于立方晶体，如 ［100］为易磁化方向，则各向异性能可以表示为

$$E_K = \frac{1}{8}K(1 - \cos 4\varphi) \tag{1-56}$$

式中，φ 为磁化强度 M 与 ［100］轴交角；如果沿 σ_i 方向加外磁场 H，则产生磁化能

$$E_H = -HM\cos\theta \tag{1-57}$$

上述诸式是与磁化有关的能量，可以统一写成

$$E = E_K + E_\sigma + E_H \tag{1-58}$$

为求得应力 σ_i 的影响，可对上式求极值，即 $\dfrac{\mathrm{d}E}{\mathrm{d}\varphi} = 0$，可以得到磁化强度与应力的变化关系为

$$\frac{\mathrm{d}M}{\mathrm{d}\sigma} = \frac{3\lambda_s}{2K} M_0 \left(1 - \frac{M_0^2}{M_s^2}\right) f \tag{1-59}$$

式中，M_0 为外场最大时达到的磁化强度值；f 为系数，其值随材料不同而异，在 1.37~1.60 之间变化。

参 考 文 献

[1] Stewart K H. Ferromagnetic domains [M]. Cambridge：Cambridge Press，1954.

[2] Gratz E，Lindbaum A，Markosyan A，et al. Isotropic and anisotropic magnetoelastic interactions in heavy and light RCo_2 Laves phase compounds [J]. Journal of Physics：Condensed Matter，1994，6 (33)：6699~6703.

[3] 任卫军. B 稳定下的 Pr 基稀土 Fe_2 型化合物的磁致伸缩和各向异性 [D]. 沈阳：中国科学院金属研究所，2003.

[4] 钟文定. 技术磁学（上册）[M]. 北京：科学出版社，2009.

[5] 唐少龙. 稀土巨磁致伸缩材料及富铁三元稀土金属化合物的结构和磁性 [D]. 沈阳：中国科学院金属研究所，1997.

[6] Brailsford F，Oliver D，Hadfield D，et al. Magnetic materials. A review of progress [J]. Journal of the Institution of Electrical Engineers-Part Ⅰ：General，1948，95 (96)：522~43.

[7] Tumanski S. Handbook of magnetic measurements [M]. Boca Raton：CRC press，2016.

[8] 杨大智. 智能材料与智能系统 [M]. 天津：天津大学出版社，2000.

[9] Jiles D，Thoelke J. Theoretical modelling of the effects of anisotropy and stress on the magnetization and magnetostriction of $Tb_{0.3}Dy_{0.7}Fe_2$ [J]. Journal of magnetism magnetic materials，1994，134 (1)：143~60.

[10] 王润. 金属材料物理性能 [M]. 北京：冶金工业出版社，1993.

[11] 王庆伟. Fe-Ga 合金相结构和磁致伸缩研究 [D]. 杭州：浙江大学，2007.

[12] Clark A E. Magnetostrictive rare earth-Fe2 compounds [J]. Handbook of ferromagnetic materials，1980，1：531~89.

[13] Engdahl G，Mayergoyz I D. Handbook of giant magnetostrictive materials [M]. Amsterdam：Elsevier，2000.

[14] 宛德福，罗世华. 磁性物理 [M]. 北京：电子工业出版社，1987.

[15] Levitin R，Markosyan A. Magnetoelastic properties of RE-3d intermetallics [J]. Journal of magnetism and magnetic materials，1990，84 (3)：247~254.

[16] Atzmony U，Dariel M，Bauminger E，et al. Spin-orientation diagrams and magnetic anisotropy of rare-earth-iron ternary cubic Laves compounds [J]. Physical Review B，1973，7 (9)：

4220~4225.

[17] Kellogg R, Flatau A B, Clark A, et al. Temperature and stress dependencies of the magnetic and magnetostrictive properties of $Fe_{0.81}Ga_{0.19}$ [J]. Journal of Applied Physics, 2002, 91 (10): 7821~7823.

[18] Clark A E, Hathaway K B, Wun-Fogle M, et al. Extraordinary magnetoelasticity and lattice softening in bcc Fe-Ga alloys [J]. Journal of Applied Physics, 2003, 93 (10): 8621~8623.

[19] Wuttig M, Dai L, Cullen J. Elasticity and magnetoelasticity of Fe-Ga solid solutions [J]. Applied Physics Letters, 2002, 80 (7): 1135~1137.

[20] Clark A, Restorff J, Wun-Fogle M, et al. Magnetostriction of ternary Fe-Ga-X (X = C, V, Cr, Mn, Co, Rh) alloys [J]. Journal of Applied Physics, 2007, 101 (9): 09C507.

[21] 王博文. 稀土-铁巨磁致伸缩材料的结构与磁致伸缩研究 [D]. 沈阳: 东北大学, 1997.

[22] 王博文. 超磁致伸缩材料制备与器件设计 [M]. 北京: 冶金工业出版社, 2003.

[23] Honda K, Terada T. On the change of elastic constants of ferromagnetic substances by magnetization [J]. Tokyo Sugaku-Butsurigakukwai Kiji-Gaiyo, 1905, 2 (25): 381~390.

[24] Cullity B, Graham C. Introduction to magnetic materials [M]. New Jersey: Addison-Wesley Pub. Co., 1972.

[25] 李明明. Fe-Ga 合金弹性模量温度特性与磁弹性应用研究 [D]. 北京: 北京科技大学, 2018.

[26] Li M M, Li J H, Bao X Q, et al. Variable stiffness $Fe_{82}Ga_{13.5}Al_{4.5}$ spring based on magnetoelastic effect [J]. Applied Physics Letters, 2017, 110 (14): 142405.

[27] Li M M, Li J H, Bao X Q, et al. Electromagnetic induced voltage signal to magnetic variation through torquing textured $Fe_{81}Ga_{19}$ alloy [J]. Applied Physics Letters, 2017, 111 (4): 042403.

[28] Wiedemann G H. Die lehre von der elektricität [M]. Braunschweig: F. Vieweg und sohn, 1885.

[29] Smith I, Overshott K. The Wiedemann effect: a theoretical and experimental comparison [J]. British Journal of Applied Physics, 1965, 16 (9): 1247~1252.

[30] Vinogradov S, Cobb A, Light G. Review of magnetostrictive transducers (MsT) utilizing reversed Wiedemann effect [C] // AIP Conference Proceedings. AIP Publishing, 2017, 1806 (1): 020008.

[31] Li J H, Gao X X, Xia T, et al. Textured Fe-Ga magnetostrictive wires with large Wiedemann twist [J]. Scripta Materialia, 2010, 63 (1): 28~31.

[32] 李宝琨. 磁致伸缩位移传感器的技术与创新 [J]. 传感器世界, 1997, 3 (11): 15~29.

[33] 赵芳, 姜波, 余向明, 等. 磁致伸缩效应在高精度液位测量中的应用研究 [J]. 仪表技术与传感器, 2003 (8): 44~45.

2 磁致伸缩材料

2.1 磁致伸缩材料的发展

磁致伸缩效应自 19 世纪 80 年代发现以来，人们就一直关注这一物理效应的应用与研究，并发展了一系列磁致伸缩材料，按材料体系不同，可以分为铁氧体磁致伸缩材料和金属磁致伸缩材料。

铁氧体磁致伸缩材料最早是在 1952 年由美国 Bell 实验室的 Bozorth 等[1]报道。研究表明单晶 $Co_{0.8}Fe_{2.2}O_4$ 的 λ_{100} 可以达到 -590×10^{-6}，但饱和场超过 $3 \times 10^5 A/m$，实际应用难以达到，因此对其研究长期停滞不前。20 世纪末，Ames 实验室的 Jiles 等[2,3]发现金属粘接钴铁氧体在 $1 \times 10^5 A/m$ 下具有较高的压磁系数，$(d\lambda/dH)_\sigma$ 可以达到 $1.9 \times 10^{-9} m/A$，显示了粘接钴铁氧体在磁应力传感器上的巨大应用前景。钴铁氧体作为磁致伸缩材料，磁晶各向异性大，对应的饱和场高，这也是目前限制钴铁氧体作为磁致伸缩材料应用的最大障碍。从 21 世纪初开始，国内外学者针对钴铁氧体磁致伸缩机理、元素替代改性、热处理工艺改性、温度特性等开展了大量的研究。关于元素替代，Jiles 课题组[2-4]研究了钴铁氧体中 Ga、Mn、Cr、Al 替代 Fe 的影响，成分可表示为 $CoM_xFe_{2-x}O_4$（M 替代元素），发现磁致伸缩系数和居里温度 T_c 随 x 增加而降低，但是 $x < 0.2$ 时，磁致伸缩系数不显著降低，而压磁系数 $(d\lambda/dH)_{max}$ 却大幅提高，同时文章中认为，T_c 随替代量的增加而线性降低，有利于降低实际应用过程中磁-机滞后量。Lo[5]研究了 300℃ 磁场热处理对钴铁氧体磁性能的影响，发现磁场热处理使钴铁氧体易磁化轴沿磁场方向排列，磁致伸缩系数数值从 -200×10^{-6} 提高到 -252×10^{-6}，饱和磁场降低至约 100kA/m，对应的 $(d\lambda/dH)_{max}$ 提高到 $3.9 \times 10^{-9} m/A$。

金属磁致伸缩材料目前主要分两类：传统磁致伸缩金属与合金材料和稀土金属间化合物材料。前者如镍及其基合金（Ni-Co 等）材料和铁基合金（如 Fe-Ni、Fe-Al、Fe-Co-V 等）材料，具有力学性能好、饱和磁化场低等优点，但磁致伸缩系数（$10^{-6} \sim 10^{-5}$ 量级）较小，与线膨胀系数接近，仅适用于一些对功率要求不高的换能器领域；后者以 Tb-Dy-Fe（Terfenol-D）稀土金属间化合物材料为代表，具有巨磁致伸缩（10^{-3} 数量级）性能，但其力学性能非常差，饱和磁化场高，易腐蚀，稀土成本高，这些缺点同样限制了该材料的推广和应用。2000 年，美国 Guruswamy 等[6,7]首先报道了 Fe-Ga 二元合金具有较高磁致伸缩系数，同时还有高的机械强度，如图 2-1 所示，是一种较高磁致伸缩性能和优良力学性能相结合的新型磁致伸缩材料，引起了人们极大的关注，称为 Galfenol 合金。

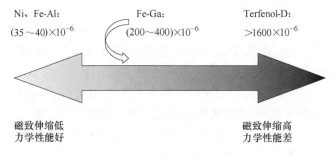

图 2-1 磁致伸缩材料示意图

早期的金属磁致伸缩材料，主要是 Ni 基合金材料，但其磁致伸缩系数低，应用范围有限。1963 年，Legvold 等[8,9]发现稀土金属铽（Tb）和镝（Dy）在低温下具有巨磁致伸缩效应，磁致伸缩系数达到 10^{-3} 量级，其中 Dy 单晶磁致伸缩更是接近 10^{-2} 量级，然而，由于稀土金属的居里温度低于室温，在室温下为顺磁状态，所以其大的磁致伸缩现象只能在极低温度下出现，使得稀土金属在室温下无法使用。1969 年，Callen 根据过渡金属电子云的特征，提出稀土-过渡金属形成的化合物具有较高的居里温度，有可能实现室温下的大磁致伸缩效应。根据这一想法，1971 年，Clark 等[10]报道了 RFe_2 型二元稀土铁合金在室温下具有较大磁致伸缩系数。虽然 RFe_2 型二元稀土铁合金居里温度较高，可以实现室温下的大磁致伸缩，然而，其磁晶各向异性非常大，K_1 和 K_2 的绝对值都在 $10^6 J/m^3$ 的数量级，因而需要很高的外加磁场才能获得较高的磁致伸缩，给 RFe_2 型稀土-铁型金属间化合物的实际应用带来困难。

［美］克拉克（A. E. Clark 于 2005 年）

根据 RFe_2 型二元稀土铁合金磁晶各向异性的研究结果，Clark 等[11,12]进一步提出，磁致伸缩符号相同而磁晶各向异性符号相反的两种 RFe_2 合金，组成稀土-铁的赝二元化合物 $(R_{1-x}R'_x)Fe_2$，既能降低磁晶各向异性，又可以获得较大磁致伸缩，实现室温较低磁场下的大磁致伸缩。随后，Clark 等成功开发出一系列具有较低磁晶各向异性的赝二元化合物，其中，三元稀土铁合金 $Tb_{1-x}Dy_xFe_2$ 化合物磁致伸缩在 $x = 0.73$ 达到峰值，同时，其磁晶各向异性 $K_1 \approx -0.06 \times 10^6 J/m^3$，单晶的磁致伸缩系数 $\lambda_{111} = 1640 \times 10^{-6}$[13]。Clark 等的美国专利于 1976 年正式公布，牌号为 Terfenol-D，将稀土磁致伸缩材料推向实用化。虽然三元稀土铁合金 $Tb_{1-x}Dy_xFe_2$ 沿<111>方向具有最大的磁致伸缩性能，但获得沿<111>取向生长非常困难，更多的是获得沿<112>和<110>择优生长多晶棒。我国发展的牌号为具有<110>轴向取向的牌号为 TDT110 的 Tb-Dy-Fe 合金材料[14,15]，该材料有良好的低场磁致伸缩性能，在磁化场为 40kA/m 时，$\lambda_{110} > 950 \times 10^{-6}$。

稀土磁致伸缩 Tb-Dy-Fe 合金材料，已经广泛应用在民用和军事领域。关于 Tb-Dy-Fe 合金材料的研究，目前主要集中在两方面：第一，探索不同的制备方法和加工工艺，通过改变定向凝固条件来控制材料的取向度，通过热处理来消除应力，通过改变晶界的组织形状来提高晶体的完整性[16]；第二，针对磁致伸缩材料的磁性能，考察不同合金及不同替代元素对磁致伸缩和其他方面磁性能的影响，试图改善磁致伸缩性能[17,18]。人们对 $Tb_{1-x}Ho_xFe_2$，$Tb_{1-x}Pr_xFe_2$，$(Tb_{0.27}Dy_{0.73}Fe_2)_x(Tb_{0.14}Ho_{0.86}Fe_2)_{1-x}$ 等合金的磁致伸缩及磁晶各向异性进行了研究[19]，发现以 Ho 替代 $TbFe_2$ 中的 Tb 时，由于其在室温下的各向异性常数小于 Dy 的，$Tb_{1-x}Ho_xFe_2$ 合金的补偿成分出现在 $x = 0.85$ 处，大于 $Tb_{1-x}Dy_xFe_2$ 的 $x = 0.73$。在 $x = 0.85$ 的补偿成分，$Tb_{1-x}Ho_xFe_2$ 的 $\lambda_{111} = 500 \times 10^{-6}$。当以少量的 Pr（原子数分数 ≤20%）替代 $TbFe_2$ 中的 Tb 时，合金的磁致伸缩十分接近 $TbFe_2$ 的，但 Pr 的含量并未达到合金的磁晶各向异性的补偿成分。当继续增加 Pr 的含量时，合金中出现了非立方结构相。当以 Dy 和 Ho 同时替代 $TbFe_2$ 中的 Tb 时，实验和计算发现补偿成分的合金为 $Tb_{0.2}Dy_{0.22}Ho_{0.58}Fe_2$，$\lambda_s = 530 \times 10^{-6}$。

$SmFe_2$ 同样具有较高的磁致伸缩性能[20]，但其磁致伸缩值为负的，室温 $SmFe_2$ 多晶合金的 $\lambda_s = -1560 \times 10^{-6}$，仅次于 $TbFe_2$ 的 λ_s 值（1753×10^{-6}）。由于轻稀土原料价格低，以 $SmFe_2$ 为基的合金也是一种很有发展前途的磁致伸缩材料。但 $SmFe_2$ 磁晶各向异性大，制备工艺更复杂，制备过程中 Sm 烧损严重且容易氧化。当以 Dy 和 Ho 分别替代 $SmFe_2$ 中的 Sm 时，$Sm_{1-x}Dy_xFe_2$ 和 $Sm_{1-x}Ho_xFe_2$ 合金的磁晶各向异性减小，相应的磁致伸缩随 x 的增加也减小。当 x 分别小于 0.12 和 0.30 时，这两种合金的饱和磁致伸缩的绝对值（λ_{111}）均大于 1200×10^{-6}。

另外，人们还研究了以 Co、Mn 和 Al 等元素替代 Fe 对合金磁致伸缩性能的影响[21]。以少量的 Co 替代 Fe，虽使材料的居里温度上升，但并未改善该材料的磁致伸缩性能。当以少量的 Mn 替代 Fe 时，发现合金成分为 $Tb_{0.5}Dy_{0.5}(Fe_{0.9}Mn_{0.1})_2$ 的磁致伸缩较大，多晶材料在 1120kA/m 磁场下的磁致伸缩为 1320×10^{-6}，并且其磁晶各向异性也小于 $Tb_{0.27}Dy_{0.73}Fe_2$ 的。文献［22］报道了 $Tb_{0.27}Dy_{0.73}(Fe_{1-x}Al_x)_2$ 合金的结构和磁致伸缩，发现随含 Al 量的增加，合金的磁致伸缩单调降低，但文献［23］却发现添加少量的 Al（$x = 0.15$）可增加该合金的磁致伸缩性能。

许多研究者发现采用非晶材料也可降低磁致伸缩材料的磁各向异性。Quandt[24] 和 Grundy 等[25] 分别对 $Tb_{1-x}Fe_x$、$(Tb_xDy_{1-x})_yFe_{100-y}$ 和 $Sm_{1-x}Fe_x$ 非晶薄膜的磁致伸缩和制备条件进行了研究，发现 TbDyFe 非晶薄膜在 80kA/m 和 400kA/m 磁场下的磁致伸缩分别为 250×10^{-6} 和 400×10^{-6}，SmFe 非晶薄膜在相应磁场下的磁致伸缩为 -220×10^{-6} 和 -300×10^{-6}。对非晶 $(Tb_{1-x}Dy_x)(Fe_{0.45}Co_{0.55})_y$ 薄膜的研究发现添加部分的 Co 可使薄膜的磁致伸缩显著提高。Lim 等[26] 还研究了采用甩带法制备的 $Dy_x(Fe_{1-y}Co_y)_{1-x}$ 合金的结构和磁致伸缩，发现当旋转速度增加，合金的晶粒细化，软磁性能得到改善。Fujimori 等采用溅射方法制备了 $(Sm,Tb)Fe_2$-B 非晶合金薄膜，并对其居里温度和磁致伸缩进行了研究[27]。他们发现 $(Sm,Tb)Fe_2$-B 非晶合金薄膜的磁致伸缩在高磁场下低于晶态的，但在低磁场下却明显高于晶态的。如非晶 $(SmFe_2)_{0.992}B_{0.008}$ 和 $(TbFe_2)_{0.98}B_{0.02}$ 在 24kA/m 下的磁致伸缩 $(\lambda_{/\!/}-\lambda_{\perp})$ 分别达 -490×10^{-6} 和 600×10^{-6}。

磁致伸缩材料可作为换能器的关键材料。作为能量转换材料，材料的能量密度是它的主要性能指标之一。能量转换材料的能量密度发展简图如图 2-2 所示。可见自从发现了 Tb-Dy-Fe 合金材料之后，能量转换材料的能量密度发生了突变。商品生产的磁致伸缩材料的准确成分为 $Tb_{0.27}Dy_{0.73}Fe_{1.9}$，商品牌号为 Terfenol-D，年产值估计在 10 亿美元之上[28]。

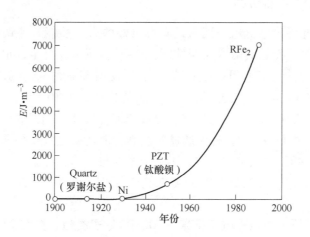

图 2-2 能量转换材料的能量密度发展简图

表 2-1 给出了几种材料的磁致伸缩系数[29,30]，传统磁致伸缩材料的磁致伸缩系数为 $10^{-6}\sim10^{-4}$ 数量级，稀土金属间化合物材料的磁致伸缩系数达到 10^{-3} 数量级。然而，Tb-Dy-Fe 磁致伸缩材料存在固有缺点，如材料抗拉伸能力弱、质地非常脆、稀土材料成本高等，这些缺点都限制了它的应用。有关 Tb-Dy-Fe 磁致伸缩材料的制备工艺、磁致伸缩理论和新材料探索仍是近年来十分活跃的研究课题。同时，迫切需要研制一种具有较大磁致伸缩系数，又具有较高力学性能的磁致伸缩新材料。

表 2-1　材料的磁致伸缩系数

材　料	λ_s	材　料	λ_s
PZT(压电陶瓷材料)	$(100\sim600)\times10^{-6}$	$<111>$-Fe_3O_4	-78×10^{-6}
Fe	21×10^{-6}	Fe_3O_4(多晶)	-40×10^{-6}
Ni	-46×10^{-6}	$<100>$-$NiFe_2O_4$	-42×10^{-6}
Fe-85%Ni	-3×10^{-6}	$<100>$-$Co_{0.8}Fe_{2.2}O_4$	-590×10^{-6}
$Ni_{60}Fe_{40}$	25×10^{-6}	Dy	1400×10^{-6}(78K)
Fe-40%Co	64×10^{-6}	$Tb_{70}Fe_{30}$	1590×10^{-6}
$Co_{60}Fe_{40}$	68×10^{-6}	$SmFe_2$	-1560×10^{-6}
$Fe_{49}Co_{49}V_2$	70×10^{-6}	$TbFe_2$	1753×10^{-6}
$Fe_{87}Al_{13}$	40×10^{-6}	$<112>$-$Tb_{0.27}Dy_{0.73}Fe_{1.95}$	2330×10^{-6}
$BaFe_{12}O_{19}$	-5×10^{-6}	$<110>$-$Tb_{0.27}Dy_{0.73}Fe_{1.95}$	2070×10^{-6}
$<100>$-$Fe_{83}Ga_{17}$	400×10^{-6}	$<100>$-$Dy_3Fe_5O_{12}$	-1400×10^{-6}(4.2K)
$<100>$-$Fe_{73}Ga_{27}$	350×10^{-6}	$<111>$-$Tb_3Fe_5O_{12}$	2420 (4.2K)
$<100>$-$Fe_{82}Ga_{13.5}Al_{4.5}$	234×10^{-6}	$<100>$-$Ho_3Fe_5O_{12}$	-1400(4.2K)

2.2　铁基磁致伸缩材料

铁基磁致伸缩价格低廉，同时还具有良好的力学性能。纯铁中引入合金元素，可以显著改变纯铁的磁致伸缩性能。Fe-Al 和 Fe-Co 合金，很早就被发现具有较高的磁致伸缩性能：Fe-19% Al 单晶合金饱和磁致伸缩系数 λ_{100} 为 $95\times10^{-6[4]}$，Fe-50%Co 合金的磁致伸缩系数 λ_{100} 能达到 $150\times10^{-6[31]}$。在高 Co 含量的 Fe-Co 薄膜，最近还发现其可能具有大磁致伸缩，远高于相似成分的块体单晶合金[32,33]。Fe-Al 和 Fe-Co 合金还能通过轧制制备成轧制磁致伸缩薄板，同样具有较高磁致伸缩性能，具有一定的应用前景[33]。与 Al 同族的非铁磁性原子 Be 少量加入，也可增大铁的低场磁致伸缩性能[34]，但由于 Be 剧毒，应用前景极其有限。

非磁性 Ga 原子的核外电子排布与 Al、Be 原子类似，拥有全满的 3d 外电子层结构，溶入 bcc-Fe 中的 Ga 和 Al、Be 一样，也能增加 α-Fe 的磁致伸缩性能。Fe-Ga 二元合金饱和磁致伸缩系数 λ_{100} 达到 $265\times10^{-6[35]}$，其性能远超过 Fe-Al 和 Fe-Co 合金。采用定向凝固制备的取向多晶 Fe-Ga 合金[36,37]，在一定预应力下，饱和磁致伸缩系数接近 300×10^{-6}，接近单晶合金。近几年，研究者还对其他铁基合金，如 Fe-Ge[38]、Fe-Sn[39]、Fe-Mn[40] 等，进行了研究，但其磁致伸缩均未达到 Fe-Ga 合金的水平。

与传统磁致伸缩材料相比，Fe-Ga 合金有较高的磁致伸缩值，与稀土磁致伸缩合金材料相比，Fe-Ga 合金具有强度高、脆性小、饱和磁化场低、磁导率高等优点。因此 Fe-Ga 磁致伸缩合金填补了传统磁致伸缩材料和稀土磁致伸缩材料之间的空白，综合了两者的优点，是一种既有较大磁致伸缩，又有良好力学性能，且适于在强震动冲击、大负荷、腐蚀等恶劣条件下应用的新型材料。由于 Fe-Ga 的价格只是 Tb-Dy-Fe 的 1/3，成本优势明显，有望迅速进入市场，是很有希望的一类新型磁致伸缩功能材料。

2.2.1 铁-镓合金

2.2.1.1 铁-镓合金的磁致伸缩性能

Clark[41] 及 Q. Xing[42] 等系统研究了不同热处理条件下 $Fe_{100-x}Ga_x$ 合金 <100> 方向上的饱和磁致伸缩系数随 Ga 元素含量变化的关系，如图 2-3 所示。从图中可以看出：Ga 元素含量（原子数分数）介于 17.9% ~ 22.5%（缓冷状态）或者 20.6% ~ 22.5%（淬火状态）时，磁致伸缩应变随着 Ga 元素含量的增加而单调增加，整个增加过程同合金的热历史有显著的关联，在缓冷状态下，磁致伸缩应变最大值出现在 Ga 含量在 17.9% 处，$\frac{3}{2}\lambda_{100}$ 为 320×10^{-6}，淬火状态下，$\frac{3}{2}\lambda_{100}$ 达到 390×10^{-6}，Ga 含量为 20.6%；Ga 元素含量（原子数分数）介于 17.9% ~ 22.5%（缓冷状态）或者 20.6% ~ 22.5%（淬火状态）时，磁致伸缩随着 Ga 元素含量的增加转而下降，并在 22.5% 时 $\frac{3}{2}\lambda_{100}$ 达到最小值 250×10^{-6}；Ga 元素含量在 22.5% ~ 28.5% 区间时，磁致伸缩系数随 Ga 元素含量的增加再次增大，在 28.5% 时缓冷状态和淬火状态 $\frac{3}{2}\lambda_{100}$ 都达到峰值，分别为 380×10^{-6} 和 440×10^{-6}；Ga 元素含量大于 28.5%，随着 Ga 元素含量的增加，磁致伸缩系数急剧下降。

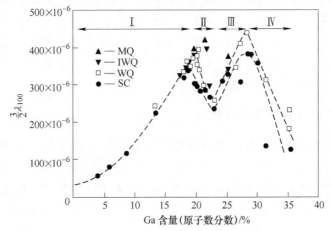

图 2-3　$Fe_{100-x}Ga_x$ 合金的 $\frac{3}{2}\lambda_{100}$ 随 Ga 含量的变化

MQ—熔融淬火；IWC—冰水淬火；WQ—水淬；SC—慢冷

关于 Ga 的添加使 Fe 的磁致伸缩性能明显提高，目前存在以下几种观点：
(1) Ga 原子对的团簇效应[43]；(2) 合金中保持无序 bcc A2 相结构[43,44]；(3)
合金中存在 Modified-DO$_3$ 结构[45]。如果合金中存在 DO$_3$、DO$_{19}$、L1$_2$ 有序相，则
会使材料的磁致伸缩性能降低。

无论是单晶还是多晶，晶体取向对 Fe-Ga 合金的磁致伸缩性能都有着非常关
键的影响。Clark 等[41]对 Fe-Ga 单晶的研究中，发现具有［100］轴向取向的
Fe$_{81.3}$Ga$_{18.7}$单晶具有最好的磁致伸缩性能，其室温磁致伸缩值达到了 263×10^{-6}；
Srisukhumbowornchai 等[36]在对取向多晶 Fe-Ga 合金的研究中，采用定向浇注法制
得的具有［110］轴向择优取向的 Fe$_{80}$Ga$_{20}$最高磁致伸缩性能达到了 111×10^{-6}，
而采用定向生长法，以 22.4mm/h 的速度制得的 Fe$_{72.5}$Ga$_{27.5}$最高磁致伸缩性能达
到了 271×10^{-6}，该合金在与棒轴成 14°的方向上具有［100］择优取向。

磁致伸缩材料在外加应力的作用下，由于磁矩的转动和畴壁的移动，会增强
材料的磁致伸缩行为。Kellogg 等[46]研究了单晶 Fe$_{81}$Ga$_{19}$合金棒 800℃水淬后的压
力效应，发现当预压力为 14.4MPa 时，获得的最大的磁致伸缩应变为 273×10^{-6}，
当预压力为 45.3MPa、87.1MPa 时，样品的最大磁致伸缩应变为 298×10^{-6}，继续
增大预压力，磁致伸缩不再发生明显变化。Wun-Fogle 等[47]研究了压力为
−100MPa 和−150MPa 条件下退火后的取向多晶 Fe$_{81.6}$Ga$_{18.4}$，结果表明，在外力的
作用下，退火后的样品表现出更好的磁致伸缩性能。

人们还研究了稀土 Dy、Tb 元素对多晶 Fe-Ga 合金磁致伸缩性能的影响[47]，
发现少量稀土添加可以显著提高合金的磁致伸缩，并提高合金凝固过程中的
<001>取向。肖锡铭等[48]发现稀土 Y 的添加也能改善铸态 Fe-Ga 合金的<001>取
向度，一定程度上提高磁致伸缩性能，而饱和磁化场仅小幅增加。除改善凝固过
程中的<001>取向，Wu 等[49]认为稀土合金元素，在快淬薄带中能够增大磁晶各
向异性能，与块体合金相比，可以成倍提高快淬薄带的磁致伸缩性能。另外，制
备方法和热处理工艺影响着 Fe-Ga 合金的微观组织结构和相组成，进而对 Fe-Ga
合金的磁致伸缩性能产生影响[50]。

2.2.1.2　铁-镓合金磁致伸缩机制

对于 Fe-Ga 合金这种大的磁致伸缩性能的解释，目前主要有如下几种理论
模型：

(1) 磁弹性理论模型。Wuttig 等[51]利用测量获得的剪切弹性常数与局部磁
弹性耦合所得到的值同 Ga 元素的浓度建立起了关系式 2-1；Clark[35]进一步测量
和研究了 $\frac{3}{2}\lambda_{100}$ 及弹性常数 c_{11}、c_{12}、c_{44} 与 Ga 含量关系后得出如下结论：Fe-Ga
单晶<100>方向饱和磁致伸缩系数随 Ga 含量变化过程中，第一个系数峰值的出

现归因于随着 Ga 元素含量的增加，磁弹性耦合常数 b_1 在此区间范围出现了极大值，第二个系数峰值的出现归因于随着 Ga 元素含量的增加，剪切弹性常数 $(c_{11} - c_{12})/2$ 发生了下降。因而提高磁弹性耦合常数或降低剪切弹性常数均可以引起磁致伸缩性能的提高。

$$\lambda_{100}(X_{Ga}) = \lambda_{100}(0) \frac{(c_{11} - c_{12})(0)}{(c_{11} - c_{12})(X_{Ga})} \left[(1 - X_{Ga})^2 + X_{Ga}^2 \frac{\delta b_1}{b_1(0)} \right] \qquad (2-1)$$

表 2-2 给出了室温下 Fe-Ga 合金的剪切模量 $(c_{11} - c_{12})/2$、磁致伸缩系数 $\frac{3}{2}\lambda_{100}$ 和磁弹性耦合常数 b_1[35]。

表 2-2 室温下 $Fe_{100-x}Ga_x$ 合金的磁弹性常数

Ga 含量	$\dfrac{c_{11} - c_{12}}{2}$ /GPa	$\dfrac{3}{2}\lambda_{100}$	b_1/MJ·m^{-3}
Fe	48	30×10^{-6}	-2.9
5.8%Ga	40	79×10^{-6}	-6.3
13.2%Ga	28	210×10^{-6}	-11.8
17.0%Ga	21	311×10^{-6}	-13.1
18.7%Ga	20	395×10^{-6}	-15.6
24.1%Ga	9	270×10^{-6}	-5.1
27.2%Ga	7	350×10^{-6}	-4.8

（2）Modified-DO$_3$（B2-like）模型。Wu[49] 运用第一性原理计算了 Fe$_3$Ga 结构 DO$_3$、L1$_2$ 和 B2-like 等相的磁致伸缩性能后发现，B2-like 相的产生是 Fe-Ga 合金获得正磁致伸缩的重要因素。DO$_3$ 相中 Ga-Ga 原子对沿着 [110] 方向有序排列，高度对称，因而造成 Fe(2)-d$_{xz}$ 态和 Fe(2)-d$_{yz}$ 态都是简并的。而在 B2-like 相中，由于 Ga-Ga 原子对沿着 [100] 方向有序排列，形成了较低的点阵结构对称性，因而 Fe(2) 层上处于自旋少子轨道上的 Fe(2)-d$_{xz}$ 态和 Fe(2)-d$_{yz}$ 态是非简并的，它们之间的 spin-orbit couple 交互作用就使得 B2-like 结构具有正的磁致伸缩应变。

（3）大量无序分布 A2 相模型。Srisukhumbowornchai 等[44] 认为，在 Fe-Ga 合金中呈现大的磁致伸缩，应该尽可能保留更多的无序分布的 A2 相，A2 相具有较 DO$_3$、DO$_{19}$ 和 L1$_2$ 相更大的磁致伸缩，由于 A2 相只能在高温情况下稳定存在，而在高温条件下会在 α-Fe 基体中固溶更多的 Ga 元素，由于成分的不均匀性及为了保留高温无序 A2 相所采取的快速凝固工艺，将会促成无序体心立方晶体在微区范围内存在一种 Ga 元素富集的四方相（面心结构）。这种畸变的四方结构使得体心立方结构基体转变成了预马氏体结构，造成合金剪切弹性模量的软化，因而合金磁致伸缩性能提高。

2.2.1.3 铁-镓合金的力磁耦合性能

磁性材料在受到磁场和力场的作用下，磁性能与力学性能会相互影响与制约。例如，磁场会导致材料变形、振动和扭曲等，变形又将引发磁畴的重新取向，即磁-机械耦合作用。磁-机械耦合作用有多种形态，目前观察到磁-机械耦合效应包括磁致伸缩效应、Villari 效应、ΔE_λ 效应、威德曼效应、逆威德曼效应、磁声效应、因瓦效应等，利用上述效应，已经研究、开发成多种功能器件[52]。

目前，很多研究肯定了 Fe-Ga 合金的力学性能。Kellogg 等[52]在对 $Fe_{83}Ga_{17}$ 单晶力学性能的研究中发现，沿晶体的［100］方向的拉伸强度可达 515MPa，伸长率达 2%，主要的滑移系为 {110} < 111 > 和 {211} < 111 >。Yoo 等[53]研究了 Fe-Ga 单晶在磁场作用下的力学行为，重点研究了磁场对杨氏模量、泊松比等的影响。在对 Fe-Ga 多晶材料力学性能的研究中，美国 Etrema 公司的 E. M. Summers 等[54]在区熔定向生长法制备的具有［100］择优取向多晶 $Fe_{81.6}Ga_{18.4}$ 合金的拉伸实验中发现，室温下合金的弹性模量在 72.4~86.3MPa 之间，抗拉强度可达 370MPa，伸长率为 0.81%~1.2%。Guruswamy 等[55]的研究中，热轧后的 $(Fe_{81}Ga_{19})_{99}(NbC)_1$ 合金具有良好的力学性能，其拉伸强度沿轧制方向达到了 576MPa，垂直轧制方向达到了 588MPa；屈服强度沿轧制方向为 470MPa，垂直轧制方向为 485MPa，沿轧制方向的伸长率达到了 29.5%，垂直轧制方向也达到了 28.2%。

图 2-4 给出了铁磁性材料的应力-应变曲线[56]。图中可见，初始阶段，未饱和磁化态下应力-应变不是按直线关系变化，并且沿难磁化轴与易磁化轴加载应力起始阶段斜率不同。这是因为铁磁性材料在外应力作用下，除产生满足胡克定律的弹性应变 ε_e 外，还会由于磁矩转动、畴壁移动而产生附加的磁弹性应变 ε_{me}，沿易轴方向加载应力附加的磁弹性应变更易达到饱和。由于磁弹性应变的出现，材料的弹性模量降低，表现出 ΔE_λ 效应，即

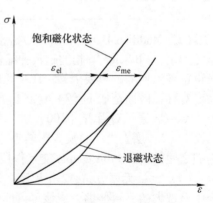

图 2-4　铁磁体的应力-应变曲线

$$E_d = \frac{\sigma}{\varepsilon_{el} + \varepsilon_{me}} < E_s = \frac{\sigma}{\varepsilon_{el}} \tag{2-2}$$

式中，E_d 为未饱和磁化态下的弹性模量；E_s 为饱和磁化态下的弹性模量。

有关 Fe-Ga 合金的 ΔE 效应报道，S. Datta 等[57]研究了磁化强度和应力状态对 Fe-Ga 单晶杨氏模量的影响时发现，与饱和磁场状态下相比，<100>方向单晶的杨氏模量发生了 60% 的变化，并给出了基于能量的非线性本构方程用来预测 Fe-Ga 合金中的模量变化，如图 2-5 所示。

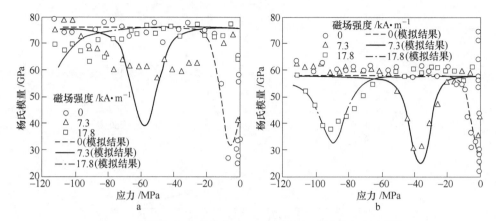

图 2-5　外磁场与应力状态对 Fe-Ga 合金杨氏模量的影响[111]

a—$Fe_{84}Ga_{16}$；b—$Fe_{81}Ga_{19}$

Liu 等[58]在对 $Fe_{85}Ga_{15}$<100>方向单晶的 ΔE 效应研究中发现了与 S. Datta 等不同的现象。在没有磁场的情况下，材料的模量会随压力增加而变小（模量软化），当引入外加磁场，起始的模量随磁场增大而增大，此时随压应力模量软化的现象更加明显，当压应力达到 15MPa 后和 50MPa 后模量分别稳定在两个台阶 60GPa 和 25GPa，并且与外加磁场无关，如图 2-6 所示。

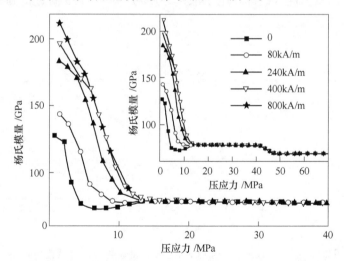

图 2-6　$Fe_{85}Ga_{15}$单晶杨氏模量在外磁场条件下随压应力的变化

Wuttig 等[51]在对 Fe-Ga 单晶体的磁弹性研究中发现，剪切弹性常数 c_{44} 几乎不随 Ga 含量而变化，但是剪切弹性常数 $(c_{11}-c_{12})/2$ 随 Ga 含量增加几乎线性降低，并且可以推测在 Ga 含量 26% 时达到零值，见图 2-7。

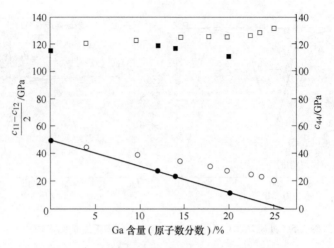

图 2-7　Fe-Ga 合金弹性常数随 Ga 含量的变化

　　Petculescu 等[59]对 $Fe_{100-x}X_x(X=Ga,Al,Ge)$ 室温下的磁弹性常数研究结果表明，磁弹性常数对于合金成分比较敏感，Fe-Ga 合金在 $x=15\sim20$ 范围内磁弹性常数达到最高，如图 2-8a 所示。另外，他们还研究了 Ge 替代 Ga 的情况下，Fe-Ga合金的磁弹性常数与电子浓度（e/a）的对应关系，发现无论是否有 Ge 替代 Ga，合金的磁弹性常数都在电子浓度（e/a）等于 1.35 附近达到最大值，如图2-8b 所示。

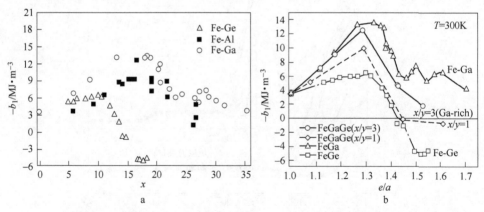

图 2-8　室温下 $Fe_{100-x}X_x(X=Ga,Al,Ge)$ 的磁弹性耦合系数（a）和
FeGa(Ge) 的磁弹性耦合系数与电子浓度的关系（b）

　　Golovin 等[60]通过机械光谱技术研究了 Fe-Ga 合金与 Fe-Ga-Al 合金滞弹性的频率、振幅与温度依赖性。在 Ga 含量为 18% 与 27% 附近观察到了两个最大的阻尼峰，这与磁致伸缩-Ga 含量曲线的两个峰值位置相一致。另外，他们还系统研

究了内耗的温度依赖性，如图 2-9 所示。在升温过程中，一个瞬态尖锐的内耗峰 P_{Tr} 同时在 Fe-13Ga 合金与 Fe-27Ga 合金中观察到，并且该内耗峰的出现并不与测量频率相关。对比相应的弹性模量-温度曲线，发现该内耗峰温度区间都对应着弹性模量的急剧增大，但是它们分别对应着不同的机制。对于低 Ga 含量合金，正电子湮灭谱研究表明升温过程中空位浓度的迅速降低，导致了模量的迅速增加，并形成了相应内耗峰；对于高 Ga 含量合金，升温过程中起始的 bcc 结构（A2 与 DO_3）逐渐转变为有序的 fcc 结构（$L1_2$），导致了模量迅速增大，并伴随着基于剪切无扩散转变的瞬态滞弹效应。

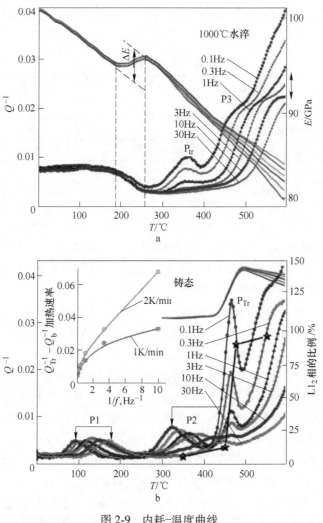

图 2-9 内耗-温度曲线

a—Fe-13Ga 合金；b—Fe-27Ga 合金

2.2.2　铁-钴合金

铁钴合金具备良好的软磁性能：高的饱和磁感应强度、高的居里温度、较高的磁导率和较小的磁滞[61]。由于饱和磁感应强度高，在制作同等功率的电机时，可大大缩小体积，在作电磁铁时，在同样截面积下能产生大的吸合力[62]。由于居里点高，可使该合金能在其他软磁材料已经完全退磁的较高温度下工作，并保持良好的磁稳定性。

铁钴合金体系所能达到的最大饱和磁化强度为 2.4T，此时钴含量（原子数分数）约为 35%。钴含量为 50% 时，合金拥有最大的初始磁导率，此时的铁钴合金也被称作"Permendur"，Fe-Co（50∶50）合金（1J22）的部分磁性能如表2-3 所示[63]。

表 2-3　1J22 的磁性能

性　　能	数　　值
居里温度/℃	980
饱和磁感应强度/T	2.4
矫顽力/A·m^{-1}	150
初始磁导率	800
最大磁导率	5000~8000
无取向多晶 λ	60×10^{-6}

图 2-10 是用单晶铁钴合金不同晶体取向的磁化曲线，当钴含量为 30% 和 40% 时，样品的易磁化方向为<100>；当钴含量为 50% 和 70% 时，样品的易磁化方向变成<111>。A2 相铁钴合金的磁晶各向异性相对较低，钴含量为 0%~60% 的磁晶各向异性常数 K_1 如图 2-11 所示。K_1 随着钴含量的增加逐步降低，并在钴含量约为 42% 时由正变负。A. Lisfi 等报道当钴含量为 65% 时，$K_1 = -2.16×10^{-4}$ J/m^3。

自 20 世纪 20 年代以来，有大量的学者研究过 Co-Fe 合金的磁致伸缩性能，如图 2-12 所示[64]。慢冷多晶 Co-Fe 合金在 Co 含量为 60% 时获得最大磁致伸缩系数 70×10^{-6}。大变形量轧制 Co-Fe 合金在 70% 拥有最大的磁致伸缩系数 125×10^{-6}。Co 含量 40%~70% 的单晶 Co-Fe 磁致伸缩性能为 75×10^{-6} 左右。

2007 年，Dai 和 Wuttig[65] 发现 Co$_{70}$Fe$_{30}$ 合金在稍低于 A2/A2+A1 相界温度热处理后水冷，样品的饱和磁致伸缩系数达到 147×10^{-6}。2011 年，Hunter[32] 报道了 Co-Fe 在 Co 含量为 65%~70% 时的磁控溅射薄膜水冷后的饱和磁致伸缩系数达到 260×10^{-6}，如图 2-13 所示。Hunter 认为这种巨大的磁致伸缩源自于弥散分布于 A2 基体中的 A1 纳米相，并推论拥有这种微观组织的单晶 Fe$_{34}$Co$_{66}$ 磁致伸缩性

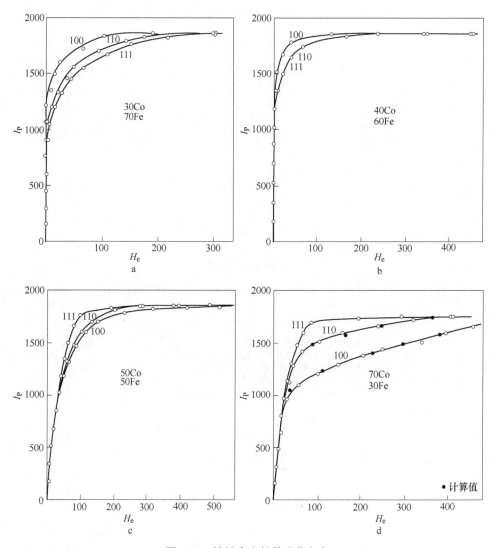

图 2-10 铁钴合金的易磁化方向

能可以达到 1300×10^{-6}。

  在 Hunter 报道 Co-Fe 合金通过调节相结构可以拥有大磁致伸缩系数之后，许多学者开始研究 Co-Fe 合金的相结构与其磁致伸缩性能之间的关系。2014 年，Lisfi 等[33]制备出了 $Co_{65}Fe_{35}$ 单晶样品，如图 2-14 所示。通过长时间保温后淬火快冷至室温，样品沿其<100>方向的饱和磁致伸缩系数达到 180×10^{-6}。通过透射和磁转矩分析，淬火样品中具有四次对称性的第二相导致了 $Co_{65}Fe_{35}$ 单晶样品具有高磁致伸缩。

  赵亚陇等研究了添加微量元素对 $Co_{70}Fe_{30}$ 磁致伸缩性能的影响[66,67]。在

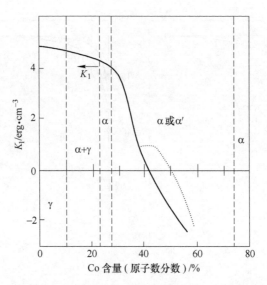

图 2-11　铁钴合金磁晶各向异性常数 K_1 随 Co 含量变化趋势

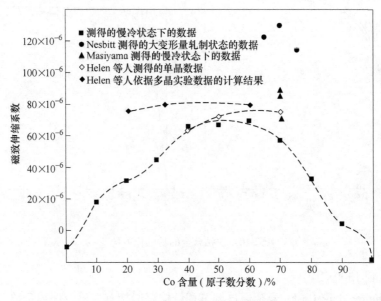

图 2-12　铁钴合金的磁致伸缩性能

$Co_{70}Fe_{30}$ 合金中添加 0.5% 的 Cu 可以使磁致伸缩性能提高 $15×10^{-6}$ 左右，如图 2-15 所示。添加 0.5% 的 Ni 元素对 $Co_{70}Fe_{30}$ 合金的磁致伸缩性能几乎没有影响，添加 1.0% 的 Ni 元素会降低 $Co_{70}Fe_{30}$ 合金的磁致伸缩性能，如图 2-16 所示。添加稀土元素 Tb 和 Dy 不仅未能有效提高 $Co_{70}Fe_{30}$ 合金的磁致伸缩性能，反而会使 $Co_{70}Fe_{30}$ 合金的力学性能变差，如图 2-17 所示。

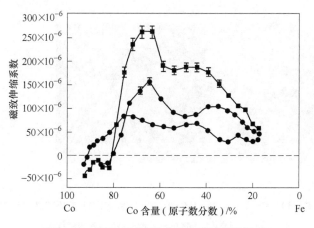

图 2-13 磁控溅射铁钴薄膜的磁致伸缩性能

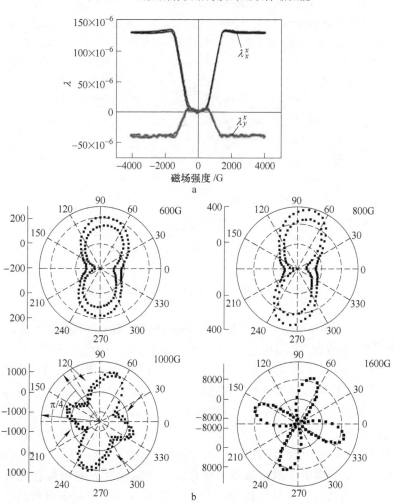

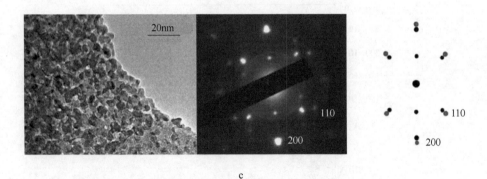

c

图 2-14 Co$_{65}$Fe$_{35}$单晶<100>取向的磁致伸缩性能及其微观组织

a—法线方向为［001］晶向的圆柱形 Co$_{65}$Fe$_{35}$ 片的磁致伸缩性能；

b—磁场强度分别为 600G、800G、1000G、1600G 时具有［001］法线方向的单晶
Co$_{65}$Fe$_{35}$伪圆盘的转矩性能；c—长时间退火的 Co$_{65}$Fe$_{35}$样品透射电镜照片、衍射花样
以及其单晶或析出相的示意花样。样品法向以及入射电子束方向平行于［001］晶向

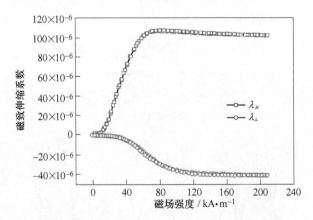

图 2-15 定向凝固（Co$_{70}$Fe$_{30}$）$_{99.5}$Cu$_{0.5}$的磁致伸缩曲线

　　Khachaturyan 提出的理论模型解释了弥散存在的纳米相提高磁致伸缩性能的
作用机理[68]，不考虑 A2 相和 DO$_3$ 相之间因晶格常数不同产生的局部应力，那么
A2 相区和 DO$_3$ 相区之间只存在一个 A2+DO$_3$ 两相区；如果考虑两相之间因晶格
常数不同而产生的局部应力，那么在 A2 相区和 A2+DO$_3$ 相区之间还应该存在一
个狭小的 K 相区，如图 2-18a 所示。在这个 K 相区内 A2 结构已经做好了向 DO$_3$
结构转变的准备，在整齐的 A2 结构中形成了与基体部分共格，并且尺寸小于
10nm 的类 DO$_3$ 结构，被称作 Modify-DO$_3$ 结构，如图 2-18b 所示。

　　Modify-DO$_3$ 结构属于四方晶系，拥有比立方结构更大的结构各向异性，也
正是这种更大的结构各向异性让 Modify-DO$_3$ 结构在磁场作用下再取向的时候产

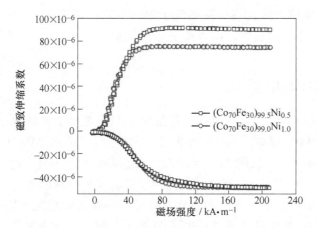

图 2-16 定向凝固 $(Co_{70}Fe_{30})_{99.5}Ni_{0.5}$ 和 $(Co_{70}Fe_{30})_{99.0}Ni_{1.0}$ 的磁致伸缩曲线

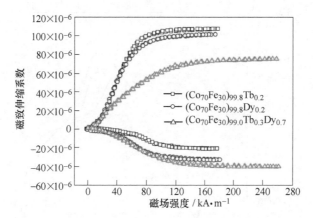

图 2-17 稀土微合金化定向凝固铸锭的磁致伸缩曲线

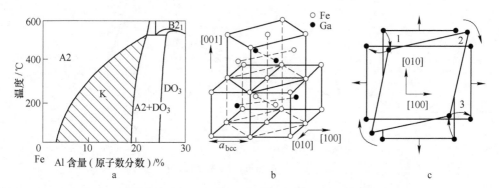

图 2-18 弥散分布在立方基体中的四方纳米相对磁致伸缩的影响

生更大的磁致伸缩，并且响应磁场低于立方结构，如图 2-18c 所示[69]。另外，Reid 等[70]的研究结果表明，纳米级的结构在磁致伸缩过程中起着重要的驱动作用。

2.2.3　铁-铝与铁-镓-铝合金

纯铁的 λ 值只有 20×10⁻⁶ 左右，而在加入 Al 元素后，λ 值增加了 4 倍以上，其单晶体沿 〈100〉 晶向的饱和磁致伸缩系数 λ_s 可以达到 100×10⁻⁶[4]。Al 是非磁性原子，但是将非磁性的 Al 原子添加到 bcc 结构的 Fe 基体中时，导致 Fe 基体的晶格发生一定的畸变，引起磁晶各向异性常数发生一定的变化，这将导致 Fe-Al 合金的饱和磁致伸缩应变产生明显的改变。Cook 总结研究者的结果，得出了 Fe-Al 合金单晶的饱和磁致伸缩应变随 Al 原子分数的变化关系图，如图 2-19 所

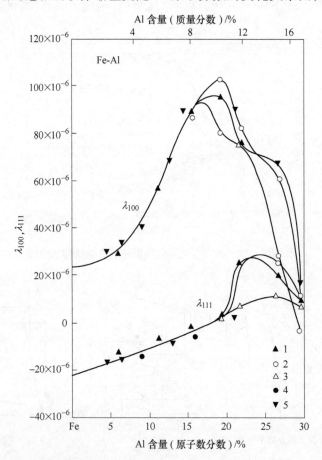

图 2-19　$Fe_{1-x}Al_x$ 合金单晶 ［100］ 及 ［111］ 方向
磁致伸缩性能随 Al 原子含量的关系图

示[71]。当 Al 原子数分数在 0~19% 之间时，Fe-Al 合金<100>方向的饱和磁致伸缩应变随 Al 原子百分含量的增加而逐渐增大；当 Al 原子数分数高于 19% 时，合金的饱和磁致伸缩应变又逐渐降低。Fe-Al 合金<100>方向的饱和磁致伸缩应变随成分的这种变化可以结合 Fe-Al 相图来理解。

Fe-Al 合金存在冷加工脆性较大的问题，因而想通过大的冷变形，即冷轧+再结晶退火获得 [100] 方向的择优取向的强烈织构比较困难。此外多晶态的 Fe-Al 二元合金的饱和磁致伸缩仍然比较小。因此，研究者就如何克服这些问题展开了一系列研究，发现通过添加适当的合金元素能部分改善 Fe-Al 合金的冷加工性能以及提高磁致伸缩性能。添加的合金元素大致可以分为三大类：一是在元素周期表中和 Al 位置相接近的原半径和 Al 相接近的元素，这些元素的加入主要是想提高 Fe-Al 二元基体的磁致伸缩性能，如 Ga、Be、Sn、Ge、Si 等元素；二是加入过渡族元素，这类元素的加入主要是想改善 Fe-Al 二元基合金磁致伸缩性能以及机械冷加工性能，如 Ni、Mo、Cr 等；三是微小半径元素，如 B、N、C 等，添加这类微小半径的元素，主要也是出于改善冷加工性能及提高磁致伸缩性能方面的考虑，一方面由于这类元素加入后尤其是元素 B 起到细化原始晶粒的作用，因而能改善冷加工性能，另一方面是由于这些元素添加以后大多进入合金的间隙位置，是合金在自然状态下即可保持无序状态，引起晶格畸变，这对合金的磁致伸缩性能有相应的提高作用。

Huang 等[72]研究发现添加少量的 C(0.03%~0.19%) 原子对 Fe-Al 二元合金的磁致伸缩性能有显著的提高。图 2-20 示出了实验测得的 Fe-Al-C 合金的磁致伸缩性能，比先前 Hall 报道的磁致伸缩高出 30%~45%[73]，比 Fe-Al 二元合金的磁致伸缩高出 5%~30%。C 原子进入间隙位置导致了四方扭曲，对 Fe-Ga 及 Fe-Al 合金磁弹性的提高有重要作用。研究同时还发现当 Al 原子百分含量低于 18% 时，水淬冷却的 Fe-Al-C 合金和缓冷的 Fe-Al-C 合金的磁致伸缩性能接近，而当 Al 原子百分含量高于 18% 时，水淬冷却的 Fe-Al-C 合金的磁致伸缩性能要略低于空冷的 Fe-Al-C 合金。Restorff 等[74]发现添加 Mn、Mo 后均明显降低合金的磁致伸缩值，其中添加 0.8% 的 Mo 后 Fe-Al-Mo 合金的磁致伸缩性能急剧降低。

对二元 Fe-Ga 合金中添加 Al 的研究发现，Al 的添加可以提高 Fe-Ga 体系的磁致伸缩性能。Ga 和 Al 位于同一族中上下相邻的位置，Fe-Ga 合金的磁致伸缩性能本身就要比 Fe-Al 高出两倍，反过来可以在 Fe-Al 二元体系中在控制成本的情况下加入少量的 Ga 元素，以提高 Fe-Al 合金的磁致伸缩性能。表 2-4 所示为 $Fe_{80}Ga_{20-x}Al_x$ 合金体系在不同的外加压力下测得的磁致伸缩数据，从表中可以看

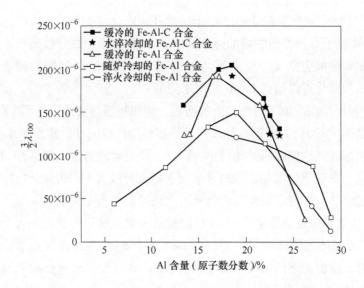

图 2-20　Fe-Al-C 合金和二元 Fe-Al 合金的磁致伸缩性能的比较

出添加 Al 后多晶态的 Fe-Ga 合金其磁致伸缩性能可以得到明显的提高。利用这一特性，可以往 Fe-Al 合金体系中添加适量的 Ga 元素[74]。

表 2-4　$Fe_{80}Ga_{20-x}Al_x$ 合金体系在不同的外加压力下的磁致伸缩系数

合　　金	不同预应力/MPa					
	0	5	10	20	30	50
Fe-20%Ga	228×10^{-6}	219×10^{-6}	214×10^{-6}	204×10^{-6}	—	180×10^{-6}
Fe-17.5%Ga-2.5%Al	204×10^{-6}	206×10^{-6}	215×10^{-6}	220×10^{-6}	234×10^{-6}	230×10^{-6}
Fe-12.5%Ga-7.5%Al	207×10^{-6}	232×10^{-6}	233×10^{-6}	237×10^{-6}	239×10^{-6}	236×10^{-6}
Fe-10%Ga-10%Al	172×10^{-6}	200×10^{-6}	205×10^{-6}	208×10^{-6}	211×10^{-6}	202×10^{-6}
Fe-7.5%Ga-12.5%Al	42	141	143	141	138	136
Fe-3%Ga-17%Al	66	64	78	101	96	102

注：在 1500℃ 以 22.5mm/h 的速度定向生长。

　　Srisukhumbowornchai 等[44]研究多晶 Fe-Ga-Al 合金发现，虽然 Fe-Ga-Al 合金整体随 Al 含量的增加其磁致伸缩系数逐渐减小，但是少量的 Al 添加反而会稍微提高合金的磁致伸缩性能，在 Fe-20%Ga 中添加 5% Al 时合金的磁致伸缩系数由

228×10^{-6} 提高到 234×10^{-6}。此后 Mungsantisuk 等[75] 的研究也有类似结果。周严等[76]研究 $Fe_{82}Ga_{18-x}Al_x(3 \leqslant x \leqslant 5)$ 合金的磁致伸缩性能发现，随着 Al 含量的增加，合金的磁致伸缩性能出现先增加后减小的现象，在 $x=9$ 时出现峰值，其磁致伸缩性能明显高于其他含量的合金，如图 2-21 所示。

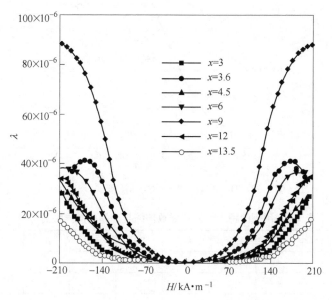

图 2-21 不同 Al 含量 $Fe_{82}Ga_{18-x}Al_x$ 合金的磁致伸缩性能

2.3 稀土-铁磁致伸缩材料

2.3.1 稀土金属及合金

稀土金属，特别是重稀土金属在低温下具有很大的磁致伸缩，在 0K 和 77K 时达 $10^{-3} \sim 10^{-2}$ 的数量级。由于稀土原子的电子云呈各向异性的椭球状，当施加外磁场时，随自旋磁矩的转动，轨道磁矩也要发生转动，它的转动使稀土金属产生较大的磁致伸缩。但稀土金属的居里温度较低，在室温下不能直接应用。稀土金属材料在低温下具有很大的磁致伸缩，特别是近年来，随着低温工程的发展，使稀土金属材料的应用成为可能，人们对这种材料的应用产生了兴趣。图 2-22[77] 和图 2-23[10] 分别为 Dy、Tb 金属在不同磁场下的磁致伸缩随温度的变化曲线。可见随温度的降低，未施加磁场时 Dy 单晶的尺寸逐渐减小，而施加磁场时 Dy 单晶沿 b 轴的尺寸在 $80 \sim 180K$ 温度区间迅速减小。表 2-5[77] 列出了预测的稀土金属的磁致伸缩与磁晶各向异性的符号，由表 2-5 可以构造磁晶各向异性较小、磁致伸缩较大的合金，如 Tb-Dy 合金。

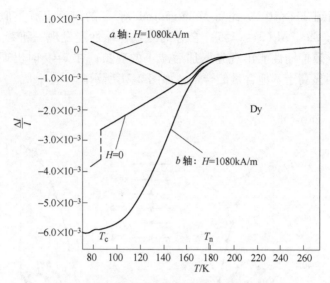

图 2-22　Dy 单晶的磁致伸缩随温度的变化曲线

表 2-5　预测的稀土金属的磁致伸缩与磁晶各向异性的符号

项目	Pr	Nd	Sm	Gd	Tb	Dy	Ho	Er	Tm
λ，K_2	+	+	−	0	+	+	+	−	
K_4	+	+	−	0	−	+	+	−	−
K_6，K_6^6	−	+	+	0	+	−	+	−	+

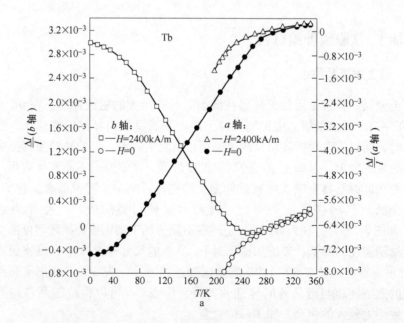

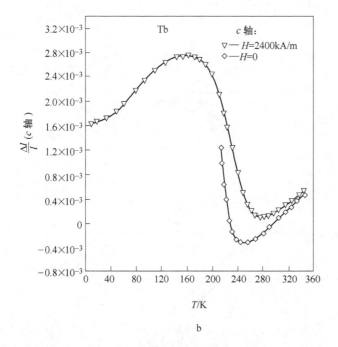

图 2-23 Tb 单晶的磁致伸缩随温度的变化曲线

a—a 轴与 b 轴；b—c 轴

图 2-24 为 Tb_xDy_{1-x} 合金的磁晶各向异性与磁化强度的比值 K_6^6/M_s 和磁致伸缩与温度的关系曲线。图 2-24a 表明当 x 在 $0.33 \sim 0.5$ 区间时，合金的磁晶各向异性与磁化强度的比值较小，而在此区间合金的磁致伸缩值较大，如图 2-24b 所示。应用图 2-24 的结果可以确定 $Tb_{0.6}Dy_{0.4}$ 合金为具有较大磁致伸缩和较小磁晶各向异性的合金。图 2-25 为 $Tb_{0.6}Dy_{0.4}$ 单晶合金的磁化强度和磁致伸缩与磁场的关系曲线[83]。可见该合金在低磁场下沿 a 轴具有很大的磁致伸缩，在 48kA/m 时，磁致伸缩达 6300×10^{-6}。因而该合金具有很大的实际应用价值。

文献[78]制备了 $Tb_{0.6}Dy_{0.4}$ 单晶合金，对其磁致伸缩性能进行了研究。在温度为 10K、压力为 27.5MPa、磁场强度约为 240kA/m 的条件下，$Tb_{0.6}Dy_{0.4}$ 单晶沿 b 轴的磁致伸缩高达 8800×10^{-6}。温度为 77K、压力为 4.4MPa 时，$Tb_{0.6}Dy_{0.4}$ 单晶沿 b 轴的磁致伸缩达 6300×10^{-6}。对于 $Tb_{0.6}Dy_{0.4}$ 平面轧制的多晶合金，在温度为 77K、压力为 23MPa、磁场强度约为 350kA/m 的条件下，沿轧制方向的磁致伸缩达 3000×10^{-6}，相当于 $Tb_{0.6}Dy_{0.4}$ 单晶磁致伸缩值的 48%。图 2-26 示出了平面轧制的 $Tb_{0.6}Dy_{0.4}$ 多晶合金在 77K 下的磁致伸缩与磁场的关系曲线。当磁场 $H \leqslant 40kA/m$ 时，$Tb_{0.6}Dy_{0.4}$ 多晶合金的磁致伸缩变化很小；当磁场 $H \geqslant 80kA/m$ 时，合金的磁致伸缩随磁场的增加迅速增加，随压力的增加合金的磁致伸缩增加。

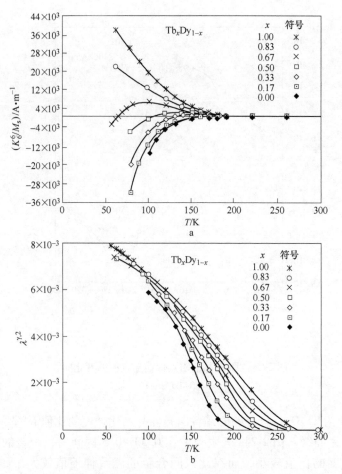

图 2-24 Tb_xDy_{1-x} 多晶合金磁晶各向异性与磁化强度的比值 (K_6^6/M_s)(a) 和
磁致伸缩 (b) 与温度的关系曲线

表 2-6 列出了 Tb、Dy 金属及其合金的磁致伸缩和居里温度。可见单晶 Tb-Dy 合金的磁致伸缩明显高于多晶金属 Tb 或 Dy 的磁致伸缩。当合金中的 Dy 量为 40% 时，单晶 Tb-Dy 合金具有较大的磁致伸缩。

表 2-6 Tb、Dy 金属及其合金的磁致伸缩和居里温度

稀土金属	结构	λ_s	测量温度/K	居里温度 T_c/K	测量（轴向）压力/MPa
Tb	hcp	1230×10^{-6}	78	219.5	—
Dy	hcp	1400×10^{-6}	78	89.5	—
$Tb_{0.5}Dy_{0.5}$	hcp	5300×10^{-6}（单晶 b 轴）	77	—	4.89
$Tb_{0.6}Dy_{0.4}$	hcp	6400×10^{-6}（单晶 b 轴）	77	—	7.4
		6300×10^{-6}（单晶 b 轴）	77	—	4.4
$Tb_{0.67}Dy_{0.33}$	hcp	5750×10^{-6}（单晶 b 轴）	77	—	8.1

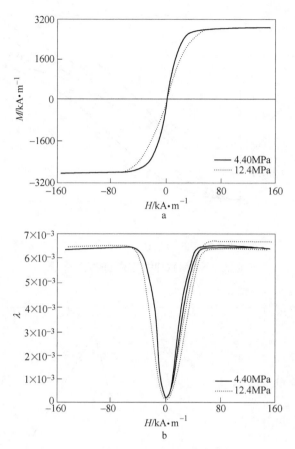

图 2-25　单晶 $Tb_{0.6}Dy_{0.4}$ 合金的磁化强度（a）和磁致伸缩（b）与磁场的关系曲线

2.3.2　铽-镝-铁磁致伸缩材料

稀土磁致伸缩材料在室温下的磁致伸缩值可达 1.5‰，比目前广泛使用的压电陶瓷大 8~10 倍，能量密度大 20~30 倍，可在换能器、制动器和特殊兵器等领域广泛应用。自从 1972 年 Clark 发现了稀土-铁磁致伸缩材料以来，人们对于该材料及其应用做了大量的研究工作，如对材料的结构、磁性、磁致伸缩及其影响因素进行了细致的研究工作，取得了许多研究成果。室温下多晶 Tb-Fe 合金的磁致伸缩与 Tb 含量的关系如图 2-27 所示[77]。当原子比为 1∶2，即形成 $TbFe_2$ 化合物时，多晶 Tb-Fe 合金的磁致伸缩最大。

$TbFe_2$ 的磁致伸缩很大，但其磁晶各向异性，即得到大的磁致伸缩所需要的磁场也很大，限制了它的应用。发现成分为 $Tb_{0.27}Dy_{0.73}Fe_2$ 的合金不但具有较大磁致伸缩，而且磁晶各向异性也较小。图 2-28 示出了 $Tb_{0.27}Dy_{0.73}Fe_2$ 和

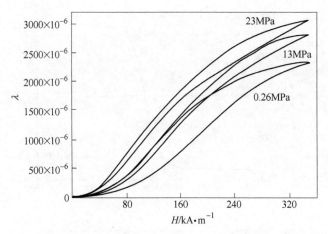

图 2-26 平面轧制的 $Tb_{0.6}Dy_{0.4}$ 多晶合金在 77K、不同
压应力下的磁致伸缩与磁场的关系曲线

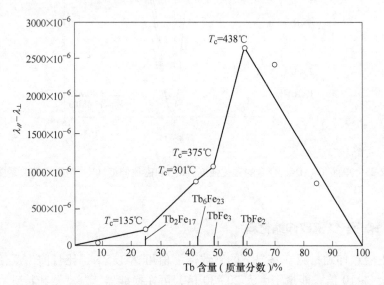

图 2-27 多晶 Tb-Fe 合金的磁致伸缩与 Tb 含量的关系 （2000kA/m）

$Tb_{0.3}Dy_{0.7}Fe_2$ 的合金的磁致伸缩与磁场的关系曲线[82]，在低磁场下合金具有很大的磁致伸缩，并且合金的化学配比对磁致伸缩的影响较大。$Tb_{0.27}Dy_{0.73}Fe_2$ 合金的磁致伸缩值为正的，在施加压应力的情况下，磁致伸缩增大。图 2-29 为压应力由 6.9MPa 到 24.2MPa 时合金的磁致伸缩与磁场的关系曲线[79]。要得到一定的磁致伸缩，需要的磁场随着压应力增加而增大。意味着要得到较大的磁致伸缩应变，应增加所施加的偏置磁场。

图 2-30 为 $Tb_xDy_{1-x}Fe_2$ 化合物的自旋再取向图[80]，当温度低于 280K 时，

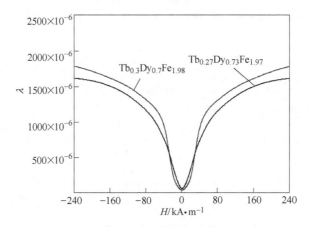

图 2-28　Tb-Dy-Fe 合金的磁致伸缩与磁场的关系（13.8MPa）

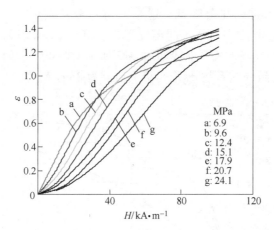

图 2-29　在压应力作用下 $Tb_{0.27}Dy_{0.73}Fe_2$ 合金的应变与磁场的关系曲线

$Tb_{0.3}Dy_{0.7}Fe_2$ 合金的易磁化方向为<100>方向，当温度高于 280K 时，易磁化方向变为<111>方向。因为 RFe_2 化合物中的 $\lambda_{111} \gg \lambda_{100}$，易磁化方向的转变将导致磁致伸缩发生巨大的变化。

由于 $Tb_{0.73}Dy_{0.27}Fe_2$ 和 $Tb_wHo_{1-w}Fe_2$ 化合物的磁晶各向异性常数 K_2 的符号相反，适当选择四元系 $Tb_xDy_yH_zFe_2$ 合金中的 x、y、z，可以得到磁晶各向异性常数 K_1 和 K_2 也都接近零的材料。文献［81］研究了以 Ho 替代 $Tb_{0.73}Dy_{0.27}Fe_2$ 化合物中的 Tb 或 Dy 对磁致伸缩和磁性的影响，发现 $Tb_{0.20}Dy_{0.22}Ho_{0.58}Fe_2$ 合金的动态磁致伸缩系数 d_{33} 与饱和磁致伸缩的比值达最大值，认为在此成分处合金的磁晶各向异性常数 K_1 和 K_2 接近为零。图 2-31 为 $Tb_{0.20}Dy_{0.22}Ho_{0.58}Fe_2$ 合金在不同温度下的磁致伸缩与磁场的关系曲线。从室温开始随温度的升高合金的磁致伸缩逐渐降低。当温度从室温逐渐降低，合金的磁致伸缩也降低，尤其是从 -20℃ 降低到

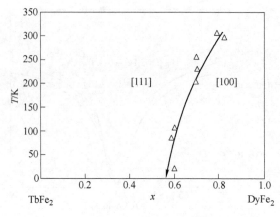

图 2-30　　$Tb_xDy_{1-x}Fe_2$ 化合物的自旋再取向图

-60℃，合金的磁致伸缩显著降低。这是因为合金易磁化方向发生了变化，从 <111>方向变成<100>方向。在不同温度下 $Tb_{0.20}Dy_{0.22}Ho_{0.58}Fe_2$ 合金的动态磁致伸缩系数 d_{33} 与偏置磁场的关系曲线如图 2-32 所示。在 40℃、偏置磁场为 10kA/m 处，合金的动态磁致伸缩系数 d_{33} 取得极大值，为 8nm/A。

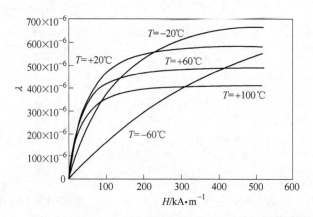

图 2-31　　$Tb_{0.20}Dy_{0.22}Ho_{0.58}Fe_2$ 合金在不同温度下的磁致伸缩与磁场的关系曲线

　　文献［82］研究了以 Pr 部分替代 $Tb_{0.73}Dy_{0.27}Fe_2$ 化合物中的（$Tb_{0.73}Dy_{0.27}$）对合金磁致伸缩性能的影响。图 2-33 为（$Tb_{0.73}Dy_{0.27}$）$_{1-x}Pr_xFe_{1.85}$ 合金的磁致伸缩与成分 x 的关系曲线。合金的磁致伸缩当 $x \leqslant 0.1$ 时随含 Pr 量的增加而略微增加，当 $x>0.1$ 时随含 Pr 量的增加而降低。

　　Wu 等[83] 研究了添加少量的 B 对 $Tb_{0.73}Dy_{0.27}Fe_2$ 化合物的磁致伸缩和磁性的影响规律。$Tb_{0.73}Dy_{0.27}Fe_2B_x$ 合金的磁致伸缩与磁场的关系曲线如图 2-34 所示，发现添加少量的 B 可以增加合金的磁致伸缩。扫描电镜分析表明合金组织中的

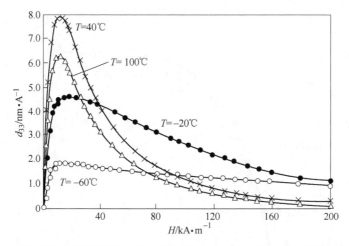

图 2-32 在不同温度下 $Tb_{0.20}Dy_{0.22}Ho_{0.58}Fe_2$ 合金的动态磁致伸缩
系数 d_{33} 与偏置磁场的关系曲线

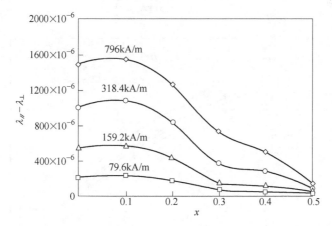

图 2-33 $(Tb_{0.73}Dy_{0.27})_{1-x}Pr_xFe_{1.85}$ 合金的磁致伸缩与成分 x 的关系曲线

RFe_3 相随含 B 量的增加而减少,从而导致合金的磁致伸缩当 $x \leqslant 0.15$ 时随含 B 量的增加而增大。

2.3.3 钐-(镝,镨)-铁磁致伸缩材料

对稀土-铁超磁致伸缩材料的研究表明,室温下 $SmFe_2$ 的磁致伸缩数值接近 $TbFe_2$ 的水平,多晶 $SmFe_2$ 的室温饱和磁致伸缩 λ_s 为 -1560×10^{-6},$TbFe_2$ 的为 1753×10^{-6}。特别在低磁场下,$SmFe_2$ 的磁致伸缩数值与 $TbFe_2$ 的相等,且金属 Sm 的成本较低,因而以 $SmFe_2$ 为基的合金也是一种很有发展潜力的超磁致伸缩材料。许多研究者研究了以少量 Dy 或 Pr 替代 $SmFe_2$ 中的 Sm 对合金的结构和磁

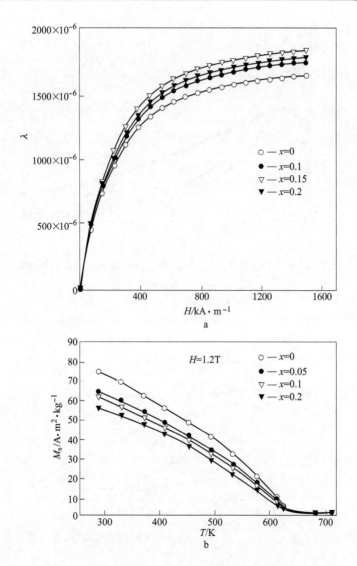

图 2-34 $Tb_{0.73}Dy_{0.27}Fe_2B_x$ 合金的磁致伸缩与磁场的关系曲线

致伸缩的影响，因此本节介绍 Sm-R-Fe(R=Dy，Pr) 合金的磁致伸缩性能。

     Guo 等[84] 研究了 $Sm_{1-x}Dy_xFe_2$ 的易磁化方向和磁致伸缩性能，图 2-35 为 $Sm_{1-x}Dy_xFe_2$ 合金的穆斯保尔谱线。当 $x<0.15$ 时，样品的室温穆斯保尔谱线为双六峰谱线，强度比 3∶1，易磁化方向为<111>方向。当 $x>0.4$ 时，合金的穆斯保尔谱线为单六峰谱线，易磁化方向为<100>方向。图 2-36 示出了 $Sm_{1-x}Dy_xFe_2$ 合金的磁致伸缩与磁场的关系曲线。合金的高场磁致伸缩随 Dy 含量的增加而降低，但在低磁场下，$Sm_{0.85}Dy_{0.15}Fe_2$ 合金的磁致伸缩较大。

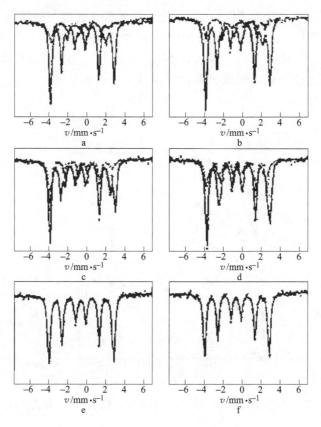

图 2-35 $Sm_{1-x}Dy_xFe_2$ 合金的穆斯保尔谱线

a—$x=0.0$；b—$x=0.1$；c—$x=0.15$；d—$x=0.25$；e—$x=0.45$；f—$x=0.65$

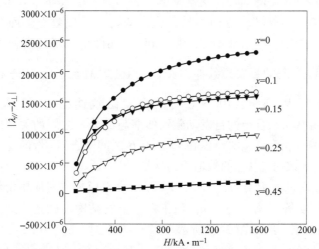

图 2-36 $Sm_{1-x}Dy_xFe_2$ 合金的磁致伸缩与磁场的关系曲线

　　图 2-37 为 $Sm_{0.88}Dy_{0.12}(Fe_{1-x}Co_x)_2$ 化合物的磁化强度与磁场的关系曲线，以少量的 Co 替代 $Tb_{0.73}Dy_{0.27}Fe_2$ 化合物中的 Fe 使磁化强度增加。随含 Co 量的进一步增加磁化强度降低。对 $Sm_{0.88}Dy_{0.12}(Fe_{1-x}Co_x)_2$ 化合物的穆斯保尔谱研究表明，所有样品的室温穆斯保尔谱线为双六峰谱线，强度比为 3：1，合金的易磁化方向为<111>方向。

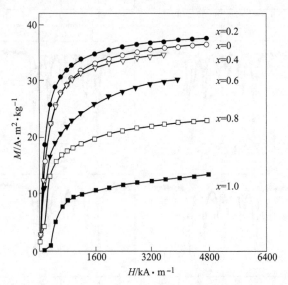

图 2-37　$Sm_{0.88}Dy_{0.12}(Fe_{1-x}Co_x)_2$ 化合物的磁化强度与磁场的关系曲线

　　图 2-38 为 $Sm_{0.88}Dy_{0.12}(Fe_{1-x}Co_x)_2$ 合金的磁致伸缩与磁场的关系曲线，合金的磁致伸缩随含 Co 量的增加而逐渐降低。各向异性磁致伸缩引起磁性材料的晶体结构发生扭曲，当<111>方向为易磁化方向时，呈现菱形多面体扭曲，并引起某些晶面 X 射线衍射峰的劈裂。由（440）晶面衍射峰劈裂程度可以计算出多晶合金<111>方向的自发磁致伸缩 λ_{111}。由公式 $\lambda_s = \dfrac{2}{5}\lambda_{100} + \dfrac{3}{5}\lambda_{111}$ 和 λ_s、λ_{111} 的实验结果，可以确定 < 100 > 方向的自发磁致伸缩 λ_{100}。图 2-39 示出了 $Sm_{0.88}Dy_{0.12}(Fe_{1-x}Co_x)_2$ 合金的自发动磁致伸缩与成分 x 之间的关系曲线。可见合金自发磁致伸缩 λ_{111} 和 λ_{100} 的数值在 0.2～0.6 区间随含 Co 量的增加而增大。当 $x = 0.6$ 时，λ_{111} 的数值与 λ_{100} 的数值极为接近。

　　除了 $Sm_{1-x}Dy_xFe_2$ 合金外，$Sm_{1-x}Pr_xFe_2$ 合金也应是具有应用价值的磁致伸缩候选材料。Wang 等[85] 研究了 $Sm_{1-x}Pr_xFe_2$ 合金的结构与磁致伸缩，合金的磁致伸缩与磁场的关系曲线如图 2-40 所示。当 $x = 0.1$ 时，$Sm_{1-x}Pr_xFe_2$ 合金的磁致伸缩呈现出一个峰值。Guo 等[86] 研究了 $(Sm_{0.9}Pr_{0.1})(Fe_{1-x}Co_x)_2$ 合金的磁致伸缩和自旋再取向，发现合金的自发磁致伸缩 λ_{111} 和 λ_{100} 分别为 -4600×10^{-6} 和 5600×10^{-6}，

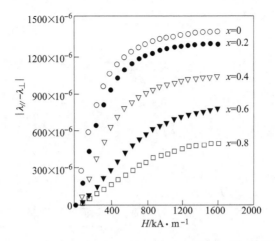

图 2-38 $Sm_{0.88}Dy_{0.12}(Fe_{1-x}Co_x)_2$ 合金的磁致伸缩与磁场的关系曲线

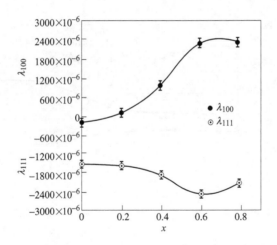

图 2-39 $Sm_{0.88}Dy_{0.12}(Fe_{1-x}Co_x)_2$ 合金的自发动磁致伸缩与成分 x 之间的关系曲线

如图 2-41 所示。当 x 从 0.4 增加到 0.6 时，$(Sm_{0.9}Pr_{0.1})(Fe_{1-x}Co_x)_2$ 合金的磁致伸缩系数随含 Co 量的增加显著增加。然而实验测量的 $(Sm_{0.9}Pr_{0.1})(Fe_{1-x}Co_x)_2$ 合金的磁致伸缩随含 Co 量的增加而降低，如图 2-42 所示。

图 2-43 示出了 $(Sm_{0.9}Pr_{0.1})(Fe_{1-x}Mn_x)_2$ 化合物的磁致伸缩与磁场的关系曲线[86]，图 2-44 为 $(Sm_{0.9}Pr_{0.1})(Fe_{1-x}Mn_x)_2$ 化合物的自发磁致伸缩 λ_{111} 与成分的关系曲线。当 x 从 0 增加到 0.1 时，自发磁致伸缩 λ_{111} 变化很小。表 2-7 列出了 $(Sm_{0.9}Pr_{0.1})(Fe_{1-x}Mn_x)_2$ 化合物的点阵常数、居里温度、饱和磁化强度、剩余磁化强度和矫顽力，可见饱和磁化强度随 Mn 含量的增加而降低，矫顽力则随 Mn 含量的增加而增加。

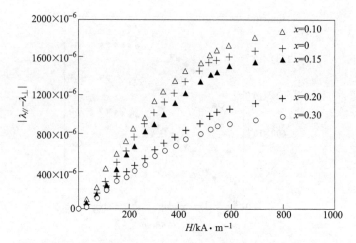

图 2-40　$Sm_{1-x}Pr_xFe_2$ 合金的磁致伸缩与磁场的关系曲线

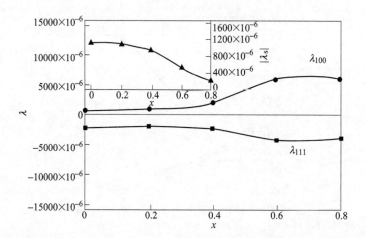

图 2-41　$(Sm_{0.9}Pr_{0.1})(Fe_{1-x}Co_x)_2$ 合金的自发磁致伸缩 λ_{111} 和 λ_{100} 与成分的关系曲线

表 2-7　$(Sm_{0.9}Pr_{0.1})(Fe_{1-x}Mn_x)_2$ 化合物的点阵常数、居里温度、
饱和磁化强度、剩余磁化强度和矫顽力

x	a/nm	T_c/K	M_s/Am² · kg⁻¹	M_r/Am² · kg⁻¹	H_i/kA · m⁻¹
0	0.7410	668	52	3	11.7
0.05	0.7424	636	49	3	12.5
0.1	0.7436	590	47	3	14.3
0.15	0.7449	558	41	4	19.7
0.2	0.7456	536	33	3	19.7

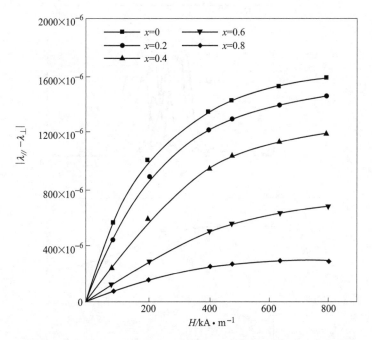

图 2-42 （$Sm_{0.9}Pr_{0.1}$）（$Fe_{1-x}Co_x$）$_2$ 合金的磁致伸缩与磁场的关系曲线

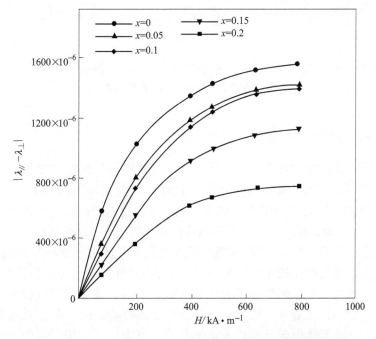

图 2-43 （$Sm_{0.9}Pr_{0.1}$）（$Fe_{1-x}Mn_x$）$_2$ 化合物的磁致伸缩与磁场的关系曲线

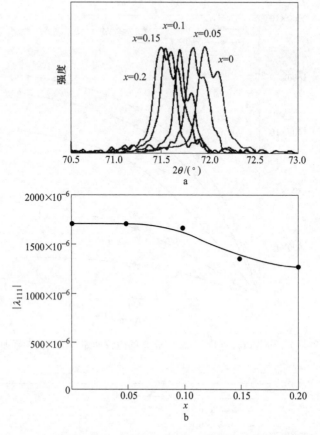

图 2-44　$(Sm_{0.9}Pr_{0.1})(Fe_{1-x}Mn_x)_2$ 化合物（440）晶面的 X 射线衍射谱线（a）和
自发磁致伸缩 λ_{111} 与成分 x 的关系曲线（b）

2.4　铁氧体磁致伸缩材料

　　铁氧体磁致伸缩材料几乎是与 Fe-Ga 磁致伸缩材料同时被发现，最早是在
1952 年由美国 Bell 实验室的 Bozorth 等[1]报道。自从发现单晶 $Co_{0.8}Fe_{2.2}O_4$ 的 λ_{100}
可以达到 -590×10^{-6} 之后，钴铁氧体作为磁致伸缩材料的研究被广泛开展，主要
解决其饱和场较高的问题。与金属基磁致伸缩材料相比，钴铁氧体磁致伸缩材料
具有以下几个优点：（1）电阻率高，涡流损耗小，适用于高频和超高频领域；
（2）磁致伸缩系数和压磁系数较高，有利于提高器件的输出功率和灵敏度；（3）
各项性能指标可以通过调整原子占位进行调整；（4）居里点温度较高，温度特
性好；（5）耐腐蚀性能好，适用于各种复杂使用环境；（6）原料成本低，制备
工艺简单。钴铁氧体由于具有以上诸多优点，可以广泛应用于超声、电声换能
器，水下通讯装置，在使用频段上与金属基磁致伸缩材料具有互补性，促进了磁

致伸缩材料在高频领域的广泛应用。

2.4.1 铁氧体材料成分与晶体结构

图 2-45 为钴铁氧体在空气中的相图[87,88]，横坐标为 Co 和 Fe 的原子比 $m =$ Co/(Co + Fe)，纵坐标为温度，环境为常压空气。当 $m=0$ 时代表 Fe_3O_4，$m=1.0$ 代表 Co_3O_4，$m=0.333$ 时，即 $CoFe_2O_4$。当 $m<0.333$ 时，代表贫 Co 的钴铁氧体 $(Fe,Co)_3O_4$，在 1300℃以下 $(Fe,Co)_3O_4$ 会析出 α-Fe_2O_3 形成两相区，由于 α-Fe_2O_3 属于非磁性相，将会降低磁致伸缩性能。当 $0.333<m<0.5$ 时，为富 Co 的单相 $(Co,Fe)_3O_4$。当 $0.5<m<0.85$ 时，相图中虚线所示区域为两相混溶间隙，当富 Co 铁氧体在 800℃以下保温一段时间，或者从 800℃开始缓冷，该富 Co 铁氧体可能发生 Spinodal 分解，变为两相共存的调幅分解组织，这种组织会削弱磁致伸缩性能[89]。因此目前针对钴铁氧体磁致伸缩的研究多集中在 $0.5<m<0.85$ 的单相区域，该区域具有较高的磁晶各向异性，从而磁致伸缩性能普遍较高。

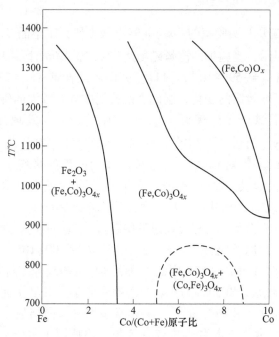

图 2-45　钴铁氧体在空气中的相图

钴铁氧体的晶体结构如图 2-46 所示。钴铁氧体属于面心立方尖晶石结构，空间群为 Fd3-m。这种尖晶石型铁氧体可以用通用公式 MFe_2O_4 表示，一般 M 代表二价金属离子或者一价金属离子和更高价金属离子的混合型，金属离子处于 O^{2-} 组成的四面体间隙和八面体间隙中。其中八面体间隙由 8 个 O^{2-} 组成，又称为

B 位，四面体间隙由 4 个 O^{2-} 组成，又称为 A 位，位于 A 位和 B 位的磁性离子磁矩反平行排列，因此尖晶石型铁氧体属于亚铁磁性[90]。

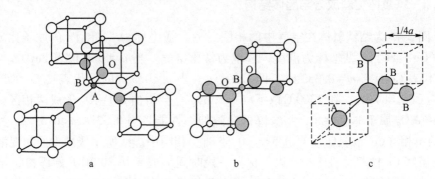

图 2-46　钴铁氧体的晶体结构

a—氧四面体间隙；b—氧八面体间隙；c—氧原子的近邻金属原子

2.4.2　铁氧体的磁致伸缩性能

1952 年，美国 Bell 实验室的 Bozorth 等[1]最先研究了单晶 $Co_{0.8}Fe_{2.2}O_4$ 的磁致伸缩性能。结果显示，当施加的测量磁场达到 $4×10^5 A/m$ 时，[100] 方向的磁致伸缩达到饱和值 $\lambda_{100}=-590×10^{-6}$，[111] 方向磁致伸缩 $\lambda_{111}=120×10^{-6}$，两个方向磁致伸缩出现了数量级的变化，这说明钴铁氧体具有较大的磁晶各向异性。随后，他们又研究了磁场热处理对 $Co_{0.8}Fe_{2.2}O_4$ 的影响，发现当磁场 H 垂直于 [100] 方向时，λ_{100} 超过 $850×10^{-6}$，同时（$d\lambda/dH$）$_{max}$ 也达到 $6.25×10^{-9} m/A$。2015 年，Kriegisch 等[91]对 $Co_{0.8}Fe_{2.2}O_4$ 单晶体的磁性能进行了研究，如图 2-47 所示，当 $H<5T$ 时，其磁致伸缩性能与当年 Bozorth 等的测试结果相近；但是当 $H>5T$ 时，[111] 方向的磁化曲线和磁致伸缩都出现跳跃上升，被称之为各向异性驱动的转变，本质上是由磁矩转动过程中越过势垒形成的。通过研究单晶钴铁氧体的磁致伸缩，可以发现虽然其 λ_{100} 已经达到接近 $600×10^{-6}$，但是其磁致伸缩饱和场 H_s 超过 $320kA/m$，这严重限制了铁氧体作为磁致伸缩材料的推广应用。

从 20 世纪末开始，以 Jiles 为代表的大批研究学者开展了元素添加改性以降低钴铁氧体磁致伸缩饱和场的研究[92]。元素添加进入晶格后主要起到以下几个作用：（1）添加元素优先占据 A 位或者 B 位，迫使原子占位发生变化，影响超交换作用；（2）由于添加元素的原子磁矩不同，造成净磁矩的改变；（3）添加元素的单离子各向异性不同，改变整体材料的各向异性。如图 2-48 所示，统计了目前为止具有代表性的针对钴铁氧体进行元素添加改性的工作结果。

通过分析图 2-48 中的结果可见，虽然元素添加可以通过削弱磁晶各向异性，从而有效降低磁致伸缩饱和场，但是不可避免地，磁致伸缩系数都出现不同程度

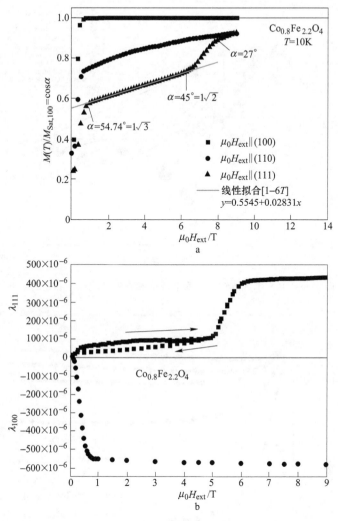

图 2-47　单晶 $Co_{0.8}Fe_{2.2}O_4$ 的磁性能

a—磁化曲线；b—磁致伸缩曲线

的降低。研究人员的主要目标是维持磁致伸缩在较高水平的同时，尽可能多地降低饱和场，从而获得更高的（$d\lambda/dH$）$_{max}$。单纯通过元素添加来同时实现降低饱和场和提高磁致伸缩系数似乎是不可能的。

王继全等[93]研究了 $Co_{1-x}(MnZn)_xFe_2O_4$（$x=0$，0.1，0.2，0.3，0.4）的磁致伸缩性能，如图 2-49 和图 2-50 所示。由图中曲线可以看到，当 $x=0$ 时，取向样品的饱和磁致伸缩约为-432×10⁻⁶。而对于 Mn 和 Zn 共添加的样品，由于取向效果不理想，磁致伸缩没有达到出期望的水平，但与无取向多晶的研究结果相比仍然有较大提高。当 $x=0.2$ 时，磁致伸缩饱和场降低，无取向多晶饱和场约为

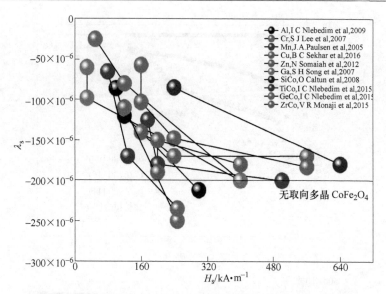

图 2-48　元素添加改性对钴铁氧体饱和磁致伸缩和饱和场的影响

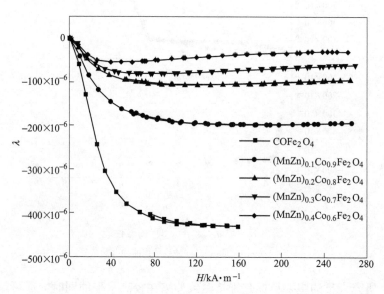

图 2-49　取向 $Co_{1-x}(MnZn)_xFe_2O_4(x=0,0.1,0.2,0.3,0.4)$ 的磁致伸缩性能

120kA/m，而通过磁场取向技术得到样品饱和场降低至约 56kA/m，降低了将近 50%。这主要是由于 <001> 方向为钴铁氧体的易磁化方向，该方向磁致伸缩饱和场最低。得益于饱和场的大幅降低，$Co_{1-x}(MnZn)_xFe_2O_4(x=0,0.1,0.2,0.3,0.4)$ 的 $(d\lambda/dH)_{max}$ 均出现不同程度的升高，而且 $(d\lambda/dH)_{max}$ 对应的磁场仅为 16kA/m。可见通过对钴铁氧体进行二元共添加，能够实现磁致伸缩饱和场的大

幅降低，同时提高材料的（$d\lambda/dH$）$_{max}$。

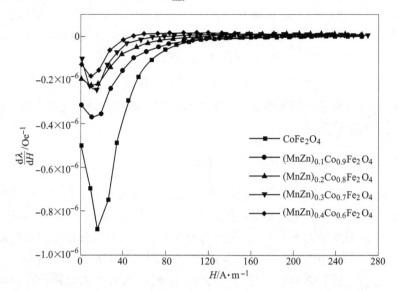

图 2-50 取向 $Co_{1-x}(MnZn)_xFe_2O_4$（$x=0$, 0.1, 0.2, 0.3, 0.4）的 $d\lambda/dH$-H 对比

2.4.3 铁氧体的磁致伸缩机理

研究表明钴铁氧体的磁致伸缩性来源于其强磁晶各向异性，而单离子理论可以成功解释钴铁氧体的强磁晶各向异性。通过分析 Co^{2+} 的单离子磁晶各向异性，可以发现钴铁氧体的强磁晶各向异性主要是八面体间隙中的 Co^{2+} 的轨道磁矩未完全淬灭造成的。

2.4.3.1 单离子理论

为了解释磁晶各向异性的微观机理，国内外提出了众多理论模型，其中单离子理论最系统、最广泛[94, 95]。单离子理论是在铁磁性量子理论的基础上提出来的，可以用来定性或定量地解释磁晶各向异性来源。铁氧体中的 3d、4d、5d 或 4f 电子被局限在所属离子附近，因此离子只受到近邻其他离子的影响。磁性金属离子在晶体中受到近邻离子所产生的静电场即所谓晶场作用，金属离子中还存在自旋-轨道相互作用。这两种作用的联合效应使晶体中每个金属离子的能量成为各向异性的。这就是单离子理论。单离子理论假设金属离子是独立的，根据玻耳兹曼统计理论，宏观自由能密度与单个金属离子能量存在以下关系：

$$F = - kT\Sigma_j N_i \ln Z_i \tag{2-3}$$

$$Z_i = \Sigma_j e^{-E_j(\theta_i)/kT} \tag{2-4}$$

式中，F 为能量随空间角度的分布；i 为不同的次晶格；θ_i 为位置 i 上金属离子平均自旋方向与晶场对称轴之间的夹角 $E_j(\theta_i)$ 为单个离子的各向异性能量；N_i 为单位体积中第 i 种晶位上金属离子的数目。Σ_j 为对第 i 种晶位下金属离子的各种可能状态求和。$E_j(\theta_i)$ 可以通过量子力学中的定态薛定谔方程求解：

$$\hat{H}\Psi = E_{ij}\Psi \tag{2-5}$$

$$\hat{H} = \hat{H}_0 + \hat{H}_c + \hat{H}_{SL} + \hat{H}_{ex} \tag{2-6}$$

式中，$\hat{H}_0$ 为自由离子的哈密顿量；$\hat{H}_c$ 为晶场作用；$\hat{H}_{SL}$ 为自旋-轨道耦合作用；$\hat{H}_{ex}$ 为金属离子间交换作用。

2.4.3.2　单离子理论解释 Co^{2+} 各向异性来源

Co^{2+} 最外层有 7 个 3d 电子，自由态时，为七重能量简并，$L = 3$，$S = 32$，$ML = \pm3$，±2，±1，0，各简并态能量相同，基态用 4F(7) 表示。当 Co^{2+} 处于八面体间隙时，最近邻离子为 6 个 O^{2-}，次近邻为 6 个 Fe^{3+}，具体分布见图 2-51a，黑色小圆即 Co^{2+}，灰色小圆为 Fe^{3+}，大圆为 O^{2-}。如图 2-51b 所示，Co^{2+} 在晶场作用下发生能级分裂，最近邻的 6 个 O^{2-} 产生的静电场 V_c 具有立方对称性，在 V_c 作用下能级发生分裂，由 4F(7) 分裂为 3 个能级 e_g、t_{2g}、$\Gamma_{5(3)}$。基态 t_{2g} 与第一激发态 $\Gamma_{5(3)}$ 间的能量相差 $10^4 cm^{-1}$，远大于室温下的 kT（$200cm^{-1}$），因此只需考虑基态 t_{2g}。此外，Co^{2+} 次近邻的 6 个 Fe^{3+} 产生静电场 V_t 沿 [111] 具有三角对称性，在 V_t 作用下 t_{2g} 进一步分裂，分裂为两个能级。温度不高时，Co^{2+} 处于双重简并态，因而轨道距 L 被固定在 [111] 方向上，由 $\hat{H}_{SL} = \lambda \cdot \hat{L} \cdot \hat{S}$ 计算得到自旋轨道耦合作用不为零。由此可见单离子 Co^{2+} 各向异性来自晶场中未完全淬灭的轨道矩，在轨道与自旋的相互作用下产生大的磁晶各向异性。

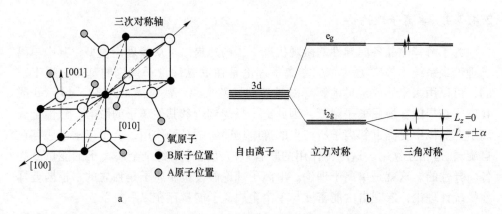

图 2-51　Co^{2+} 的近邻原子分布和能带结构

a—Co^{2+} 的近邻和次近邻原子分布；b—Co^{2+} 的能带结构

2.4.3.3　Jahn-Teller 效应与磁致伸缩

晶场作用和自旋轨道耦合作用的结果是使能量由多重简并态变为单重简并或非简并的基态，同时造成体系对称性的降低。对于基态为二重简并态的过渡族金属离子，体系的能量仍然较高，因此晶格将通过发生畸变来使二重简并态进一步发生劈裂，基态最终变为单态，体系能量进一步降低，体系变得更加稳定，这种畸变前后的能量差称为晶场稳定化能 E_s，这一现象被称为 Jahn-Teller 效应[96]。

图 2-52a 所示为 Co^{2+} 在八面体间隙的畸变模型，通过 Jahn-Teller 效应，由氧离子构成的晶格将发生四方畸变 ε，二重简并态变为单重基态。但晶格并不能无限制畸变，因为畸变会造成弹性能 E_{el} 的升高，最终当晶格稳定化能 E_s 的降低被弹性能 E_{el} 的升高完全抵消掉时，畸变停止，图 2-52b 所示为晶格畸变能与晶场稳定化能之间的关系[97]。这种微观的晶格畸变产生的尺寸变化 ε 直接决定了材料宏观的磁致伸缩性能。研究表明，在某些铁氧体中引入微量的 Co^{2+} 即可对磁致伸缩性能产生明显的影响。Bozorth 等针对 $Co_{0.8}Fe_{2.2}O_4$ 的研究同样证明了八面体间隙中 Co^{2+} 对其优异的磁致伸缩性能的贡献。

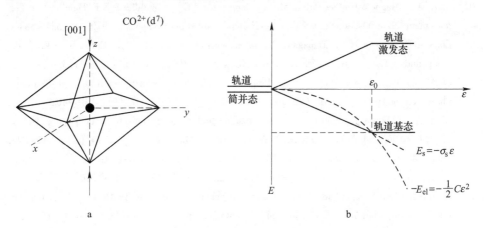

图 2-52　Co^{2+} 所处氧八面体的晶格畸变
a—氧八面体的四方畸变模型；b—晶格畸变能与晶场稳定化能的关系

参 考 文 献

[1] Bozorth R, Walker J. Magnetostriction of single crystals of cobalt and nickel ferrites [J]. Physical Review, 1952, 88 (5): 1209.

[2] Chen Y, Snyder J E, Schwichtenberg C R, et al. Metal-bonded Co-ferrite composites for mag-

netostrictive torque sensor applications [J]. IEEE Transactions on Magnetics, 1999, 35 (5): 3652~3654.

[3] Chen Y, Snyder J E, Dennis K W, et al. Temperature dependence of the magnetomechanical effect in metal-bonded cobalt ferrite composites under torsional strain [J]. Journal of Applied Physics, 2000, 87 (9): 5798~5800.

[4] Song S, Lo C C, Lee S, et al. Magnetic and magnetoelastic properties of Ga-substituted cobalt ferrite [J]. Journal of Applied Physics, 2007, 101 (9): 09C517.

[5] Lo C, Ring A, Snyder J E, et al. Improvement of magnetomechanical properties of cobalt ferrite by magnetic annealing [J]. IEEE Transactions on Magnetics, 2005, 41 (10): 3676~3678.

[6] Guruswamy S, Srisukhumbowornchai N, Clark A, et al. Strong, ductile, and low-field-magnetostrictive alloys based on Fe-Ga [J]. Scripta Materialia, 2000, 3 (43): 239~244.

[7] Clark A E, Restorff J B, Wun-Fogle M, et al. Magnetostrictive properties of body-centered cubic Fe-Ga and Fe-Ga-Al alloys [J]. IEEE Transactions on Magnetics, 2000, 36 (5): 3238~3240.

[8] Legvold S, Alstad J, Rhyne J. Giant magnetostriction in dysprosium and holmium single crystals [J]. Physical Review Letters, 1963, 10 (12): 509~515.

[9] Clark A, DeSavage B, Bozorth R. Anomalous thermal expansion and magnetostriction of single-crystal dysprosium [J]. Physical Review, 1965, 138 (1A): A216.

[10] Clark A E. Magnetostrictive rare earth-Fe_2 compounds [C] // Wohlfarth E P. Handbook of Ferromagnetic Materials. Amsterdam: North-Holland Publishing Company, 1980, 1: 531~589.

[11] Clark A E, Belson H S, Tamagawa N. Magnetocrystalline Anisotropy in Cubic Rare Earth-Fe_2 Compounds [C] // AIP Conference Proceedings. AIP, 1973, 10 (1): 749~753.

[12] Clark A E. Magnetic and Magnetoelastic Properties of Highly Magnetostrictive Rare Earth-Iron Laves Phase Compounds [C] // AIP Conference Proceedings. AIP, 1974, 18 (1): 1015~1029.

[13] Clark A, Abbundi R, Gillmor W. Magnetization and magnetic anisotropy of $TbFe_2$, $DyFe_2$, $Tb_{0.27}Dy_{0.73}Fe_2$ and $TmFe_2$ [J]. IEEE Transactions on Magnetics, 1978, 14 (5): 542~544.

[14] Zhang M, Gao X, Zhou S Z, et al. High performance giant magnetostrictive alloy with <110> crystal orientation [J]. Journal of Alloys Compounds, 2004, 381 (1-2): 226~228.

[15] Zhou S Z, Gao X X, Zhang M C, et al. Giant magnetostrictions of Tb-Dy-Fe polycrystals with <110 > axial alignment [J]. Journal of Materials Science Technology, 2000, 16 (2): 175~176.

[16] 蒋成保. 定向凝固 $Tb_{0.3}Dy_{0.7}(Fe,M)_{1.95}$超磁致伸缩合金的组织与性能 [D]. 北京: 北京科技大学, 1997.

[17] Teter J, Clark A, Wun-Fogle M, et al. Magnetostriction and hysteresis for Mn substitutions in (Tb_xDy_{1-x})(Mn_1Fe_{1-y})$_{1.95}$ [J]. IEEE Transactions on Magnetics, 1990, 26 (5): 1748~1750.

[18] Clark A, Teter J, Wun-Fogle M. Anisotropy compensation and magnetostriction in $Tb_xDy_{1-x}(Fe_{1-y}T_y)_{1.9}$(T= Co, Mn) [J]. Journal of Applied Physics, 1991, 69 (8): 5771~5773.

[19] Clark A E. Ferromagnetic materials [J]. Magnetostrictive rare earth-Fe_2 compounds, 1980:

531~589.

[20] Rosen M, Klimker H, Atzmony U, et al. Magnetoelasticity in SmFe₂ [J]. Physical Review B, 1974, 9 (1): 254~257.

[21] Wang B, Wu C, Deng W, Tang S, et al. Microstructure and magnetostriction for $(Dy_{0.65}Tb_{0.25}Pr_{0.1})(Fe_{1-x}Al_x)_{1.8}$ alloys [J]. Journal of Applied Physics, 1996, 79 (5): 2587~2589.

[22] Guo H Q, Yang H Y, Shen B G, et al. Structural, magnetic and magnetostrictive studies of $Tb_{0.27}Dy_{0.73}(Fe_{1-x}Al_x)_2$ [J]. Journal of Alloys and Compounds, 1993, 190 (2): 255~258.

[23] Wending Z, Jinghua W. Proc. of the 2nd international symposium on physics of magnetic materials [M]. Beijing: International Academic Publishers, 1992.

[24] Quandt E, Gerlach B, Seemann K. Preparation and applications of magnetostrictive thin films [J]. Journal of Applied Physics, 1994, 76 (10): 7000~7002.

[25] Grundy P, Lord D, Williams P. Magnetostriction in TbDyFe thin films [J]. Journal of Applied Physics, 1994, 76 (10): 7003~7005.

[26] Lim S H, Noh T, Kang I, et al. Magnetostriction of melt-spun Dy-Fe-B alloys [J]. Journal of Applied Physics, 1994, 76 (10): 7021~7023.

[27] Fujimori H, Kim J, Suzuki S, et al. Huge magnetostriction of amorphous bulk $(Sm,Tb)Fe_2$-B with low exciting fields [J]. Journal of Magnetism and Magnetic Materials, 1993, 124 (1-2): 115~118.

[28] 钟文定. 稀土压磁材料 [J]. 中国稀土永磁, 1993, 1 (2): 1~11.

[29] Clark A, Belson H. Giant room-temperature magnetostrictions in TbFe₂ and DyFe₂ [J]. Physical Review B, 1972, 5 (9): 3642~3646.

[30] Atulasimha J, Flatau A B. A review of magnetostrictive iron-gallium alloys [J]. Smart Materials and Structures, 2011, 20 (4): 043001.

[31] Hall R. Magnetic anisotropy and magnetostriction of ordered and disordered cobalt-iron alloys [J]. Journal of Applied Physics, 1960, 31 (5): 157-158.

[32] Hunter D, Osborn W, Wang K, et al. Giant magnetostriction in annealed $Co_{1-x}Fe_x$ thin-films [J]. Nature Communications, 2011, 2: 518.

[33] Lisfi A, Ren T, Khachaturyan A, et al. Nano-magnetism of magnetostriction in $Fe_{35}Co_{65}$ [J]. Applied Physics Letters, 2014, 104 (9): 092401.

[34] Yamaura S I, Nakajima T, Satoh T, et al. Magnetostriction of heavily deformed Fe-Co binary alloys prepared by forging and cold rolling [J]. Materials Science and Engineering: B, 2015, 193: 121~129.

[35] Clark A E, Hathaway K B, Wun-Fogle M, et al. Extraordinary magnetoelasticity and lattice softening in bcc Fe-Ga alloys [J]. Journal of Applied Physics, 2003, 93 (10): 8621~8623.

[36] Srisukhumbowornchai N, Guruswamy S. Large magnetostriction in directionally solidified FeGa and FeGaAl alloys [J]. Journal of Applied Physics, 2001, 90 (11): 5680-5688.

[37] Li C, Liu J, Wang Z, et al. Crystal growth of high magnetostrictive polycrystalline $Fe_{81}Ga_{19}$ alloys [J]. Journal of Magnetism and Magnetic Materials, 2012, 324 (6): 1177~1181.

[38] Cao J, Zhang Y, Ouyang W, et al. Large magnetostriction of $Fe_{1-x}Ge_x$ and its electronic origin: Density functional study [J]. Physical Review B, 2009, 80 (10): 104414.

[39] Dos Santos C, Bormio-Nunes C, Ghivelder L, et al. Magnetostriction of Fe-Sn polycrystalline alloys [J]. Journal of Magnetism and Magnetic Materials, 2008, 320 (14): 183~185.

[40] Zhang J, Ma T, He A, et al. Structure, magnetostrictive, and magnetic properties of heat-treated $Mn_{42}Fe_{58}$ alloys [J]. Journal of Alloys and Compounds, 2009, 485 (1-2): 510~513.

[41] Clark A, Hathaway K, Wun-Fogle M, et al. Extraordinary magnetoelasticity and lattice softening in bcc Fe-Ga alloys [J]. Journal of Applied Physics, 2003, 93 (10): 8621~8623.

[42] Xing Q, Du Y, McQueeney R, et al. Structural investigations of Fe-Ga alloys: Phase relations and magnetostrictive behavior [J]. Acta Materialia, 2008, 56 (16): 4536~4546.

[43] Clark A E, Wun-Fogle M, Restorff J B, et al. Effect of quenching on the magnetostriction on $Fe_{1-x}Ga_x(0.13<x<0.21)$ [J]. IEEE Transactions on Magnetics, 2001, 37 (4): 2678~2680.

[44] Srisukhumbowornchai N, Guruswamy S. Influence of ordering on the magnetostriction of Fe-27.5 at.% Ga alloys [J]. Journal of Applied Physics, 2002, 92 (9): 5371~5379.

[45] Zhang M, Jiang H, Gao X, et al. Magnetostriction and microstructure of the melt-spun $Fe_{83}Ga_{17}$ alloy [J]. Journal of Applied Physics, 2006, 99 (2): 023903.

[46] Kellogg R, Flatau A B, Clark A, et al. Temperature and stress dependencies of the magnetic and magnetostrictive properties of $Fe_{0.81}Ga_{0.19}$ [J]. Journal of Applied Physics, 2002, 91 (10): 7821~7823.

[47] Wun-Fogle M, Restorff J, Clark A, et al. Stress annealing of Fe-Ga transduction alloys for operation under tension and compression [J]. Journal of Applied Physics, 2005, 97 (10): 10M301.

[48] Xiao X M, Gao X X, Li J H, et al. Influence of yttrium on the structure and magnetostriction of $Fe_{83}Ga_{17}$ alloy [J]. Journal of Minerals, Metallurgy, and Materials, 2012, 19 (9): 849~855.

[49] Wu W, Liu J, Jiang C, et al. Giant magnetostriction in Tb-doped $Fe_{83}Ga_{17}$ melt-spun ribbons [J]. Applied Physics Letters, 2013, 103 (26): 262403.

[50] Gou J, Liu X, Wu K, et al. Tailoring magnetostriction sign of ferromagnetic composite by increasing magnetic field strength [J]. Applied Physics Letters, 2016, 109 (8): 082404.

[51] Wuttig M, Dai L, Cullen J. Elasticity and magnetoelasticity of Fe-Ga solid solutions [J]. Applied Physics Letters, 2002, 80 (7): 1135~1137.

[52] Kellogg R A. Development and modeling of iron-gallium alloys [D]. Ames: Iowa State University, 2003.

[53] Yoo J H, Flatau A B. Measured iron-gallium alloy tensile properties under magnetic fields [C] // Smart Structures and Materials 2004: Active Materials: Behavior and Mechanics. International Society for Optics and Photonics, 2004, 5387: 476~486.

[54] Summers E M, Lograsso T A, Snodgrass J D, et al. Magnetic and mechanical properties of polycrystalline Galfenol [C] // Smart Structures and Materials 2004: Active Materials: Behavior and Mechanics. International Society for Optics and Photonics, 2004, 5387: 448~459.

[55] Srisukhumbowornchai N, Guruswamy S. Crystallographic textures in rolled and annealed Fe-Ga and Fe-Al alloys [J]. Metall. Mater. Trans. A, 2004, 35 (9): 2963~2970.

[56] Cullity B D, Graham C D. Introduction to magnetic materials [M]. New Jersey: John Wiley & Sons, 2011.

[57] Datta S, Atulasimha J, Mudivarthi C, et al. Stress and magnetic field-dependent Young's modulus in single crystal iron-gallium alloys [J]. Journal of Magnetism and Magnetic Materials, 2010, 322 (15): 2135~2144.

[58] Liu G, Dai X, Luo H, et al. Magnetoelasticity and elasticity of $Fe_{85}Ga_{15}$ single crystals under coupled magnetomechanical loading [J]. Physica B: Condensed Matter, 2011, 406 (3): 440~444.

[59] Petculescu G, LeBlanc J, Wun-Fogle M, et al. Magnetoelastic coupling in $Fe_{100-x}Ge_x$ single crystals with 4<x<18[J]. Journal of Applied Physics, 2009, 105 (7): 07A932.

[60] Golovin I S, Palacheva V V, Bazlov A I, et al. Diffusionless nature of $DO_3 \rightarrow L1_2$ transition in Fe_3Ga alloys [J]. Journal of Alloys and Compounds, 2016, 656: 897~902.

[61] Shih J W. Magnetic properties of iron-cobalt single crystals [J]. Physical Review, 1934, 46 (2): 139~167.

[62] Ren T. Magnetostriction and magnetic anisotropy of $Fe_{35}Co_{65}$ [D]. Maryland: University of Maryland, College Park, 2011.

[63] Klemmer T, Ellis K, Chen L, Van Dover B, et al. Ultrahigh frequency permeability of sputtered Fe-Co-B thin films [J]. Journal of Applied Physics, 2000, 87 (2): 830~833.

[64] Liu X, Evans P, Zangari G. Electrodeposited Co-Fe and Co-Fe-Ni alloy films for magnetic recording write heads [J]. IEEE Transactions on Magnetics, 2000, 36 (5): 3479~3481.

[65] Dai L, Wuttig M. Magnetostriction in Co-rich bcc CoFe Solid Solutions [D]. Department of Mat. Sci & eng., University of Maryland, 2007.

[66] Zhao Y, Li J, Liu Y, et al. Magnetostriction and structure characteristics of $Co_{70}Fe_{30}$ alloy prepared by directional solidification [J]. Journal of Magnetism and Magnetic Materials, 2018, 451: 587~593.

[67] Zhao Y, Li J, Bao X, et al. Magnetomechanical coupling enhancement via high-density nano-precipitation in $Co_{70}Fe_{30}$ alloy [J]. Physics Letters A, 2019, 383 (22): 2658~2661.

[68] Khachaturyan A, Viehland D. Structurally heterogeneous model of extrinsic magnetostriction for Fe-Ga and similar magnetic alloys: Part II. Giant magnetostriction and elastic softening [J]. Metallurgical and Materials Transactions A, 2007, 38 (13): 2317~2328.

[69] Rao W F, Wuttig M, Khachaturyan A G. Giant nonhysteretic responses of two-phase nanostructured alloys [J]. Physical Review Letters, 2011, 106 (10): 105703.

[70] Reid A, Shen X, Maldonado P, et al. Beyond a phenomenological description of magnetostriction [J]. Nature Communications, 2018, 9 (1): 388.

[71] Cook J M, Pavlovic A. Magnetostriction and thermal expansion of single crystal and polycrystalline alloys of iron and aluminum in the vicinity of Fe_3Al [J]. Journal of Applied Physics, 1984, 55 (2): 499~502.

[72] Huang M, Du Y, McQueeney R J, et al. Effect of carbon addition on the single crystalline magnetostriction of Fe-X (X= Al and Ga) alloys [J]. Journal of Applied Physics, 2010, 107 (5): 053520.

[73] Hall R. Single-crystal magnetic anisotropy and magnetostriction studies in iron-base alloys [J]. Journal of Applied Physics, 1960, 31 (6): 1037~1038.

[74] Restorff J, Wun-Fogle M, Clark A, et al. Magnetostriction of ternary Fe-Ga-X alloys(X= Ni, Mo, Sn, Al) [J]. Journal of Applied Physics, 2002, 91 (10): 8225~8227.

[75] Mungsantisuk P, Corson R P, Guruswamy S. Influence of Be and Al on the magnetostrictive behavior of FeGa alloys [J]. Journal of Applied Physics, 2005, 98 (12): 123907.

[76] Zhou Y, Wang X, Wang B, et al. Magnetostrictive properties of directional solidification $Fe_{82}Ga_9Al_9$ alloy [J]. Journal of Applied Physics, 2012, 111 (7): 07A332.

[77] Engdahl G, Mayergoyz I D. Handbook of giant magnetostrictive materials [M]. Amsterdam: Elsevier, 2000.

[78] Clark A, Wun-Fogle M, Restorff J, et al. Magnetomechanical properties of single crystal Tb_xDy_{1-x} under compressive stress [J]. IEEE Transactions on Magnetics, 1992, 28 (5): 3156~3158.

[79] Butler J L. Application manual for the design of ETREMA Terfenol-D magnetostrictive transducers, EDGE Technologies. Inc. , Ames, IA, 1988.

[80] Atzmony U, Dariel M, Bauminger E, et al. Spin-orientation diagrams and magnetic anisotropy of rare-earth-iron ternary cubic Laves compounds [J]. Physical Review B, 1973, 7 (9): 4220~4224.

[81] Busbridge S, Piercy A. Magnetomechanical properties and anisotropy compensation in quaternary rare earth-iron materials of the type $Tb_xDy_yHo_zFe_2$ [J]. IEEE Transactions on Magnetics, 1995, 31 (6): 4044~4046.

[82] Wang B, Tang S, Jin X, et al. Microstructure and magnetostriction of $(Dy_{0.7}Tb_{0.3})_{1-x}Pr_xFe_{1.85}$ and $(Dy_{0.7}Tb_{0.3})_{0.7}Pr_{0.3}Fe_y$ alloys [J]. Applied Physics Letters, 1996, 69 (22): 3429~3431.

[83] Wu L, Zhan W, Chen X, et al. The effects of boron on the magnetostrictive properties of $Tb_{0.27}Dy_{0.73}Fe_2$ [J]. Journal of Alloys and Compounds, 1994, 216 (1): 85~87.

[84] Guo H Q, Gong H Y, Yang H Y, et al. Effect of Co substitution for Fe on magnetic and magnetostrictive properties in $Sm_{0.88}Dy_{0.12}(Fe_{1-x}Co_x)_2$ compounds [J]. Physical Review B, 1996, 54 (6): 4107~4110.

[85] Wang B, Lee W, Song J, et al. Structure, magnetic properties, and magnetostriction of $Sm_{0.5}R_{0.5}(Fe_{1-x}Co_x)_2$ compounds(R= Nd, Pr) [J]. Journal of Applied Physics, 2002, 91 (11): 9246~9250.

[86] Guo Z, Zhang Z, Wang B, et al. Giant magnetostriction and spin reorientation in quaternary $(Sm_{0.9}Pr_{0.1})(Fe_{1-x}Co_x)_2$ [J]. Physical Review B, 2000, 61 (5): 3519~3525.

[87] Pelton A D, Schmalzried H, Sticher J. Thermodynamics of Mn_3O_4-Co_3O_4, Fe_3O_4-Mn_3O_4, and Fe_3O_4-Co_3O_4 spinels by phase diagram analysis [J]. Berichte der Bunsengesellschaft für physikalische Chemie, 1979, 83 (3): 241~252.

[88] Takahashi M, Fine M E. Magnetic behavior of quenched and aged $CoFe_2O_4$-Co_3O_4 alloys [J]. Journal of Applied Physics, 1972, 43 (10): 4205~4216.

[89] Le Trong H, Presmanes L, De Grave E, et al. Mössbauer characterisations and magnetic properties of iron cobaltites $Co_xFe_{3-x}O_4$ ($1 \leqslant x \leqslant 2.46$) before and after spinodal decomposition [J]. Journal of Magnetism and Magnetic Materials, 2013, 334: 66~73.

[90] 宛德福, 马兴隆. 磁性物理学 [M]. 修订版. 北京: 电子工业出版社, 1999.

[91] Kriegisch M, Ren W, Sato-Turtelli R, et al. Field-induced magnetic transition in cobalt-ferrite [J]. J. Appl. Phys., 2012, 111 (7): 07E308.

[92] Anantharamaiah P, Joy P. Effect of size and site preference of trivalent non-magnetic metal ions (Al^{3+}, Ga^{3+}, In^{3+}) substituted for Fe^{3+} on the magnetostrictive properties of sintered $CoFe_2O_4$ [J]. Journal of Physics D: Applied Physics, 2017, 50 (43): 435005.

[93] Wang J, Li J, Li X, et al. High magnetostriction with low saturation field in highly <001> textured $CoFe_2O_4$ by magnetic field alignment [J]. Journal of Magnetism and Magnetic Materials, 2018, 462: 53~57.

[94] Zheng Y, Cao Q, Zhang C, et al. Study of uniaxial magnetism and enhanced magnetostriction in magnetic-annealed polycrystalline $CoFe_2O_4$ [J]. Journal of Applied Physics, 2011, 110 (4): 043908.

[95] Mohaideen K K, Joy P. High magnetostriction parameters for low-temperature sintered cobalt ferrite obtained by two-stage sintering [J]. Journal of Magnetism and Magnetic Materials, 2014, 371: 121~129.

[96] 翟宏如, 杨桂林, 徐游. 铁氧体的单离子磁晶各向异性 [J]. 磁性材料及器件, 1981, 4: 1~16.

[97] Dionne G F. Theory of Co^{2+} exchange isolation in ferrimagnetic spinels and garnets [J]. Journal of Applied Physics, 1988, 64 (3): 1323~1331.

3 磁致伸缩合金相图与材料制备方法

磁致伸缩材料的性能与合金的组织有很大关系，而合金的组织又是由合金的结晶、相转变和随后的热处理决定的。为了制备出磁致伸缩性能优异的材料、优化合金显微组织和制订出合理的热处理工艺，首先要了解合金的结晶过程和合金系中相的相互关系。相图是表示金属或合金中各种相的平衡存在条件以及各相之间平衡共存关系的一种图解，它可以帮助人们系统地了解金属和合金在不同的条件下可能出现的各种组态，以及条件变化时各种组态可能发生的转变方向和限度。结合相变机制及相变动力学因素，应用相图可以分析合金的组织形成和变化过程。因此，相图对于新材料探索、材料制备及热处理工艺具有重要的指导意义。

3.1 磁致伸缩合金相图

3.1.1 铁基合金相图

铁基磁致伸缩材料主要有 Fe-Al、Fe-Co 和 Fe-Ga 等材料。Fe-Al 二元合金相图如图 3-1 所示，它含有 γ-Fe、α-Fe(A2)、$Fe_3Al(DO_3)$、FeAl(B2)、ε、$FeAl_2$、Fe_2Al_5、$FeAl_3$ 和 Al 相，400℃ 时 Al 在体心立方 α-Fe 中的固溶度约为 21%，在 Al 浓度大于 21% 时，合金将出现有序 Fe_3Al 相（DO_3）。当合金中 Al 含量超过 19% 时，Al 原子逐渐出现部分有序，开始析出 DO_3 相，这又导致了合金的磁致伸缩 λ_s 的急剧减小。Cullen[1] 通过高能透射 XRD 研究发现在 $Fe_{80}Al_{20}$ 合金中，已开始出现 $DO_3[200]$ 晶面的微弱衍射峰，表明 A2 相中开始析出 DO_3 相。

随着 Al 含量的继续增加高于 25% 时，合金的 λ_s 又逐渐增加；当 Al 含量为 27% 时合金形成了单相 DO_3 高温相，这是合金的磁致伸缩 λ_s 达到又一个极大值的主要原因。λ_{100} 正比于 $(2b_1/(C_{11}-C_{12}))$，其中 b_1 为磁弹性能密度，$C_{11}-C_{12}$ 为切变模量[2]。Grosdidier[3] 认为随着 Al 含量的增加而出现短程有序的原子区域，导致了 $C_{11}-C_{12}$ 的反常减小和 b_1 的反常增加是 λ_{100} 增加的原因。有序区和无序区的边界处有内应力，这将产生内部变形附加到外部应变上，因此起到软化合金弹性模量的作用。磁化过程中，磁矩的转动也将产生内应力，从而产生应变，增加磁弹性能密度。随后，随着 Al 含量的继续增加，DO_3 相中产生其他新的析出物，这些析出物不利于合金的磁致伸缩应变，导致合金的 λ_s 又急剧下降。

16%~36%（原子数分数）区间的 Fe-Al 二元合金相图如图 3-2 所示。在室

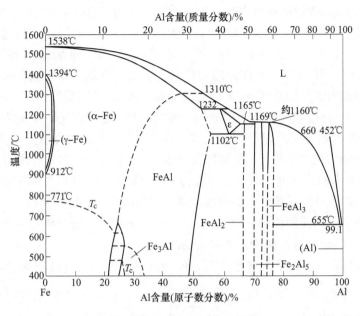

图 3-1　Fe-Al 二元合金相图

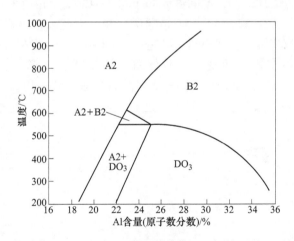

图 3-2　Al 含量位于 16%～36%（原子数分数）区间的 Fe-Al 二元合金相图

温下，当 Al 含量小于 18%时，合金组织为 A2 单相，A2 相是 Al 原子在 α-Fe 中部分替代所形成的无序结构的固溶体。随着 Al 含量的进一步提高，合金将进入 A2 和 DO₃ 两相区；当 Al 原子数分数大于 22%时，合金进入 DO₃ 单相区。M. Matsushita 等发现，$Fe_{80}Al_{20}$ 合金冷却过程中，发生了无序态向部分有序态的结构转变[4]。Al 原子含量在 22%～36%区间时，合金将一直处于单相区。由此可知，室温下的平衡相都是在较高温度下经过固态相变而来的。Al 以 A2 无序相存

在于 α-Fe 的最大固溶度约为 20%。Wuttig 等[5]认为<100>方向短程有序的 Al 原子对是导致 Fe-Al 合金产生较大的磁致伸缩应变的主要原因，并且通过建立模型，运用第一性原理计算表明，应变强烈依赖局部的原子环境和 Al 原子的排布，Al 原子的加入使磁晶各向异性强烈地依赖于应变，再加上晶格软化减小了剪切模量，这是加入 Al 原子产生较大的磁致伸缩应变 λ_s 的主要原因。Lograsso 等[6]发现成分为 $Fe_{81}Al_{19}$ 取向单晶 X 射线衍射峰的异常，他们首先假设 α-Fe 固溶体中出现沿 [100] 轴方向的 Al 原子对，经过模拟计算出的衍射峰与实际样品测得出现异常衍射峰的位置很相近，从而间接证实了 Fe-Al 合金中短程有序的 Al 原子对的存在。Khachaturyan 等[7]认为无序态的 α-Fe 结构中富 Al 四方纳米团簇的不同再取向是大磁致伸缩系数的主要原因，富 Al 四方纳米团簇的形成、分布和尺寸，这将由一系列的沉淀和位移式转变决定。Mudivarthi 等[8]通过小角度中子衍射证实了 $Fe_{81}Al_{19}$ 中确实有这种富 Al 四方纳米团簇的存在。

图 3-3 为 Fe-Co 二元合金相图[9]。Fe 和 Co 可以形成连续固溶体：α′（B2）为 CsCl 型-简单立方有序结构，空间群为 Pm$\bar{3}$m；α（A2）为 W 型-体心立方无序结构，空间群为 Im$\bar{3}$m；γ（A$_2$）为 Cu 型-面心立方无序结构，空间群为 Fm$\bar{3}$m；δ 为 W 型-体心立方无序结构，空间群为 Im$\bar{3}$m。Fe-Co 二元相图在 1300℃ 以下有两个相变：A1⇌Λ2 以及 A2⇌B2。A1 是顺磁性相，因此，在很宽的成分范围内，居里温度与 A1⇌A2 转变温度相同。研究表明，Fe-Co 合金发生 A2→B2 有序转变时，磁晶各向异性常数 K_1 和饱和磁致伸缩系数 λ_s 都会下降[10]。与无序状态的 Fe-Co 合金相比，有序铁钴合金的磁导率更高而矫顽力更低[11]。

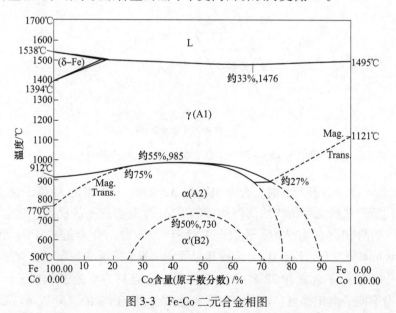

图 3-3 Fe-Co 二元合金相图

图 3-4 为 Fe-Co 二元合金淬火状态的非平衡相图[12]，A1+A2 两相区很宽。但是，共存的立方结构并不会提高材料的磁致伸缩性能[13]。所以，导致 Fe-Co 合金拥有大磁致伸缩的纳米相应该是四方相或其他低对称性的相。

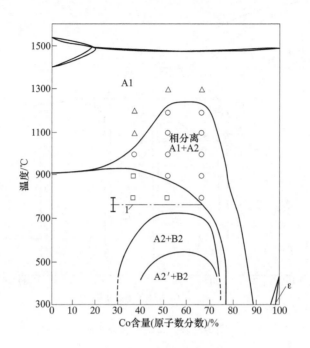

图 3-4 Fe-Co 合金非平衡相图

图 3-5 为 Fe-Ga 二元合金相图。从图 3-5 可见，Fe 与 Ga 的二元相图含有 γ-Fe、α-Fe(A2)、α'(B2)、α″、α‴(DO$_3$)、β-Fe$_3$Ga(DO$_{19}$)、α-Fe$_3$Ga（L1$_2$）、β-Fe$_6$Ga$_5$、α-Fe$_6$Ga$_5$、Fe$_3$Ga$_4$、FeGa$_3$ 和 Ga 相，室温下 Ga 在体心立方的 α-Fe 中的固溶度约为 11%，1037℃时 Ga 在体心立方的 α-Fe 中的固溶度可达 36%。室温下 Ga 浓度大于 11%时，合金将出现 α-Fe$_3$Ga 相。通过快冷，室温下 21%Ga 可以固溶在体心立方的 α-Fe 中[14]。

通过电子显微镜利用扩散耦样品可以确定 α-Fe(A2)、α-Fe(A2) + α‴(DO$_3$)、α‴(DO$_3$) 的相界，如图 3-6 所示。600℃时 Ga 浓度小于 22%时，Fe-Ga 合金为单相 α-Fe(A2) 组织；Ga 浓度在 22%~24%之间时，Fe-Ga 合金为 α-Fe(A2) + α‴(DO$_3$) 两相组织；Ga 浓度在 24%~25%之间时，Fe-Ga 合金为 α‴(DO$_3$) 单相组织。实验确定的 Fe-Ga 的二元系富 Fe 区的相图如图 3-7 所示。可见 DO$_3$ 相区域固态相变过程复杂，合金易出现多相组织，影响合金的磁致伸缩性能。

Fe-Ga-Al 系合金的磁致伸缩性能与其微结构具有显著相关性[15]，表明研究

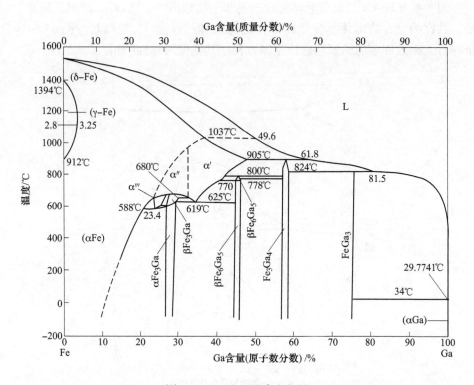

图 3-5　Fe-Ga 二元合金相图

Fe-Ga-Al 系富 Fe 区的相关系对于探索新型磁致伸缩材料是至关重要的。
Srisukhumboworchai 等[16]研究结果表明，Ga/Al 值为 3/1 时，Fe-Ga-Al 合金的磁
致伸缩相对最大，其值达到 234×10^{-6}，实际应用的 Fe-Ga 与 Fe-Al 系材料成分都
在富 Fe 区内，该成分合金在 600 ~ 700℃ 温度区间相变过程复杂，这里介绍
Fe-Ga-Al 三元系富 Fe 区 650℃ 等温截面和 Fe$_{100-y}$(Ga$_{0.75}$Al$_{0.25}$)$_y$ 变温截面。

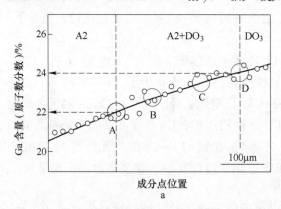

a

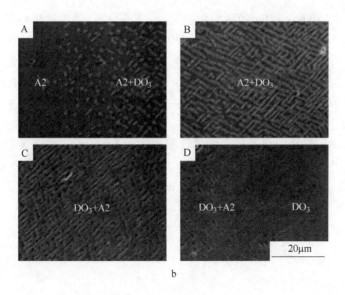

图 3-6 Fe-Ga 扩散偶合金的 Ga 含量分布（a）和对应 A、B、C、D
成分点的电子显微镜照片（b）

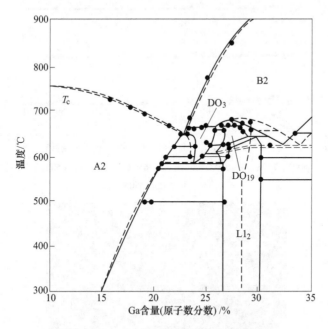

图 3-7 Fe-Ga 的二元系富 Fe 区的相图

对 $Fe_{75}Ga_{23}Al_2$ 和 $Fe_{70.5}Ga_{27.5}Al_2$ 合金样品分别进行 650℃、120h、240h、480h、648h 的均匀化退火，后者样品的 X 射线衍射谱线如图 3-8 所示。从图 3-8

结果可见，经 650℃、120h 的均匀化退火后，$Fe_{70.5}Ga_{27.5}Al_2$ 样品的 X 射线衍射谱线变化很小（图 3-8a），但经 650℃、480h 的均匀化退火后，DO_{19} 相的特征峰消失（图 3-8c），意味着合金中 DO_{19} 相的数量减少，金相分析表明组织为 DO_3 相和少量的 DO_{19} 相组成。对样品进行 650℃、648h（图 3-8d），或者 1100℃、3h，然后 650℃、400h（图 3-8e）的均匀退火，合金中 DO_{19} 相的衍射峰消失，表明添加少量的 Al 对于合金的组织有很大影响。$Fe_{98-x}Ga_xAl_2$ 合金当 $x = 21$ 时，金相分析表明 $Fe_{77}Ga_{21}Al_2$ 样品中含有较多的条状相，如图 3-9 所示。结合 X 射线衍射分析结果和文献[15]报道的结果，条状相为 DO_3 相，其中 DO_3 相呈交错状，表明 $Fe_{77}Ga_{21}Al_2$ 合金组织在 650℃由 $A2+DO_3$ 两相组成。

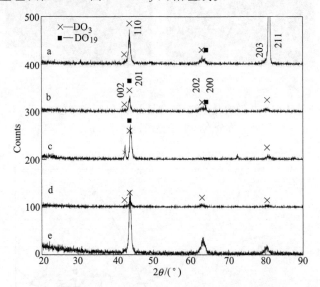

图 3-8　$Fe_{70.5}Ga_{25.5}Al_4$ 合金样品的 X 射线衍射谱

a—650℃、120h，b—650℃、240h，c—650℃、480h，d—650℃、648h；
e—1100℃、3h，然后 650℃、400h

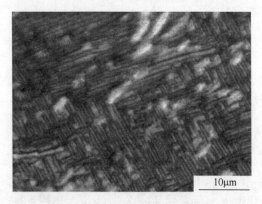

图 3-9　$Fe_{77}Ga_{21}Al_2$ 合金的金相照片

Fe-Ga-Al 三元系合金富 Fe 区 650℃等温截面如图 3-10 所示[15]。该等温截面上含有 4 个单相区：A2、B2、DO$_3$、DO$_{19}$；5 个两相区：A2+B2、A2+DO$_3$、B2+DO$_3$、B2+DO$_{19}$、DO$_3$+DO$_{19}$；1 个三相区：A2+B2+DO$_3$。该等温截面不含有面心立方的 L1$_2$ 相，体心立方结构 A2 的单相区范围随着合金中含 Al 量的增加变化较小，B2 单相区范围随着合金中含 Al 量的增加有所增大，DO$_3$ 和 DO$_{19}$ 的单相区范围随着合金中含 Al 量的增加逐渐减小。

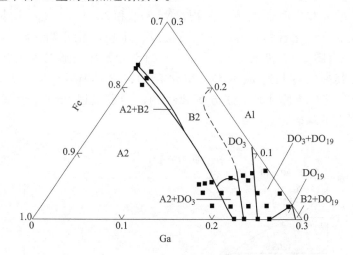

图 3-10　Fe-Ga-Al 三元系合金富 Fe 区 650℃等温截面

富 Fe 区 Fe-(Ga$_{0.75}$Al$_{0.25}$) 变温截面如图 3-11 所示。该变温截面含有 5 个单相区：A2、B2、DO$_3$、DO$_{19}$ 和 L1$_2$；5 个两相区：A2+DO$_3$、DO$_3$+DO$_{19}$、A2+L1$_2$、L1$_2$+Fe$_6$Ga$_5$、DO$_3$+L1$_2$。与 Fe-Ga 二元相图相似，A2 区域扩大，A2 相居里温度下降。

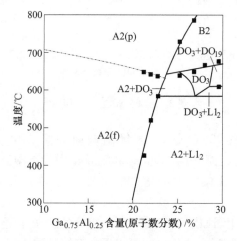

图 3-11　富 Fe 区 Fe-(Ga$_{0.75}$Al$_{0.25}$) 变温截面

3.1.2 稀土-铁合金相图

　　稀土-铁磁致伸缩材料主要有 Sm-Dy-Fe 和 Tb-Dy-Fe 等材料，为了进一步改善合金的磁性能和加工性能，可添加少量的 Al、Co 和 Mn 等元素替代材料中的铁元素。图 3-12 和图 3-13 分别示出了 Nd-Fe 和 Sm-Fe 二元合金相图[17]。早期的研究认为 Nd-Fe 系只形成一个化合物 Nd_2Fe_{17}，但近年的研究证明 Nd-Fe 系可形成两个包晶化合物，Nd_5Fe_{17} 和 Nd_2Fe_{17}[18]，此外，在高压下还可合成 $NdFe_2$ 化合物。Sm-Fe 系可形成三个包晶化合物：$SmFe_2$、$SmFe_3$ 和 Sm_2Fe_{17}。由图 3-12 和图 3-13 可知，轻稀土元素与铁形成的化合物都为包晶化合物，其中较容易形成 R_2Fe_{17} 型化合物，它具有 Th_2Zn_{17} 型菱形结构。Sm-Fe 系可形成 C15 型 Laves 立方 $SmFe_2$ 相，为发展以 $SmFe_2$ 为基的超磁致伸缩材料奠定了基础。

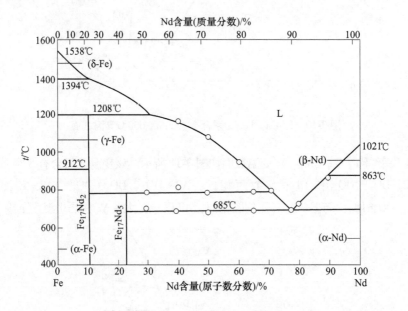

图 3-12　Fe-Nd 二元系相图

　　Sm-Nd-Fe 三元系 700℃ 富 Fe 区等温截面如图 3-14 所示[19]。Sm_2Fe_{17} 与 Nd_2Fe_{17} 是无限互溶的，而 Nd 在 $SmFe_2$ 和 $SmFe_3$ 中为有限互溶，且 Nd 在 $SmFe_2$ 中的固溶度大于在 $SmFe_3$ 中的固溶度。另外，Sm 在 Nd_5Fe_{17} 中也有较大的固溶度。

　　Tb-Dy 二元合金相图如图 3-15 所示[20]。Dy 的原子半径与 Tb 的原子半径非常接近，熔化温度也相近，它们之间可以无限互溶形成连续固溶体，无论是高温

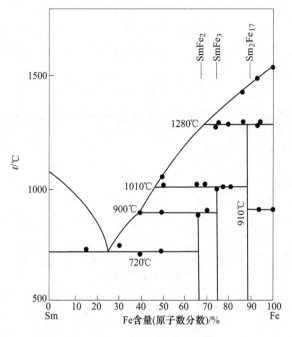

图 3-13 Sm-Fe 二元系相图

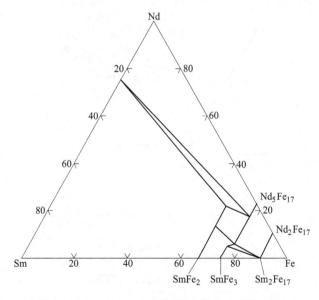

图 3-14 Sm-Nd-Fe 三元系 700℃富 Fe 区等温截面

六方结构相，还是低温立方结构相。Tb-Fe 二元合金相图如图 3-16 所示[21]，含有四个金属间化合物：TbFe₂、TbFe₃、Tb₆Fe₂₃和 Tb₂Fe₁₇。Dy-Fe 二元合金相图与

Tb-Fe 二元合金相图非常相似（图 3-17）[21]，也含有 4 个金属间化合物：$DyFe_2$、$DyFe_3$、Dy_6Fe_{23} 和 Dy_2Fe_{17}，但 $DyFe_3$ 和 Dy_2Fe_{17} 化合物是同成分熔化的，其他化合物是通过包晶反应形成的，Dy_2Fe_{17} 化合物具有 Th_2Ni_{17} 型六方结构。

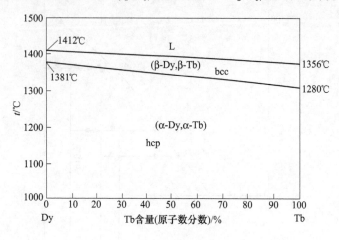

图 3-15 Tb-Dy 二元系相图

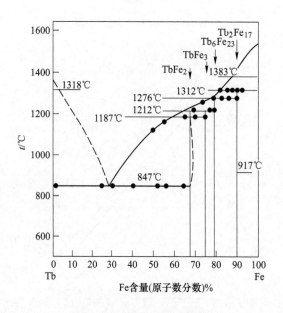

图 3-16 Tb-Fe 二元系相图

稀土元素与铁形成的化合物数目、分子式和晶体结构列于表 3-1。可见从 La 到 Gd，随原子序数的增加，化合物数目增加。并且所有稀土元素都与 Fe 形成 R_2Fe_{17} 化合物，其中轻稀土化合物以 Th_2Zn_{17} 型结构稳定。

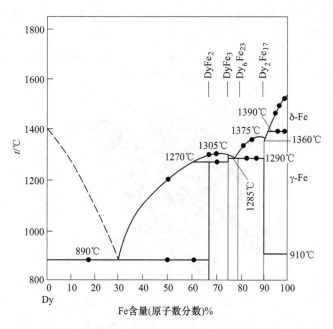

图 3-17 Dy-Fe 二元系相图

表 3-1 稀土元素与铁形成的化合物数目、分子式和晶体结构

稀土元素	化合物数目	分子式与晶体结构类型				
		MgCu$_2$ 型	PuNi$_3$ 型	Nd$_5$Fe$_{17}$型	Th$_6$Mn$_{23}$型	Th$_2$Zn$_{17}$或 Th$_2$Ni$_{17}$型
La	0					
Ce	2	CeFe$_2$				Ce$_2$Fe$_{17}$
Pr	2	PrFe$_2$				Pr$_2$Fe$_{17}$
Nd	3	NdFe$_2$		Nd$_5$Fe$_{17}$		Nd$_2$Fe$_{17}$
Sm	3	SmFe$_2$	SmFe$_3$			Sm$_2$Fe$_{17}$
Gd	4	GdFe$_2$	GdFe$_3$		Gd$_6$Fe$_{23}$	Gd$_2$Fe$_{17}$
Tb	4	TbFe$_2$	TbFe$_3$		Tb$_6$Fe$_{23}$	Tb$_2$Fe$_{17}$
Dy	4	DyFe$_2$	DyFe$_3$		Dy$_6$Fe$_{23}$	Dy$_2$Fe$_{17}$
Ho	4	HoFe$_2$	HoFe$_3$		Ho$_6$Fe$_{23}$	Ho$_2$Fe$_{17}$
Er	4	ErFe$_2$	ErFe$_3$		Er$_6$Fe$_{23}$	Er$_2$Fe$_{17}$
Y	4	YFe$_2$	YFe$_3$		Y$_6$Fe$_{23}$	Y$_2$Fe$_{17}$

注：PrFe$_2$ 和 NdFe$_2$ 只有在高压下才能合成。

从图 3-13~图 3-15 可知，SmFe$_2$、TbFe$_2$ 和 DyFe$_2$ 分别是通过包晶反应 L+ SmFe$_3$→SmFe$_2$、L+ TbFe$_3$→TbFe$_2$ 和 L+ DyFe$_3$→DyFe$_2$ 形成的。它们都具有立方

Laves $MgCu_2$ 型结构，晶胞中含有 8 个 R 原子，16 个 Fe 原子，如图 3-18 所示。图 3-18 中还给出了晶体中主要晶轴的方向。对于 $SmFe_2$ 和 $TbFe_2$，<111>方向为易磁化方向，对于 $DyFe_2$，<100>为易磁化方向。而实际制备的（Tb,Dy）Fe_2 磁致伸缩棒状材料，轴向为<112>方向或<110>方向。

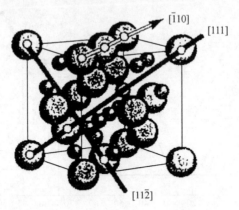

图 3-18　RFe_2 立方 Laves $MgCu_2$ 型结构晶胞

大球体—稀土原子；小球体—Fe 原子

　　稀土-铁磁致伸缩材料的典型成分为 $Tb_{0.27}Dy_{0.73}Fe_2$，为了解合金的结晶过程和合金系中相的相互关系，Westwood 等[22]研究了 Tb-Dy-Fe 三元系 $Tb_{0.27}Dy_{0.73}$-Fe 截面 Laves 相区的高温相图，如图 3-19 所示。采用差热分析测得的共晶温度和包晶反应 L + (Tb,Dy)Fe_3 → (Tb,Dy)Fe_2 的包晶温度分别为 892℃ 和 1239℃，另一种包晶反应温度为 1283℃。从图 3-19 可见，(Tb,Dy)Fe_2 相区存在一个小的向稀土一侧偏移的固溶区，导致成分为 $Tb_{0.27}Dy_{0.73}Fe_2$ 合金处于 (Tb,Dy)Fe_2+(Tb,Dy)Fe_3 两相区，组织中出现魏氏组织或晶界 (Tb,Dy)Fe_3 相。

　　文献［23］研究了 Tb-Dy-Fe 三元系 $Tb_{0.3}Dy_{0.7}$-Fe 截面 Laves 相区的高温相图，如图 3-20 所示。可见 (Tb,Dy)Fe_2 相区明显偏离化学计量的成分，在高温区偏向富 Fe 一侧，在低温区偏向富稀土一侧。在 900℃ 时，(Tb,Dy)Fe_2 相区固溶 Fe 的范围（原子数分数）大约为 0.5%。比较图 3-19 和图 3-20 的结果可知，合金的成分对于合金的组织具有重要的影响。Landin 等[24]根据计算预测了 Tb-Dy-Fe 三元系 $Tb_{0.27}Dy_{0.73}$-Fe 变温截面，如图 3-21 所示。预测的截面含有 (Tb,Dy)Fe_2、(Tb,Dy)Fe_3、(Tb,Dy)$_6Fe_{23}$ 和 (Tb,Dy)$_2Fe_{17}$ 四种金属间化合物，计算得到的共晶和 (Tb,Dy)Fe_2 的包晶反应温度与文献［22］报道的结果是一致的。

　　为了探索新型磁致伸缩材料，人们研究了以 Pr 部分替代 (Tb,Dy)Fe_2 中化合物的 Tb 或 Dy 对合金磁致伸缩性能的影响，并测绘了 Tb-Dy-Pr-Fe 四元系 $Tb_{0.25}Dy_{0.65}Pr_{0.1}$-Fe 变温截面，如图 3-22 所示[25]。$Tb_{0.27}Dy_{0.73}$-Fe 截面图含有

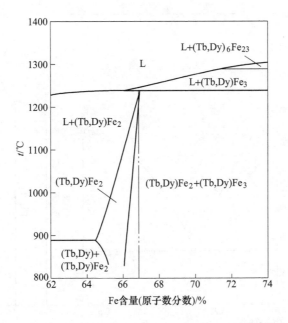

图 3-19　Tb-Dy-Fe 三元系 $Tb_{0.27}Dy_{0.73}$-Fe 截面 Laves 相区的高温相图

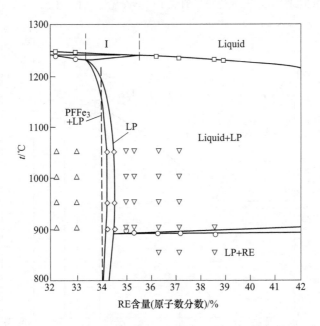

图 3-20　Tb-Dy-Fe 三元系 $Tb_{0.3}Dy_{0.7}$-Fe 截面 Laves 相区的高温相图

Liquid—液相；LP—Laves 相；RE—$Tb_{0.3}Dy_{0.7}$；▽，△—两相区

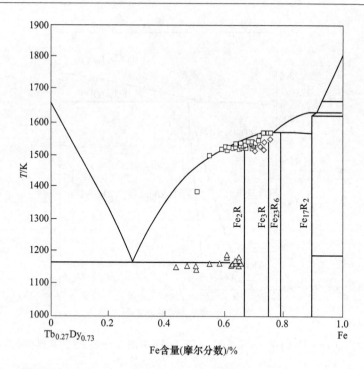

图 3-21　Tb-Dy-Fe 三元系 $Tb_{0.27}Dy_{0.73}$-Fe 截面（R = $Tb_{0.27}Dy_{0.73}$）

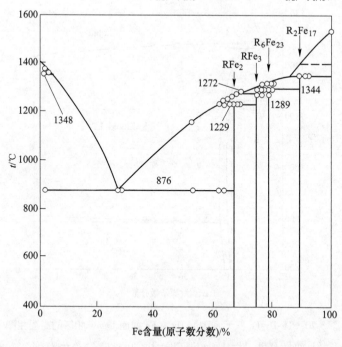

图 3-22　Tb-Dy-Pr-Fe 四元系 $Tb_{0.25}Dy_{0.65}Pr_{0.1}$-Fe 变温截面（R = $Tb_{0.25}Dy_{0.65}Pr_{0.1}$）

RFe_2、RFe_3、R_6Fe_{23} 和 R_2Fe_{17} 四个金属间化合物，它们都是由包晶反应形成。变温截面图中含有一个共晶反应和四个包晶反应，共晶温度为 876℃，包晶温度分别为 1229℃、1272℃、1289℃ 和 1344℃。

图 3-23 为 Tb-Dy-Pr-Fe 四元系 $Tb_{0.25}Dy_{0.65}Pr_{0.1}$-Fe 变温截面的 Laves 相区[26]。$Tb_{0.25}Dy_{0.65}Pr_{0.1}$-Fe 变温截面的 Laves 相区与文献［22］报道的相似，但以少量的 Pr 替代 $(Tb,Dy)Fe_2$ 化合物中的 Tb 或 Dy 使 $(Tb,Dy,Pr)Fe_2$ 相区进一步向富稀土一侧偏移。

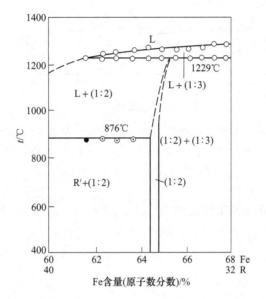

图 3-23　Tb-Dy-Pr-Fe 系（$Tb_{0.25}Dy_{0.65}Pr_{0.1}$）-Fe 变温截面的 Laves 相区
（1∶2 =（Tb,Dy,Pr）Fe_2，1∶3 =（Tb,Dy,Pr）Fe_3，R′=富稀土相）

图 3-24 为 Pr-Tb-Fe-Al 四元系相图的 $Pr_{0.8}Tb_{0.2}$-Fe-Al 富 Fe 区 1000℃ 等温截面[27]。它含有 6 个单相区：γ-Fe(Al)，α-Fe(Al)，FeAl，$(Pr,Tb)_2(Fe,Al)_{17}$，$(Pr,Tb)Fe_4Al_8$，$(Pr,Tb)(Fe,Al)_2$；11 个两相区：$(Pr,Tb)_2(Fe,Al)_{17}$ + α-Fe(Al)，$(Pr,Tb)_2(Fe,Al)_{17}$ + γ-Fe(Al)，$(Pr,Tb)_2(Fe,Al)_{17}$ + FeAl，$(Pr,Tb)_2(Fe,Al)_{17}$ + $(Pr,Tb)Fe_4Al_8$，$(Pr,Tb)_2(Fe,Al)_{17}$ + $(Pr,Tb)(Fe,Al)_2$，$(Pr,Tb)_2(Fe,Al)_{17}$ + L，$(Pr,Tb)(Fe,Al)_2$ + L，γ-Fe(Al) + α-Fe(Al)，α-Fe(Al) + FeAl，$(Pr,Tb)Fe_4Al_8$ + FeAl，$(Pr,Tb)Fe_4Al_8$ + $(Pr,Tb)(Fe,Al)_2$；5 个三相区：$(Pr,Tb)_2(Fe,Al)_{17}$ + γ-Fe(Al) + α-Fe(Al)，$(Pr,Tb)_2(Fe,Al)_{17}$ + $(Pr,Tb)Fe_4Al_8$ + FeAl，$(Pr,Tb)_2(Fe,Al)_{17}$ + $(Pr,Tb)Fe_4Al_8$ + $(Pr,Tb)(Fe,Al)_2$，$(Pr,Tb)_2(Fe,Al)_{17}$ + α-Fe(Al) + FeAl，$(Pr,Tb)_2(Fe,Al)_{17}$ + $(Pr,Tb)(Fe,Al)_2$ + L。截面含有一个赝三元化合物 $(Pr,Tb)Fe_4Al_8$，两个赝二元化合物 $(Pr,Tb)_2(Fe,Al)_{17}$

和(Pr, Tb)(Fe, Al)$_2$，其中 Fe 在(Pr, Tb)(Fe, Al)$_2$ Laves 相化合物中的溶解度（原子数分数）可达 10%。

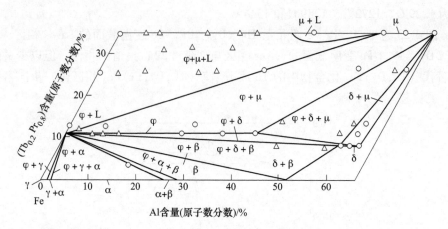

图 3-24　Pr-Tb-Fe-Al 四元系相图的（Pr$_{0.8}$Tb$_{0.2}$）-Fe-Al 富 Fe 区 1000℃等温截面

L— 液相；γ—γ-Fe(Al)；α—α-Fe(Al)；β—FeAl；φ—(Pr,Tb)$_2$(Fe,Al)$_{17}$；

δ—(Pr,Tb)Fe$_4$Al$_8$；μ—(Pr,Tb)(Fe,Al)$_2$

Tb-Dy-Pr-Fe-Al 五元系相图的 Tb$_{0.25}$Dy$_{0.65}$Pr$_{0.1}$-Fe-Al 富 Fe 区 1000℃的等温截面如图 3-25 所示[28]。它含有 9 个单相区 [γ: γ-Fe; α: α-Fe; Ψ$_1$: Th$_2$Ni$_{17}$ 型的 (Tb, Dy, Pr)$_2$Fe$_{17}$; Ψ$_2$: Th$_2$Zn$_{17}$ 型的 (Tb, Dy, Pr)$_2$Fe$_{17}$; Φ: Th$_6$Mn$_{23}$ 型的

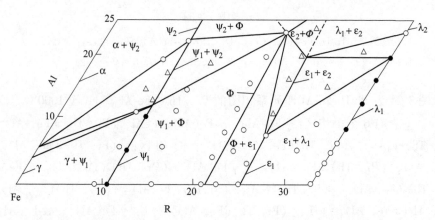

图 3-25　Tb-Dy-Pr-Fe-Al 五元系相图的 R-Fe-Al(R = Tb$_{0.25}$Dy$_{0.65}$Pr$_{0.1}$) 富 Fe 区 1000℃ 等温截面

γ—γ-Fe; α—α-Fe; Ψ$_1$—Th$_2$Ni$_{17}$ 型的(Tb,Dy,Pr)$_2$Fe$_{17}$; Ψ$_2$—Th$_2$Zn$_{17}$ 型的(Tb,Dy,Pr)$_2$Fe$_{17}$;

Φ—Th$_6$Mn$_{23}$ 型的(Tb,Dy,Pr)$_6$Fe$_{23}$; ε$_1$—PuNi$_3$ 型的(Tb,Dy,Pr)Fe$_3$; ε$_2$—CeNi$_3$ 型的

(Tb,Dy,Pr)Fe$_3$; λ$_1$—MgCu$_2$ 型的(Tb,Dy,Pr)Fe$_2$; λ$_2$—MgZn$_2$ 型的(Tb,Dy,Pr)Fe$_2$;

●— 单相区；○— 两相区；△— 三相区

$(Tb, Dy, Pr)_6 Fe_{23}$；ε_1：$PuNi_3$ 型的 $(Tb, Dy, Pr)Fe_3$；ε_2：$CeNi_3$ 型的 $(Tb, Dy, Pr)Fe_3$；λ_1：$MgCu_2$ 型的 $(Tb, Dy, Pr)Fe_2$；λ_2：$MgZn_2$ 型的 $(Tb, Dy, Pr)Fe_2$]。14 个两相区（$\gamma + \Psi_1$；$\alpha + \Psi_1$；$\gamma + \alpha$；$\alpha + \Psi_2$；$\Psi_1 + \Phi$；$\Phi + \varepsilon_1$；$\varepsilon_1 + \lambda_1$；$\lambda_1 + \lambda_2$；$\lambda_2 + \varepsilon_2$；$\varepsilon_2 + \lambda_1$；$\varepsilon_2 + \Phi$；$\Psi_2 + \Phi$；$\varepsilon_1 + \varepsilon_2$ 和 $\Psi_1 + \Psi_2$）。6 个三相区（$\gamma + \alpha + \Psi_1$；$\alpha + \Psi_1 + \Psi_2$；$\Psi_1 + \Psi_2 + \Phi$；$\Phi + \varepsilon_1 + \varepsilon_2$；$\varepsilon_1 + \varepsilon_2 + \lambda_1$；$\lambda_1 + \lambda_2 + \varepsilon_2$）。

3.2 磁致伸缩材料制备技术

磁致伸缩材料在室温下具有优异的磁致伸缩性能，因而在许多领域得到应用。如何制备出性能优良、成分稳定、成本低廉的磁致伸缩材料是材料工作者关心的课题。从 20 世纪 70 年代起，人们一直致力于材料制备技术的研究工作。先后发展了合金熔炼法和黏结法等制备稀土磁致伸缩材料。采用合金熔炼法制备的稀土磁致伸缩材料，还要经过热处理、外观检测、磨削、性能测试等工序，对于在频率较高条件下工作的材料，还要将材料切成薄片、之后组装成棒状材料。合金熔炼法制备稀土磁致伸缩材料的工艺过程如图 3-26 所示。

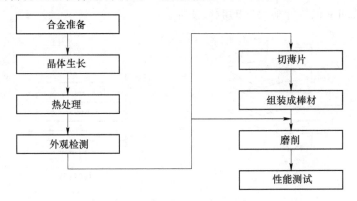

图 3-26　合金熔炼法制备稀土磁致伸缩材料的工艺过程

磁致伸缩材料只有在单晶体或在取向晶体的状态下，才具有较好的磁致伸缩性能。而当材料中存在第二相或晶体缺陷时都将使材料的磁致伸缩性能降低。在理想条件下，希望棒状材料的轴向沿择优取向方向，显微组织无晶界、无孪晶及其他缺陷，但实际上由于合金自身特性和凝固方法特点决定了获得理想的显微组织是很困难的。制备晶粒取向或孪单晶稀土磁致伸缩材料，目前主要有以下方法。

3.2.1 布里吉曼法

布里吉曼法（Bridgman）是将材料的母合金置于石英或 Al_2O_3 坩埚内，采用感应线圈加热，母合金整体熔化后自上而下地移出加热区，使其发生顺序凝固以形成定向凝固组织。感应线圈的移动速率和固液界面的温度梯度对固液界面形态、凝固组织和晶体取向具有重要影响。感应线圈的移动速率小于临界凝固速率时，固液界面以平面方式生长，无择优取向，如采用<111>取向的籽晶，可获得<111>取向的合金样品。但感应线圈的移动速率过慢，稀土金属挥发严重，组织中易析出 RFe_3 相，使合金的磁致伸缩降低。当感应线圈的移动速率大于临界凝固速率时，固液界面存在成分过冷，合金按枝晶或胞状长大方式生长，形成轴向为<112>方向的取向样品。尽管<112>方向偏离<111>方向 19.5°，如组织均匀，无 RFe_3 相析出，仍可获得磁致伸缩较大的材料。这种方法的主要问题是：(1) 稀土金属易于烧损；(2) 难以实现高的温度梯度，因而对凝固组织产生不利影响。

采用布里吉曼法制备的合金是以枝晶长大方式得到的许多薄片，薄片之间夹着稀土金属层，薄片内还有与薄片平行的孪晶边界[29]。枝晶薄片沿<112>方向长大，其平面与 {111} 晶面平行，其生长过程的示意图如图 3-27 所示。扫描电镜分析表明薄片内存在着高密度的堆垛层错，它们与孪晶界一样对畴壁运动产生钉扎，因而增加了磁致伸缩器件的能量损耗。

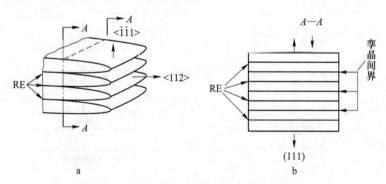

图 3-27　$Tb_{0.3}Dy_{0.7}Fe_2$ 枝晶生长示意图

a—立体图像，显示薄片沿生长方向为<112>，薄片平面为 {111}；

b—沿 A—A 截面，显示稀土金属层和孪晶间界

3.2.2　浮区法

浮区法（float zone）是将母合金棒置于浮区装置中，然后用一匝扁平感应线圈使 8~10mm 长度范围内的合金棒熔化，当感应线圈以一定的速率（如 138mm/h）由合金棒的一端移向另一端时，合金棒的每一部分都经历了由熔化到凝固的过程，因而合金棒内形成了层状的定向凝固组织。这种方法与布里吉曼法相比的主要优点是合金熔化时间短，这可显著减少稀土金属的烧损。但这种方法要求感应线圈的相对移动速率必须与加热功率、熔化区宽度、液相温度和液相表面张力等相配

合，因此在实际操作上更加困难。

目前用布里吉曼法和浮区法生长出的晶体是以枝晶长大方式得到的许多薄片，薄片之间夹着稀土层，薄片内还有与薄片平行的孪晶边界。枝晶薄片沿<112>方向生长，其平面与 {111} 平行，在生长过程中形成的片状枝晶示意图如图 3-28 所示[30]。电子显微镜分析表明，薄片内还存在高密度的堆垛层错，它们与孪晶界一样对畴壁运动产生钉扎作用，降低合金的磁致伸缩性能。采用浮区法和布里吉曼法制备的材料在不同压力下的磁致伸缩与磁场的关系如图 3-29 和图 3-30 所示。可见两种方法都可制备出低磁场下磁致伸缩性能优异的超磁致伸缩材料。相比之下，采用浮区法制备的材料在加压下具有更大的磁致伸缩。

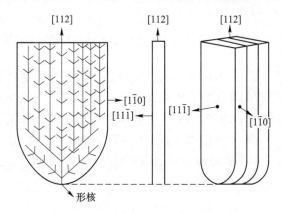

图 3-28 生长 $Tb_{0.27}Dy_{0.73}Fe_2$ 片状枝晶示意图

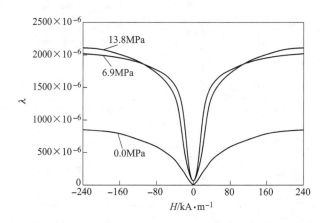

图 3-29 浮区法制备的 $Tb_{0.3}Dy_{0.7}Fe_{1.9}$ 材料的磁致伸缩与磁场关系曲线

$Tb_{0.73}Dy_{0.27}Fe_2$ 合金的磁致伸缩与工作温度有关，合金在室温或室温以上温度可表现出较好的性能。图 3-31 中示出了采用浮区法制备的 $Tb_{0.73}Dy_{0.27}Fe_2$ 合金棒在压应力和偏置磁场下磁致伸缩与温度的关系曲线。当温度从 0℃增加时，合

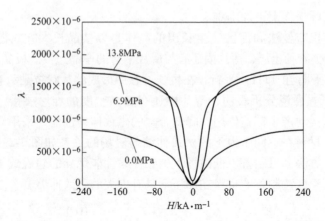

图 3-30　布里吉曼法制备的 $Tb_{0.3}Dy_{0.7}Fe_{1.9}$ 材料的磁致伸缩与磁场关系曲线

金的磁致伸缩缓慢下降。由单离子模型的磁致伸缩与温度的关系，可以发现 RFe_2 化合物的磁致伸缩随温度的增加而逐渐下降，这一结果被许多实验事实所证实。这是由于随温度的增加，RFe_2 化合物中的稀土亚点阵的磁矩降低，导致磁致伸缩下降的结果。当温度低于 $0℃$ 时，合金的磁致伸缩迅速下降。$Tb_{0.73}Dy_{0.27}Fe_2$ 合金的温度稳定性可以通过调整材料的化学成分得到改善。

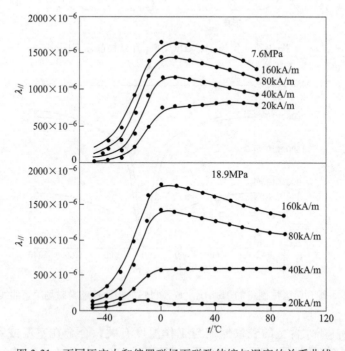

图 3-31　不同压应力和偏置磁场下磁致伸缩与温度的关系曲线

图 3-32 示出了采用浮区法制备的 $Tb_{0.73}Dy_{0.27}Fe_2$ 合金棒在不同偏置磁场时的能量输出与压应力的关系曲线。连接每条曲线上的最大值可画出一条曲线。偏置磁场一定时在这一曲线工作可得到最大的输出能量。并且，材料器件在这一曲线上工作时的能量输出受压应力变化的影响也最小。表 3-2 列出了在 40kA/m 磁场时 $Tb_{0.73}Dy_{0.27}Fe_2$ 合金的特性参数[20]。

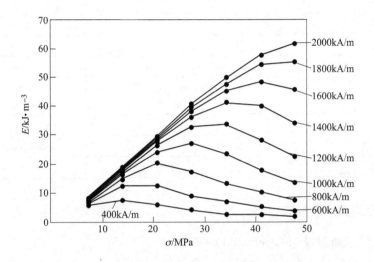

图 3-32　不同偏置磁场下输出能量 E 与应力 σ 的关系曲线

表 3-2　$Tb_{0.73}Dy_{0.27}Fe_2$ 合金的特性参数 （40kA/m）

特　性	符　号	单　位	数　值
密度	ρ	kg/m^3	9.25×10^3
杨氏模量	Y^H	N/m^2	$(2.5 \sim 3.5) \times 10^{10}$
	Y^B	N/m^2	$(5.0 \sim 7.0) \times 10^{10}$
声速	c^H	m/s	1.72×10^3
	c^B	m/s	2.45×10^3
磁导率	μ^T	H/A	$9.2 \times 4\pi \times 10^{-7}$
	μ^S	H/A	$4.5 \times 4\pi \times 10^{-7}$
d 系数	d	m/A	1.50×10^{-8}
g 系数	g	$1/T$	1.28×10^{-3}
耦合系数	k	—	$0.70 \sim 0.75$
电阻率	ρ_e	$\Omega \cdot m$	60×10^{-8}
阻抗	ρc^H	$g/(cm^2 \cdot s)$	1.57×10^7
	ρc^B	$g/(cm^2 \cdot s)$	2.27×10^7

特　性	符　号	单　位	数　值
频率常数	f^H1	Hz·m	$0.845×10^3$
	f^B1	Hz·m	$1.255×10^3$
体积模量		N/m²	$9×10^{10}$
抗拉强度		MPa	28
抗压强度		MPa	700
居里温度		℃	380
热膨胀率		℃$^{-1}$	$12×10^{-6}$
热导率		W/(cm·℃)（Tb）	0.1
		W/(cm·℃)（Fe）	1.0
磁化强度		T	1.0
磁致伸缩系数		—	$(1500～2000)×10^{-6}$
能量密度		J/m³	$(14～25)×10^3$

3.2.3　丘克拉尔斯基法

　　丘克拉尔斯基法（Czochralski）亦称为提拉法，它通常将一小晶粒（籽晶）固定在可旋转的、直径为 2mm 的钨棒上，然后插入母合金的熔体中，以一定的速率提拉籽晶，熔体便以籽晶为基底，用平面长大方式逐渐地长成较大的几个晶粒或单晶体，如图 3-33 所示。长大后的晶体取向与籽晶的取向一致，因此可利用籽晶的取向来获得<111>方向的合金材料。生长的 < 111 > 方向 $Tb_{0.3}Dy_{0.7}Fe_2$ 单晶体在不同晶轴方向上的磁致伸缩系数 λ 随外磁场的变化曲线如图 3-34 所示[31]，可见晶体的磁致伸缩是各向异性的。相比之下，在易磁化轴<111>方向，磁致伸

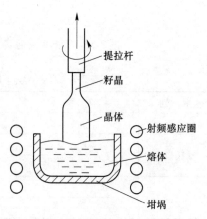

图 3-33　丘克拉尔斯基法生长
$Tb_{0.3}Dy_{0.7}Fe_2$ 晶体示意图

缩最大；<112>方向，磁致伸缩次之；<110>方向，磁致伸缩最小。图 3-35 示出了 $Tb_{0.3}Dy_{0.7}Fe_2$ 单晶体沿不同晶轴方向上的动态磁致伸缩系数 d_{33} 随偏置磁场的变化曲线。可见动态磁致伸缩 d_{33} 也是各向异性的，沿 $[11\bar{1}]$ 方向，动态磁致伸缩 d_{33} 在较低的偏置磁场下取得最大值。而沿 $[2\bar{1}1]$ 方向的动态磁致伸缩 d_{33} 在较高的偏置磁场下具有峰值。沿 [011] 方向的动态磁致伸缩 d_{33} 变换比较平缓，但

数值较小。图 3-36 示出了 $Tb_{0.3}Dy_{0.7}Fe_2$ 单晶体在 $(1\bar{1}0)$ 晶面观察的磁畴结构，当磁场 $H=640kA/m$、沿 $[\bar{1}\bar{1}2]$ 方向时，粉纹沿 $[111]$ 方向排列。

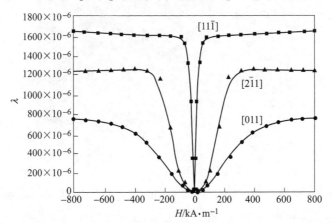

图 3-34　$Tb_{0.3}Dy_{0.7}Fe_2$ 单晶体沿不同晶体方向的磁致伸缩系数 λ 随外磁场的变化曲线

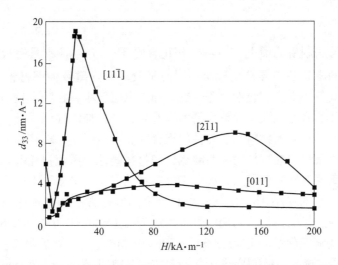

图 3-35　$Tb_{0.3}Dy_{0.7}Fe_2$ 单晶体沿不同晶体方向的动态磁致伸缩系数 d_{33} 随外磁场的变化曲线

　　丘克拉尔斯基法虽然能获得较大的等轴晶粒，但电镜分析发现，晶粒内含有魏氏组织和堆垛层错。在晶体生长过程中，为了保证样品在旋转提拉过程中的连续性和晶粒生长界面无成分过冷，提拉速度一般只有每秒几微米。提拉速度过低，不仅效率低、稀土金属烧损严重，而且还易析出 RFe_3 相及魏氏组织，导致样品的磁致伸缩降低。对稀土磁致伸缩材料制备而言，无论采用何种方法都难以得到大尺寸的单晶体。因此，为了提高材料的磁致伸缩性能，需从以下三个方面改进制备工艺：（1）使晶粒严格按<112>方向取向；（2）避免孪晶界的形成；

（3）制备沿<111>方向取向的晶体。

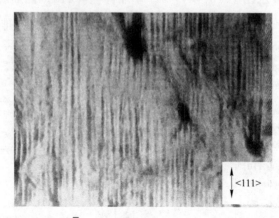

图 3-36　室温下在（1$\bar{1}$0）晶面观察到的 $Tb_{0.27}Dy_{0.73}Fe_2$ 单晶体磁畴结构

（磁场 H=640kA/m、沿 [$\bar{1}\bar{1}$2] 方向，粉纹沿 [111] 方向排列）

3.2.4　黏结法

采用区熔法制备的稀土-铁 Laves 相化合物 $Tb_{0.27}Dy_{0.73}Fe_2$ 具有很大的磁致伸缩，同时它的磁晶各向异性也较小，因而是较理想的磁致伸缩材料[32]。然而这种材料具有制备成本高、脆性大等问题，加之电阻较小，在频率较高的磁场中工作时材料内部的涡流较大，导致材料温度升高，磁致伸缩性能降低，限制了它的应用范围。由磁致伸缩材料和非磁性的聚合物、环氧树脂、玻璃等复合成的材料可以克服块体磁致伸缩材料的一些缺点，如材料脆性、涡流损耗等。复合磁致伸缩材料具有高频特性好的优点，适合于材料在动态驱动磁场下工作[33~35]。

文献 [36] 对黏结 $Tb_{1-x}Dy_xFe_2$ 棒状合金的制作方法和磁致伸缩特性进行了研究。在高纯氩气的保护下采用电弧炉熔炼 $Tb_{1-x}Dy_xFe_2$（$0.6 \leqslant x \leqslant 0.8$）合金，将合金锭在高纯氩气保护下进行 900℃、50h 均匀化退火。然后将合金磨成粉末，加入适量的黏结剂，在模压压力为 112MPa 下制成 ϕ10mm×20mm 或 ϕ10mm×40mm 的棒状样品。采用多参数磁测试仪测量样品的磁致伸缩、动态磁致伸缩参数和磁机械耦合系数等。

黏结 $Tb_{1-x}Dy_xFe_2$ 棒状合金样品的磁致伸缩与磁场的关系曲线如图 3-37 所示，其中 $\lambda_{//}$ 表示沿磁场方向（样品轴线方向）测得的磁致伸缩，$\lambda_{\perp}$ 表示垂直于磁场方向测得的磁致伸缩。当 x=0.7 或 0.73 时样品在低磁场下具有较高的磁致伸缩数值，可见在这一合金成分附近，$TbFe_2$ 和 $DyFe_2$ 的磁晶各向异性得到了很好的补偿，使得 $Tb_{0.3}Dy_{0.7}Fe_2$ 合金具有较高的低场磁致伸缩。当磁场为 300kA/m 时磁致伸缩（$\lambda_{//}$-$\lambda_{\perp}$）可达 910×10^{-6}。但在高磁场下（$H > 500kA/m$），

$Tb_{0.4}Dy_{0.6}Fe_2$ 合金具有更高的磁致伸缩，这是因为 $Tb_{0.4}Dy_{0.6}Fe_2$ 合金中含有较多的 Tb。当磁场为 800kA/m 时，除 $Tb_{0.4}Dy_{0.6}Fe_2$ 合金外，其他合金样品的磁致伸缩接近饱和，$(\lambda_{//}-\lambda_{\perp})$ 数值接近 1200×10^{-6}。可见采用粘接工艺制备的合金棒状样品具有较高的低场磁致伸缩和较大的饱和磁致伸缩。

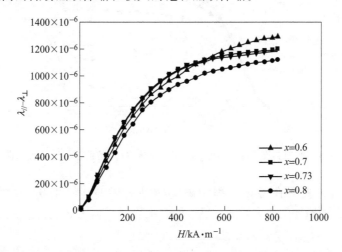

图 3-37　黏结 $Tb_{1-x}Dy_xFe_2$ 合金的磁致伸缩与磁场的关系曲线（293K）

图 3-38 为黏结 $Tb_{0.3}Dy_{0.7}Fe_2$ 棒状样品在不同温度时沿轴线方向的磁致伸缩 $\lambda_{//}$ 与磁场的关系曲线。测量时所选温度为 273K、293K、313K 和 333K。可以看出随着温度的升高，样品的磁致伸缩减小。当温度从 273K 升高到 293K、磁场 $H\leqslant$ 200kA/m 时，样品的磁致伸缩变化很小，之后随磁场的增加磁致伸缩逐渐降低。当温度从 293K 升高到 313K 时，温度的升高对合金样品的磁致伸缩性能影响增大。进一步升高温度，样品的磁致伸缩继续降低。因此，在实际应用中，温度升高对黏结材料的磁致伸缩性能的影响不可忽略。

研究表明预应力可增大 Terfenol-D 的磁致伸缩性能。预应力对黏结 $Tb_{0.3}Dy_{0.7}Fe_2$ 合金样品的磁致伸缩的影响如图 3-39 所示。当 $H\leqslant50$kA/m 时，施加应力对合金样品的磁致伸缩影响较小。当 $H>100$kA/m 时，施加应力对磁致伸缩影响较大，并且在 5 ~10MPa 范围内随着施加的应力增大，样品的磁致伸缩明显增大。文献 [37] 曾研究在应力作用下 Terfenol-D 合金的磁致伸缩与外磁场的关系，发现当 $H>100$kA/m、施加的应力小于 10MPa 时，随应力的增加合金的磁致伸缩显著增加。对在不同应力作用下的约化磁致伸缩 (λ/λ_s) 与约化磁化强度 (M/M_s) 的关系曲线研究表明（其中 λ_s 与 M_s 分别为饱和磁致伸缩和饱和磁化强度），当施加的应力较小时，较低的 (M/M_s) 值对应的 $(\lambda/\lambda_s)-(M/M_s)$ 关系曲线的斜率也较小，说明在此阶段磁化过程中畴壁移动占磁畴运动的份额较大。当施加的应力增大时，较低的 (M/M_s) 值对应的 $(\lambda/\lambda_s)-(M/M_s)$ 关系曲

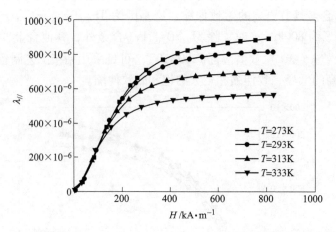

图 3-38　不同温度下黏结 $Tb_{0.3}Dy_{0.7}Fe_2$ 的磁致伸缩系数与磁场关系曲线

线的斜率增大，表明在磁化过程中磁畴转动占磁畴运动的份额增大。当 $H \leqslant$ 300kA/m 时，随施加的应力增加，磁致伸缩系数 λ 与磁场 H 的关系曲线斜率增大。

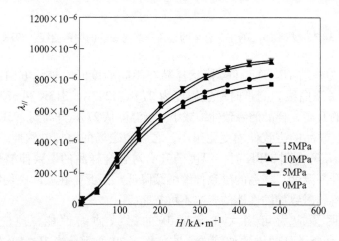

图 3-39　不同预应力时黏结 $Tb_{0.3}Dy_{0.7}Fe_2$ 的磁致伸缩系数与磁场的关系曲线（293K）

图 3-40 是黏结 $Tb_{1-x}Dy_xFe_2$ 合金样品的动态磁致伸缩系数 d_{33} 与磁场的关系曲线。动态磁致伸缩系数 d_{33} 在一定的偏置磁场下可取得峰值。当 $x=0.6$ 时，样品的动态磁致伸缩系数在 $H=85kA/m$ 时取得峰值，$d_{33}=2.68nm/A$。当 $x=0.7$ 和 0.8 时，在 $H=65kA/m$ 取得峰值，对应的动态磁致伸缩系数分别为 2.69nm/A 和 2.43nm/A。可见当 $x=0.7$ 时，合金样品不但具有较高的动态磁致伸缩系数，而且动态磁致伸缩系数峰值对应的偏置磁场较低。同时动态磁致伸缩系数峰值曲线较宽，意味着动态磁致伸缩系数在一定的偏置磁场范围内保持较高数值。Hudson 等[38] 报道了对黏结 $Tb_{0.3}Dy_{0.7}Fe_2$ 样品的动态磁致伸缩系数的研究结果，发现动

态磁致伸缩系数的峰值为 1.8nm/A。对黏结 $Tb_{0.3}Dy_{0.7}Fe_2$ 样品的增量磁导率 μ_{33} 的测量表明，当偏置磁场 H 为 14.8kA/m 时，棒材的增量磁导率 μ_{33} 为 2.84。

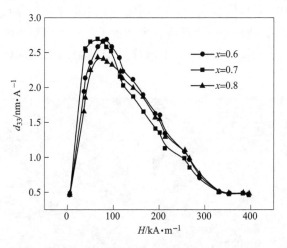

图 3-40　黏结 $Tb_{1-x}Dy_xFe_2$ 合金的动态磁致伸缩系数 d_{33} 与磁场的关系曲线 （293K）

样品的磁机械耦合系数 k_{33} 可以表示为

$$k_{33} = \sqrt{\frac{\pi^2}{8}\left(1 - \frac{f_r^2}{f_a^2}\right)} \tag{3-1}$$

式中，f_r 和 f_a 分别为合金样品的共振频率和反共振频率，可通过测试样品在不同偏置磁场下的阻抗频率曲线得到，进而应用式 3-1 计算出不同偏置磁场下的 k_{33} 值。由式 3-1 所确定的黏结 $Tb_{0.3}Dy_{0.7}Fe_2$ 样品的磁机械耦合系数 k_{33} 与偏置磁场 H 的关系曲线如图 3-41 所示。在偏置磁场 H 为 118kA/m 时，k_{33} 取最大值 0.4。

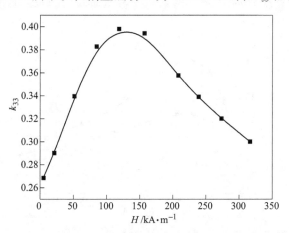

图 3-41　黏结 $Tb_{0.3}Dy_{0.7}Fe_2$ 磁机械耦合系数与偏置场强 H 的关系曲线 （293K）

　　文献［39］将［112］方向取向的 Terfenol-D 棒切成针状的、仍沿［112］取向的颗粒。颗粒的长度为 0.5~3mm，平均长宽比为 3.7，如图 3-42a 所示。采用乙烯基环氧树脂作为黏结剂在磁场（150kA/m）取向条件下制成取向的 Terfenol-D 复合材料。同时，他们还采用球磨技术制备了尺寸大小不一的、无规则的 Ter-fenol-D 颗粒，如图 3-42b 所示，采用同样黏结剂制成无取向的 Terfenol-D 复合材料。

 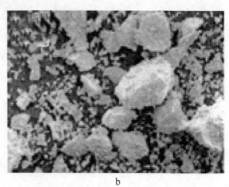

a　　　　　　　　　　　　　　b

图 3-42　Terfenol-D 颗粒的扫描电子显微镜照片
a—针状颗粒；b—尺寸大小不一的颗粒

　　图 3-43 示出了取向的 Terfenol-D 复合材料和无取向 Terfenol-D 复合材料在 1kHz 条件下的动态应变系数 d_{33} 与偏置磁场 H_{Bias} 的关系曲线。对于取向的 Terfenol-D 复合材料，动态应变系数 d_{33} 与随着偏置磁场的增加而增加，直到在偏置磁场为 30kA/m 附近达最大值约 5.5nm/A，之后随着偏置磁场的增加而降低。他们认为动态应变系数 d_{33} 与随着偏置磁场的增加而增加主要是来自于动态应变

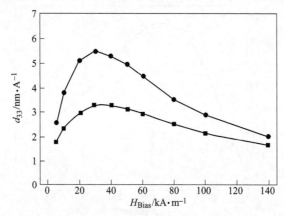

图 3-43　取向（●）和无取向（■）的 Terfenol-D 复合材料在 1kHz 条件下的
动态应变系数 d_{33} 与偏置磁场的关系曲线

增大的贡献，而动态应变的增大源于非180°的畴壁运动。在偏置磁场为30kA/m附近d_{33}达到最大值反映了非180°的畴壁的大量运动。动态应变系数d_{33}与随着偏置磁场的增加而降低主要是磁畴达到饱和。对于无取向的Terfenol-D复合材料，动态应变系数d_{33}与随着偏置磁场的变化趋势与取向的Terfenol-D复合材料相似，但动态应变系数d_{33}数值较小，且变化较小。动态应变系数d_{33}最大值约为3.3nm/A，与取向的Terfenol-D复合材料相比下降了67%。

Guo等[40]研究了黏结的$TbFe_2$复合材料的制备方法。他们将$TbFe_2$颗粒（100~300μm）与环氧树脂复合，采用冷压技术制备了不同体积分数的黏结$TbFe_2$复合材料。图3-44示出了不同体积分数的黏结$TbFe_2$复合材料的磁致伸缩与磁场的关系曲线。可见黏结$TbFe_2$复合材料的磁致伸缩随着体积分数的降低而降低。在800kA/m的磁场下，所有黏结$TbFe_2$复合材料的磁致伸缩并没有达到饱和。为了对比，图3-44还示出了体积分数为75%的黏结Terfenol-D复合材料的磁致伸缩与磁场的关系曲线。发现体积分数为75%的黏结Terfenol-D复合材料的磁致伸缩随磁场的增加而快速增加，并且其磁致伸缩高于具有同样体积分数的$TbFe_2$复合材料的磁致伸缩。这可能是$TbFe_2$的磁晶各向异性高于Terfenol-D的缘故[41]。

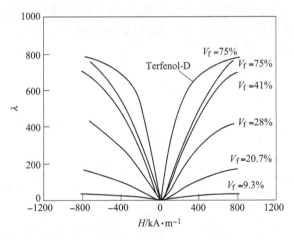

图3-44 不同体积分数V_f的黏结$TbFe_2$复合材料的磁致伸缩与磁场的关系曲线

图3-45示出了体积分数为50%的黏结$TbFe_2$复合材料在频率为70Hz、不同驱动磁场条件下的动态应变系数d_{33}与偏置磁场的关系曲线。发现在1~5kA/m的驱动磁场范围内，黏结$TbFe_2$复合材料的动态应变系数几乎重叠。在偏置磁场为150kA/m附近，$TbFe_2$复合材料的动态应变系数呈现出一个较宽的峰。$TbFe_2$复合材料与块体材料相比，要获得较大的动态应变系数需要更大的偏置磁场。

黏结$TbFe_2$复合材料的动态应变系数最大值及磁致伸缩最大值与体积分数的

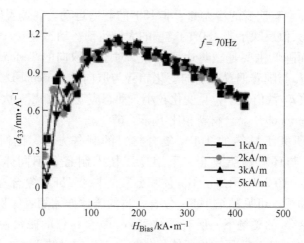

图 3-45　体积分数为 50% 的黏结 TbFe$_2$ 复合材料在频率为 70Hz、
不同驱动磁场条件下的动态应变系数 d_{33} 与偏置磁场的关系曲线

关系曲线如图 3-46 所示。动态应变系数 d_{33} 最大值与磁致伸缩饱和值 λ_s 表现出类似的变化关系，即当 $V_f < 40\%$ 时随体积分数 V_f 的增加而迅速增加，当 $V_f > 40\%$ 时，随体积分数 V_f 的增加变化较小。黏结 TbFe$_2$ 复合材料的动态应变系数最大值比块体 Terfenol-D 材料（约 4nm/A）和黏结 Terfenol-D 复合材料（$V_f = 82\%$ 时为 2.4nm/A）低很多。

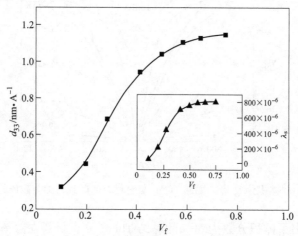

图 3-46　黏结 TbFe$_2$ 复合材料的动态应变系数 d_{33} 最大值及磁致伸缩
饱和值 λ_s 与体积分数的关系曲线

在不同的模压压力下，黏结 Sm$_{0.88}$Dy$_{0.12}$Fe$_2$ 合金样品的磁致伸缩与磁场的关系曲线如图 3-47 所示。实验时所用磁粉粒度小于 180μm，所加模压压力在 48～

144MPa 区间。为排除合金样品的各向异性影响，分别测试与磁场方向平行的磁致伸缩 $\lambda_{//}$ 和与磁场方向垂直的磁致伸缩 $\lambda_{\perp}$，然后得出磁致伸缩 $(\lambda_{//}-\lambda_{\perp})$。可见随着模压压力的增加，样品的磁致伸缩随之增大，到模压压力为 96MPa 时各磁场值的磁致伸缩均达到最大，此后随着模压压力的增加各磁场值的磁致伸缩均有所下降。

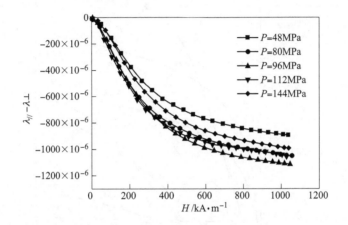

图 3-47　黏结 $Sm_{0.88}Dy_{0.12}Fe_2$ 合金的磁致伸缩与磁场的关系曲线

3.2.5　薄膜材料的制备与磁致伸缩性能

20 世纪末，许多研究者采用溅射方法制备了稀土-过渡金属非晶薄膜，并对薄膜的结构和磁致伸缩进行了研究。发现非晶薄膜具有良好的软磁性能，其在低磁场下的磁致伸缩性能显著提高，这对于磁致伸缩材料的实际应用具有重要意义[42,43]。磁致伸缩非晶薄膜材料的研究在当时已成为热点课题，人们对 Sm-Fe 和 Tb-Fe 及（Tb-Dy）-Fe 合金薄膜进行了详细的研究。通常采用直流磁控溅射或射频磁控溅射制备合金薄膜，在充入 0.4Pa 氩气、距离为 100mm 的多元靶的条件下，典型的溅射速度为 3μm/h。对于复合靶，在 300W 和 50mm 的距离时，溅射速度为 163μm/h。图 3-48 示出了 Tb_xFe_{100-x} 合金薄膜的磁致伸缩与磁场的关系曲线。当 $x=33$ 时，Tb_xFe_{1-x} 合金薄膜的磁致伸缩在较高磁场下取得最大值。溅射参数对 Tb-Fe 合金薄膜的磁致伸缩的影响如图 3-49 所示[17]，表明溅射电压和功率对合金薄膜的低场磁致伸缩具有显著影响。氩气压力为 0.4Pa、射频电压为 160V 和溅射功率为 300W 时，可以得到较好的磁致伸缩性能。

表 3-3 列出了几种典型的非晶薄膜材料的磁致伸缩。室温下 $Tb(Fe_{0.45}Co_{0.55})_{2.14}$ 合金薄膜具有最大的磁致伸缩，而 $SmFe_2$ 和 $(Tb_{0.27}Dy_{0.73})(Fe_{0.45}Co_{0.55})_2$ 合金薄膜的磁致伸缩相对较小。具有实用价值的稀土磁致伸缩材料主要是 Tb-Fe-Co 非晶

薄膜材料，这种材料不但居里温度高、磁致伸缩大，而且磁晶各向异性也小，因此具有广阔的应用前景。

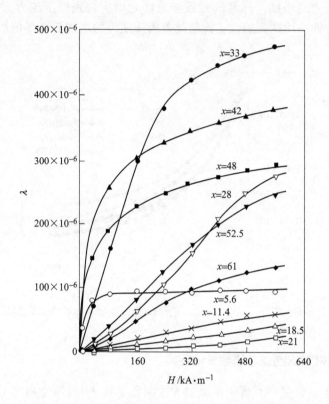

图 3-48　Tb_xFe_{100-x} 合金薄膜的磁致伸缩与磁场的关系曲线

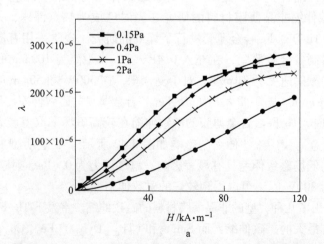

a

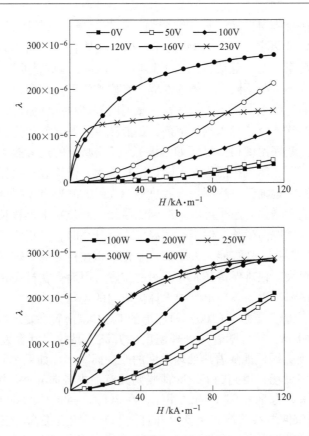

图 3-49 （$Tb_{0.3}Dy_{0.7}$）$_{0.42}Fe_{0.58}$ 合金薄膜的低场磁致伸缩与磁场的关系曲线

a—氩气压力（射频 160V，200W）；b—射频电压 160V(0.4Pa Ar，300W)；

c—DC 溅射功率（0.4Pa Ar，射频 160V）

表 3-3　几种稀土-过渡金属非晶薄膜的磁致伸缩

稀土薄膜材料	$\lambda_{//}-\lambda_{\perp}$	T_c/K	测量温度
$SmFe_2$	400×10^{-6}	460	室温
$Sm_{0.4}Fe_{0.6}$	$200\times10^{-6}(\lambda_{//})$	—	室温
（$SmFe_2$）$_{0.992}B_{0.008}$	660×10^{-6}	—	室温
$Tb_{0.45}Fe_{0.55}$	$430\times10^{-6}(\lambda_{//})$	—	室温
（$TbFe_2$）$_{0.98}B_{0.02}$	780×10^{-6}	—	室温
（$Tb_{0.3}Dy_{0.7}$）$_{33}Fe_{67}$	$500\times10^{-6}(\lambda_{//})$	—	室温
$Tb(Fe_{0.45}Co_{0.55})_{2.14}$	1020×10^{-6}	—	室温
（$Tb_{0.27}Dy_{0.73}$）（$Fe_{0.45}Co_{0.55}$）$_2$	495×10^{-6}	—	室温
$Pr_{0.2}Fe_{0.8}$	630×10^{-6}	—	77K

近年来，Fe-Ga 薄膜也受到了诸多研究者的关注。Fe-Ga 薄膜可由磁控溅射、分子束外延、电镀与化学镀等手段获得。磁控溅射是一种广泛应用的薄膜制作工

艺，成膜速度快且膜层致密、膜基结合强、工艺简单、重复性好、易于工业化，可以用来制备各种薄膜。Fe-Ga 薄膜的相结构与块体合金相同。但在薄膜沉积过程中，受到如功率、温度等诸多因素的影响，外加二维材料的形状特性，Fe-Ga 薄膜可能会表现出一些不同于块体的性能。在磁控溅射过程中，衬底温度与热处理温度都会影响衬底上沉积原子的迁移。溅射时提高衬底的温度，不但可以去掉衬底表面残留的气体及各种水汽、溶剂，还能减少膜基之间产生的应力，改善薄膜的晶化程度。基底温度很低时（如常温），沉积原子的迁移能较小，扩散能力也很弱，因而原子在所沉积的位置上随机形核长大，薄膜表现出任意取向的生长方式；当基底温度逐渐升高达到一定程度时（如 100~300℃ 范围），沉积原子在衬底上的迁移能力增强，原子可以扩散到能量较低的位置上形核长大，从而薄膜表现出一定的择优取向生长；但当衬底温度继续升高时，沉积原子在衬底上的活动能力将进一步增强，迁移能大大增加，原先沉积在衬底能量较低位置上的原子由于自身动能很大，很难保持其原有沉积的位置，因而会在衬底其他位置上形核长大，可能使得薄膜重新表现出一种无择优取向的生长方式。

　　王博文等[42]研究了在 Si(100) 衬底上的 $Fe_{81}Ga_{19}$ 薄膜，发现沉积态薄膜的晶粒尺寸为 50~60nm，并且随着热处理温度的升高，晶粒尺寸会发生增大。而薄膜剩磁 M_r/M_s 则会缓慢地随着热处理温度的改变而减小。如果在薄膜的沉积过程中在衬底上施加磁场，得到的 Fe-Ga 薄膜则具有面内各向异性。沉积态的 Fe-Ga 薄膜磁致伸缩系数为 50×10^{-6}，与之相比，在 300℃、400℃、500℃ 热处理后 Fe-Ga 薄膜饱和磁致伸缩系数均有降低，并且饱和磁场稍有提高。王博文等认为磁致伸缩的减小可能是由于退火过程中晶粒尺寸增大以及 DO_3 相的析出所致。Basumatary 等[44]研究了在 300~550℃ 温度区间 Si(100) 衬底上 Fe-Ga 薄膜结构、组织和磁性能。所用靶材的成分为 $Fe_{75}Ga_{25}$。随着衬底温度的增加，Fe-Ga 薄膜的方均根粗糙度 R_{rms} 不断地增加，最大达到 16nm，而在室温下沉积的 Fe-Ga 薄膜的方均根粗糙度只有 3nm。所有的薄膜都为单一的无序 A2 相，并且呈现出柱状晶的生长规律。与王博文等类似，Basumatary 等也观测到薄膜的晶粒尺寸会随着衬底温度的升高而增大。在 450℃ 下沉积的薄膜具有良好的软磁性能与磁致伸缩性能，矫顽力只有约 160A/m，饱和磁致伸缩系数为 200×10^{-6}。同样 Raveendran 等[45]也做出了类似的报道，他们也研究了 Si(100) 衬底上直流溅射的 $Fe_{73}Ga_{27}$ 薄膜，并给出不同温度下 Fe-Ga 薄膜中颗粒尺寸的分布模型，如图 3-50 所示。随着衬底温度的增加，Fe-Ga 颗粒与晶粒的尺寸不断地增大。在较高的衬底温度下，结晶度较高的薄膜中同时存在着 B2 和 $L1_2$ 相。随着生长温度的升高，薄膜形貌由包含很多颗粒的球形团簇向单一的颗粒转变。王博文、Basumatary 与 Raveendran 等都在研究中认为不论是溅射过程中的基片温度还是热处理温度，都会在不同程度上改变薄膜的颗粒尺寸，进而影响到薄膜的矫顽力、磁致伸缩性能与各向异性。

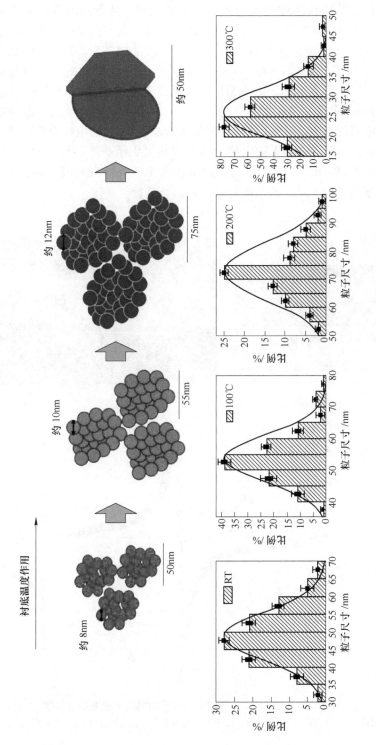

图 3-50 不同衬底温度下 $Fe_{73}G_{27}$ 薄膜的形貌的演变过程

由于具有良好的磁致伸缩性能与较低的偏置磁场，随着磁电器件的研究深入，Fe-Ga 块体与薄膜材料被迅速地应用于磁电器件。具有代表性的 Fe-Ga 薄膜磁电器件截面结构与磁电耦合系数如图 3-51 所示。从图 3-51a 中的器件截面可见，磁电器件由 Fe-Ga 薄膜、压电（PZT）薄膜和 Si 悬臂梁构成，在偏置磁场 H_{dc} 和激励磁场 H_{ac} 作用下工作。图 3-51b 为薄膜磁电器件截面的扫描电镜图像，Fe-Ga 薄膜和压电（PZT）薄膜的厚度为 1.5μm。图 3-51c 为薄膜磁电器件的磁电耦合系数随偏置磁场 H_{dc} 的变化曲线，可见偏置磁场 H_{dc} 对磁电耦合系数具有很大影响，在 720A/m 偏置磁场下磁电耦合系数取得最大值。图 3-51c 中的插图表示，当激励磁场 H_{ac} 的频率为 333Hz 时，磁电耦合系数取得最大值。表 3-4 列举出了在不同时期设计的 Fe-Ga 薄膜磁电器件和耦合系数[46~48]。

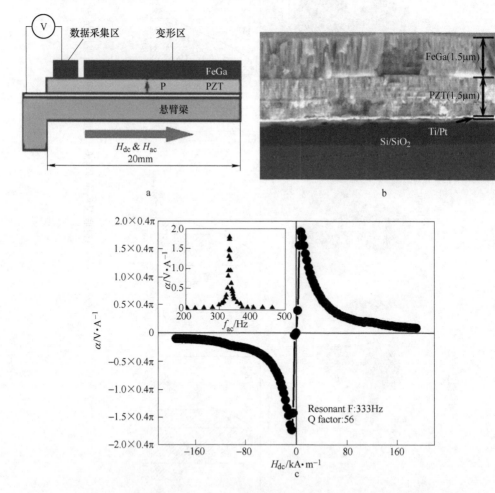

图 3-51　具有代表性的 Fe-Ga 薄膜磁电器件截面结构与磁电耦合系数
a—器件结构；b—器件截面扫描电镜图像；c— 磁电耦合系数随偏置磁场 H_{dc} 的变化曲线

表 3-4　不同时期 Fe-Ga 薄膜磁电器件的设计与耦合系数

编号	年份	磁电器件	磁电系数/$V \cdot A^{-1}$
1	2005	Fe-Ga/PMN-PT	87.5
2	2005	Fe-Ga/PZT	82.5
3	2009	Fe-Ga/0.69PMN-0.31PT	10.875
4	2009	Fe-Ga/PZT/Si 悬臂梁	1.6
5	2010	Fe-Ga/BOT/Fe-Ga	0.036
6	2010	Fe-Ga/PZT	0.75
7	2015	FeCuNbSiB/Fe-Ga/PZT	2.984

Zhang 等[49]制备了 Fe-Ga/Pb($Mg_{1/3}Nb_{2/3}$)-PbTiO$_3$ 异质结，并通过电场的施加来调控 Fe-Ga 的磁性能，剩磁 M_r/M_s 与矫顽力 H_c 调控率最高分别可达 34% 和 29.5%，如图 3-52a 所示。Parkes 等[50]在 PMN-PT 衬底上沉积了 150μm 的 Fe-Ga 薄膜，如图 3-52b 所示，通过 PMN-PT 在电场下的电致伸缩效应来调控 Fe-Ga 薄膜的磁化方向与磁畴结构。由于具有立方磁各向异性和高的饱和磁致伸缩，外延 $Fe_{81}Ga_{19}$ 薄膜中可实现电压诱导的非易失性开关。Parkes 等还观测到在电场作用下，磁化过程的转换通过磁畴壁的运动来完成。詹清峰等[51]同样利用电致伸缩效应产生的应力来调控 Fe-Ga 薄膜的磁性能，如图 3-52c 所示，所不同的是詹清

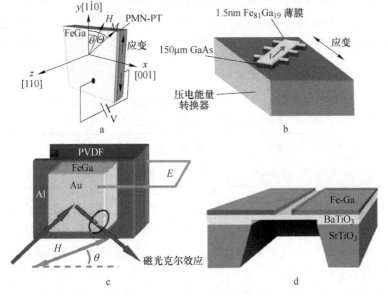

图 3-52　可实现电场调控 Fe-Ga 薄膜磁电器件

a—Fe-Ga/PMN-PT 器件；b—Fe-Ga/GaAs/PMN-PT 器件；

c—Au/Fe-Ga/PVDF 器件；d— Fe-Ga/BaTiO$_3$/SrTiO$_3$ 器件

峰等选用了 PVDF 柔性衬底。PVDF 的应力也可对 Fe-Ga 薄膜的矫顽力、方形度、剩磁等实现近线性的调控。在图 3-52d 中，Brintlinger 等[52] 在 Fe-Ga/BaTiO$_3$/SrTiO$_3$ 器件中，用洛伦兹显微镜观测到了静态直流电场对 Fe-Ga 薄膜磁畴结构的控制与反转过程。

3.3　磁致伸缩材料的热处理

3.3.1　材料的热处理

　　磁致伸缩材料的性能与材料的显微结构有很大关系，而随后的热处理可以改善合金的显微组织，减少合金的缺陷，同时又可以减少材料内部存在的应力，因此，经过上述方法制备的材料通常要进行热处理。

　　表 3-5 列出了孪单晶 Tb$_x$Dy$_{1-x}$Fe$_y$ 样品热处理前后的磁致伸缩系数 λ 和应变系数的最大值 $(\mathrm{d}\lambda/\mathrm{d}H)_{\max}$。从表 3-5 可见，热处理后样品的磁致伸缩系数 λ 和应变系数的最大值 $(\mathrm{d}\lambda/\mathrm{d}H)_{\max}$ 明显增大，尤其是当 Fe 的含量大于 1.95 时。研究发现，在相同条件下重复进行热处理，或者改变热处理时间，如从 1h 到 4d，或者改变热处理冷却方式，如从炉冷到空冷，对样品的磁致伸缩 λ 和应变系数的最大值 $(\mathrm{d}\lambda/\mathrm{d}H)_{\max}$ 影响不大。表 3-6 列出了取向多晶 Tb$_{0.3}$Dy$_{0.7}$Fe$_{1.9}$ 样品热处理前后的磁致伸缩系数 λ 和应变系数的最大值 $(\mathrm{d}\lambda/\mathrm{d}H)_{\max}$，表 3-6 中的结果与表 3-5 中的孪单晶 Tb$_{0.3}$Dy$_{0.7}$Fe$_2$ 样品的结果非常相近，即热处理后样品的磁致伸缩系数 λ 和应变系数的最大值 $(\mathrm{d}\lambda/\mathrm{d}H)_{\max}$ 增大，但不同样品之间的性能有些差别。

表 3-5　孪单晶 Tb$_x$Dy$_{1-x}$Fe$_y$ 样品热处理前后的磁致伸缩系数 λ
和应变系数的最大值 $(\mathrm{d}\lambda/\mathrm{d}H)_{\max}$

样品	$\lambda(200\mathrm{kA/m},\ 6.9\mathrm{MPa})$		$(\mathrm{d}\lambda/\mathrm{d}H)_{\max}(6.9\mathrm{MPa})/\mathrm{m}\cdot\mathrm{A}^{-1}$		x	y
	热处理前	热处理后	热处理前	热处理后		
1	1570×10^{-6}	1890×10^{-6}	15×10^{-9}	190×10^{-9}	0.318	1.963
2	1590×10^{-6}	1900×10^{-6}	20×10^{-9}	312.5×10^{-9}	0.316	1.982
3	1190×10^{-6}	1893×10^{-6}	6.25×10^{-9}	72.5×10^{-9}	0.310	1.963
4	1560×10^{-6}	1810×10^{-6}	27.5×10^{-9}	66.3×10^{-9}	0.318	1.922
5	1510×10^{-6}	1650×10^{-6}	30×10^{-9}	37.5×10^{-9}	0.314	1.918
6	1510×10^{-6}	1470×10^{-6}	21.3×10^{-9}	26.3×10^{-9}	0.310	1.897

表 3-6　取向多晶 $Tb_{0.3}Dy_{0.7}Fe_{1.9}$样品热处理前后的磁致伸缩系数 λ 和
应变系数的最大值 $(d\lambda/dH)_{max}$

样品	λ(200kA/m, 6.9MPa)		$(d\lambda/dH)_{max}$(6.9MPa)/m·A^{-1}	
	热处理前	热处理后	热处理前	热处理后
1	$1100×10^{-6}$	$135011.3×10^{-6}$	$21.3×10^{-9}$	
2	$1420×10^{-6}$	$1650×10^{-6}$	$17.5×10^{-9}$	$38.8×10^{-9}$
3	$1100×10^{-6}$	$1530×10^{-6}$	$20×10^{-9}$	$38.8×10^{-9}$
4	$1400×10^{-6}$	$1430×10^{-6}$	$20×10^{-9}$	$37.5×10^{-9}$

　　在不同的热处理温度下得到的磁致伸缩系数与磁场的关系曲线如图 3-53 所示。当热处理温度从 850℃ 升高到 900℃ 时，样品的磁致伸缩得到显著改善。磁致伸缩系数在低磁场下快速增加的现象称为"跳跃"，表明当热处理高于 850℃ 时，合金的磁致伸缩出现了"跳跃"，并且"跳跃"不是随着温度的增加逐渐出现的，而是在 850~900℃ 区间突然发生的。跳跃是由大量偏离样品轴向方向的磁畴突然转向与磁场相近的方向的结果，说明热处理可以减弱畴壁的钉扎，或减小磁畴转动所需的驱动力，导致在磁场的作用下，大量的磁畴同时发生转动。

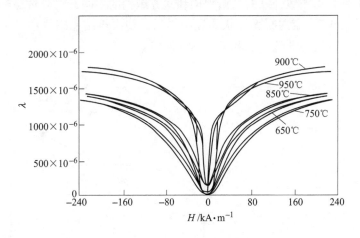

图 3-53　不同热处理温度下的磁致伸缩与磁场的关系曲线（6.69MPa）

　　在 900℃、24h 的条件下退火所得到的机械耦合系数与偏置磁场的关系如图 3-54 所示。很明显退火后样品的机械耦合系数显著增加。

　　袁超等[53]研究了添加 0.1%（原子数分数）NbC 的定向凝固 Fe-Ga 轧制样品在不同热处理阶段的饱和磁致伸缩性能，如图 3-55 所示。初次再结晶 Fe-Ga 薄片饱和磁致伸缩性能接近 $90×10^{-6}$，而相同条件下的锻造多晶轧制试样，初次再结

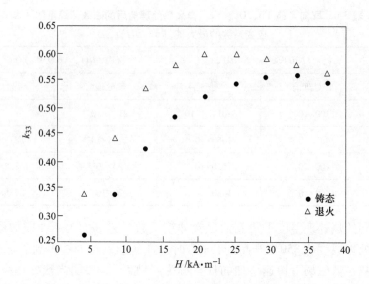

图 3-54　$Dy_{0.73}Tb_{0.27}Fe_2$ 合金的机械耦合系数与偏置磁场的关系

晶样品饱和磁致伸缩性能在 $70×10^{-6}$ 附近。其主要原因在于其初次再结晶织构的不同，特别是利于磁致伸缩的高斯织构和立方织构的不同，将导致磁致伸缩性能的差异，见表 3-7，定向凝固柱状晶轧制样品，初次再结晶织构中，利于磁致伸缩的立方织构接近为锻造多晶轧制样品的两倍。

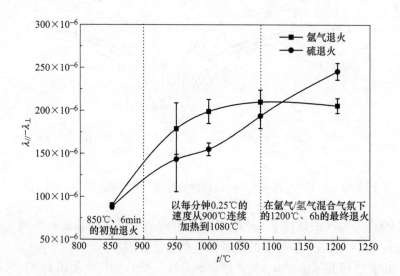

图 3-55　柱状晶 $Fe_{83}Ga_{17}$-0.1%NbC 轧制薄片不同热处理阶段饱和磁致伸缩

表 3-7 连续升温热处理及最终热处理完成后轧制薄片的饱和磁致伸缩系数

热处理状态		$Fe_{83}Ga_{17}$		$(Fe_{83}Ga_{17})_{99.9}(NbC)_{0.1}$	
		$\lambda_{/\!/}-\lambda_\perp$	误差	$\lambda_{/\!/}-\lambda_\perp$	误差
1080℃	氩气退火	156.3×10^{-6}	$\pm9.1\times10^{-6}$	210.0×10^{-6}	$\pm14.0\times10^{-6}$
	硫退火	143.0×10^{-6}	$\pm16.0\times10^{-6}$	193.7×10^{-6}	$\pm14.2\times10^{-6}$
1200℃	氩气退火	179.8×10^{-6}	$\pm16.2\times10^{-6}$	205.8×10^{-6}	$\pm8.6\times10^{-6}$
	硫退火	156.8×10^{-6}	$\pm10.2\times10^{-6}$	245.6×10^{-6}	$\pm9.7\times10^{-6}$

赵亚陇[54]等研究了定向凝固 $Co_{70}Fe_{30}$ 合金的热处理对磁致伸缩性能的影响。将 $Co_{70}Fe_{30}$ 薄片在 700~900℃ 热处理 9d 后冷却至室温的磁致伸缩性能如图 3-56 所示。对于随炉冷却的样品的磁致伸缩性能随热处理温度变化的波动并不明显。当热处理温度为 700~880℃ 时，样品的磁致伸缩性能变化不大，维持在 125×10^{-6} 左右；当热处理温度升高至 900℃ 时，样品的磁致伸缩性能下降到 115×10^{-6} 左右。

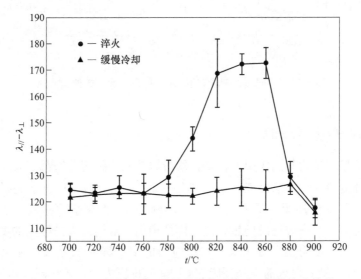

图 3-56 $Co_{70}Fe_{30}$ 合金的磁致伸缩性能随热处理温度变化曲线

相比较于随炉冷却样品，淬火样品的磁致伸缩性能随热处理温度变化的波动更加明显。当热处理温度为 700~760℃ 时，磁致伸缩性能稳定维持在 125×10^{-6} 左右。当热处理温度为 780℃ 时，样品的磁致伸缩性能开始变大。当热处理温度为 820~860℃ 时，样品获得最大的磁致伸缩系数为 180×10^{-6}。当热处理温度进一步升高至 880℃，磁致伸缩性能急剧下降至 130×10^{-6}。当热处理温度升高至 900℃ 时，样品的磁致伸缩性能下降到 115×10^{-6} 左右。图 3-57 是不同热处理状态下 $Co_{70}Fe_{30}$ 合金的磁致伸缩曲线，热处理温度为 860℃。热处理之前样品的饱和磁致

伸缩系数约为 130×10^{-6}，随炉冷却样品的饱和磁致伸缩系数约为 134×10^{-6}，淬火冷却样品的饱和磁致伸缩系数约为 180×10^{-6}。淬火冷却样品的饱和磁致伸缩性能比热处理前和缓慢冷却样品的饱和磁致伸缩系数高出将近40%。

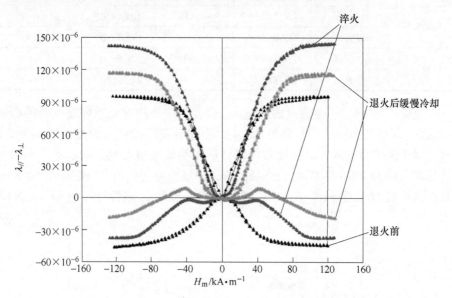

图 3-57　　不同热处理状态下 $Co_{70}Fe_{30}$ 合金的磁致伸缩曲线

3.3.2　材料的磁场热处理

在温度与磁场的共同作用下，合金的组织结构和磁畴分布都将发生变化，进一步影响合金的磁致伸缩性能。磁场热处理对 $Dy_{0.73}Tb_{0.27}Fe_2$ 合金的磁致伸缩性能的影响如图 3-58 所示。退火在 950℃、1000kA/m 的磁场下进行，磁场方向与棒材轴向垂直。与未进行磁场热处理的样品相比，磁场退火的样品的磁致伸缩发生了一些变化。很明显，对于未施加压应力的退火样品的磁致伸缩出现了"跳跃"。而未经过磁场退火的样品当施加 6MPa 的压应力时，才出现"跳跃"现象。随着压应力的增加，磁场热处理对样品的磁致伸缩"跳跃"的影响变小，当压应力为 10MPa 时，磁场热处理对样品磁致伸缩的作用几乎消失。磁场热处理可以改变合金的各向异性。经磁场热处理、未施加压应力的样品的磁致伸缩相当于未经磁场热处理，但施加 4MPa 压应力的水平。

图 3-59 示出了磁场热处理前后 $Dy_{0.73}Tb_{0.27}Fe_2$ 合金的磁感应强度与磁场的关系曲线。磁场热处理使合金低磁场下的磁感应强度变小，而对高磁场下的磁感应强度影响较小。使用图 3-59 中 *B-H* 曲线拐点对应的磁场表示合金的各向异性场，可从 *λ-H* 曲线确定各向异性场对应的磁致伸缩系数 λ_k，从而得到合金的各向异

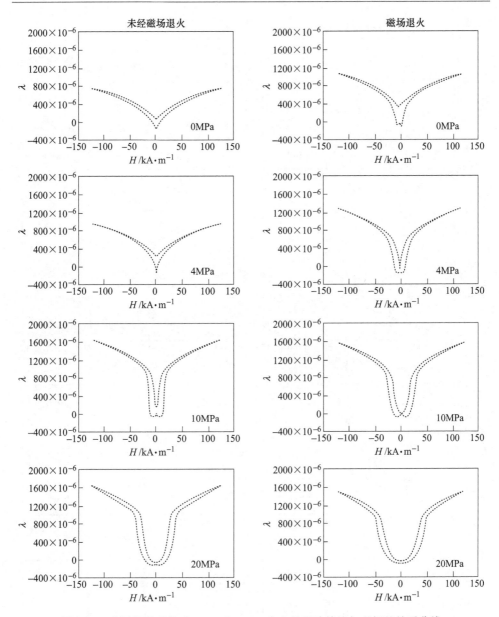

图 3-58 磁场热处理前后 $Dy_{0.73}Tb_{0.27}Fe_2$ 合金的磁致伸缩与磁场的关系曲线

性能约为 $\dfrac{3}{2}\lambda_k\sigma$。计算得到的 $Dy_{0.73}Tb_{0.27}Fe_2$ 合金的各向异性能与预加压应力的关系曲线如图 3-60 所示。可见磁场退火后使合金的各向异性能显著增加。

2011 年，Zheng 等[55]研究了磁场热处理对烧结钴铁氧体磁性能和磁致伸缩性能的影响。AFA 样品为磁场热处理后的样品，ZFA 样品作为对比样品，它的处

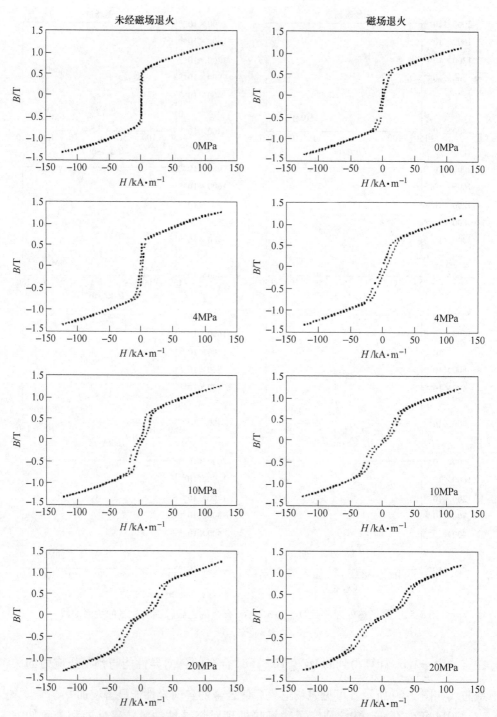

图 3-59　磁场热处理前后 $Dy_{0.73}Tb_{0.27}Fe_2$ 合金的磁感应强度与磁场的关系曲线

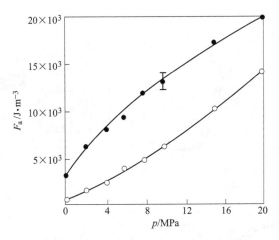

图 3-60 Dy$_{0.73}$Tb$_{0.27}$Fe$_2$ 合金的各向异性能与预加压应力的关系曲线

理工艺与 AFA 工艺相同，仅是在退火处理时不加磁场。图 3-61 所示为磁场热处理前后磁性能的变化，可见经过磁场热处理后在平行和垂直于热处理方向的两个方向上磁性能出现各向异性，这一感生各向异性被认为是高温退火时外磁场与自旋磁矩相互作用造成的。图 3-62 所示分别为样品磁场热处理前后磁致伸缩性能的变化，ZFA 样品的 λ_s 为 -194×10^{-6}，而 AFA 样品的 λ_s 为 -273×10^{-6}，提高了约 41%，磁场处理的效果非常明显。另外，国内外学者还广泛研究了粉末粒径分布、压制成型工艺、烧结工艺、普通热处理工艺等因素[56,57]对钴铁氧体微观组织和磁致伸缩性能的影响，这对于进一步优化钴铁氧体制备工艺、提高磁致伸缩性能、寻找新的突破方向意义重大。

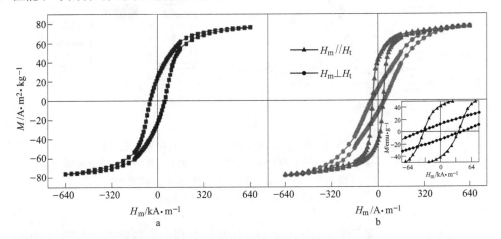

图 3-61 磁场热处理前后钴铁氧体磁性能对比

a—磁场热处理前；b—磁场热处理后

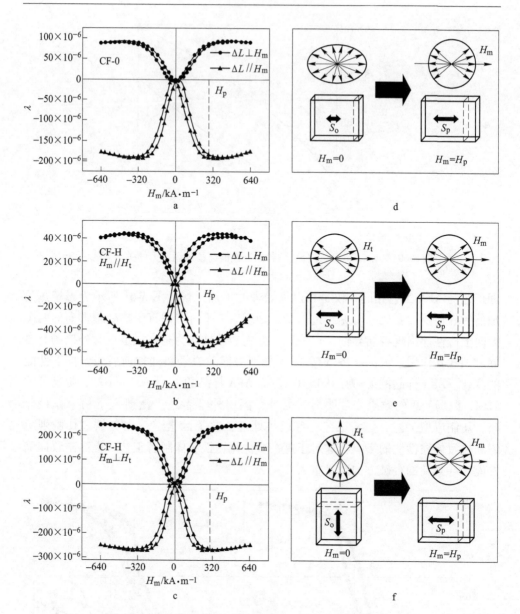

图 3-62　磁场热处理前后钴铁氧体（CF）磁致伸缩性能对比

a—ZFA（常规热处理）样品；b—AFA（磁场热处理）样品，测试方向平行于热处理磁场方向；

c—AFA（磁场热处理）样品，磁场方向垂直于热处理磁场方向

H_m—测试磁场强度；H_t—热处理磁场强度

王继全等[58]研究了钴铁氧体 $CoFe_2O_4$ 磁场热处理前后磁致伸缩性能的变化，如图 3-63 所示。其中 0 号样品为不施加磁场条件下注浆成型，1 号样品为施加 2T 磁场下取向 30s 注浆成型。从图 3-63 中可以看出，首先对于无取向的 0 号样

品，其磁致伸缩性能较低，λ_s 约为 -150×10^{-6}，饱和场为 80kA/m。经过磁场热处理后，λ_s 提高到 -240×10^{-6}，提高了 60%，磁场热处理对于无取向样品磁致伸缩的提高较为明显。对于 1 号取向样品，经过制备工艺的优化，磁致伸缩性能得到显著提高，λ_{max} 约为 -420×10^{-6}，同时磁致伸缩饱和场降低至小于 80kA/m。经过磁场热处理后，1 号样品的 λ_{max} 提高到 -564×10^{-6}，提高了 33%，这个性能是目前报道的多晶钴铁氧体的最高值。材料的磁致伸缩主要来自磁畴的 90°畴转，180°畴转则无贡献。磁场热处理后，磁矩可以克服磁晶各向异性的阻力，沿磁场热处理方向进行择优排列，提高了 90°畴的比例，从而提高材料的磁致伸缩性能。

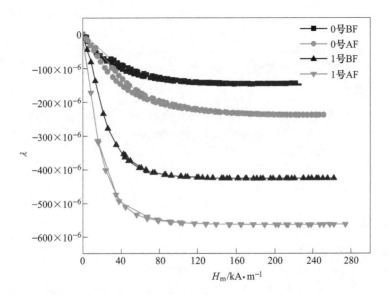

图 3-63　磁场热处理对钴铁氧体 $CoFe_2O_4$ 磁致伸缩性能的影响

BF—磁场热处理前；AF—磁场热处理后

　　钴铁氧体在作为应力传感器时，有时 $(d\lambda/dH)_{max}$ 是比 λ_s 更有价值的参数。磁场热处理对 $(d\lambda/dH)_{max}$ 的影响如图 3-64 所示。由图中可见磁场热处理可以不同程度提高 $(d\lambda/dH)_{max}$，对于 1 号取向多晶样品的提升尤为明显。这主要得益于磁场热处理在提高饱和磁致伸缩值的同时降低了饱和场，这两个效果的叠加有助于获得更高的 $(d\lambda/dH)_{max}$。目前针对磁场热处理提高磁致伸缩性能的机制只能从唯象角度进行解释，即磁场热处理改变了体系自由能量在空间中的分布，诱导出感生各向异性。关于磁场热处理改变初始磁畴结构的直接证据，磁场热处理诱导的感生各向异性对磁畴分布及对磁致伸缩效应的作用机制还有待研究。

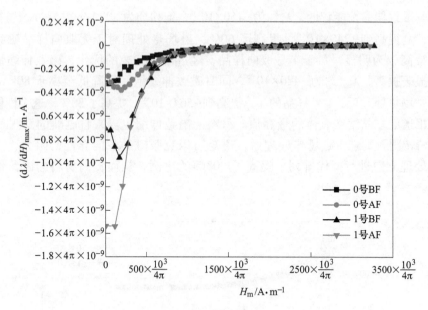

图 3-64　磁场热处理前后钴铁氧体 $CoFe_2O_4$ 的 $(d\lambda/dH)_{max}$-H 曲线

BF—磁场热处理前；AF—磁场热处理后

参 考 文 献

［1］ Cullen J, Clark A, Wun-Fogle M, et al. Magnetoelasticity of Fe-Ga and Fe-Al alloys ［J］. Journal of Magnetism and Magnetic Materials, 2001, 226: 948~949.

［2］ Clark A E, Hathaway K B, Wun-Fogle M, et al. Extraordinary magnetoelasticity and lattice softening in bcc Fe-Ga alloys ［J］. Journal of Applied Physics, 2003, 93 (10): 8621~8624.

［3］ Grosdidier T, Suzon E, Wagner F. Primary recrystallization in an ODS FeAl alloy: an effective way to modify texture and microstructure ［J］. Intermetallics, 2004, 12 (6): 645~654.

［4］ Matsushita M, Matsushima Y, Ono F. Anomalous structural transformation and magnetism of Fe-Ga alloys ［J］. Physica B: Condensed Matter, 2010, 405 (4): 1154~1161.

［5］ Wuttig M, Dai L, Cullen J. Elasticity and magnetoelasticity of Fe-Ga solid solutions ［J］. Applied Physics Letters, 2002, 80 (7): 1135~1137.

［6］ Lograsso T A, Ross A, Schlagel D, et al. Structural transformations in quenched Fe-Ga alloys ［J］. Journal of Alloys and Compounds, 2003, 350 (1-2): 95~101.

［7］ Khachaturyan A, Viehland D. Structurally heterogeneous model of extrinsic magnetostriction for Fe-Ga and similar magnetic alloys: Part I. Decomposition and confined displacive transformation ［J］. Metallurgical and Materials Transactions A, 2007, 38 (13): 2308~2315.

［8］ Mudivarthi C, Laver M, Cullen J, et al. Origin of magnetostriction in Fe-Ga ［J］. Journal of

Applied Physics, 2010, 107 (9): 09A957.

[9] Massalski T B. Binary Alloy Phase Diagrams [M]. Ohio: ASM International, 1992.

[10] Jen S, Chen G. Magnetostriction of Fe-rich Fe-Co and Fe-V alloys [J]. Journal of Magnetism and Magnetic Materials, 1999, 204 (3): 165~170.

[11] Ching W Y, Xu Y N. Magnetic structure and Fe moment distribution in rare-earth iron intermetallic compounds by first-principles calculations [J]. Journal of Magnetism and Magnetic Materials, 2000, 209 (1-3): 28~32.

[12] Lee B H, Ahn B S, Kim D G, et al. Microstructure and magnetic properties of nanosized Fe-Co alloy powders synthesized by mechanochemical and mechanical alloying process [J]. Materials Letters, 2003, 57 (5-6): 1103~1110.

[13] Ustinovshikov Y, Pushkarev B. Ordering and phase separation in alloys of the Fe-Co system [J]. Journal of Alloys and Compounds, 2006, 424 (1-2): 145~151.

[14] Okamoto H. Phase Diagrams For Binary Alloys [M]. Ohio: ASM International, 2010.

[15] Zhou Y, Wang B, Li S, et al. Phase diagram of the iron-rich portion in the iron-gallium-aluminum ternary system [J]. International Journal of Materials Research, 2008, 99 (3): 251~256.

[16] Srisukhumbowornchai N, Guruswamy S. Large magnetostriction in directionally solidified FeGa and FeGaAl alloys [J]. Journal of Applied Physics, 2001, 90 (11): 5680~5688.

[17] 王博文, 曹淑瑛, 黄文美. 磁致伸缩材料与器件 [M]. 北京: 冶金工业出版社, 2008.

[18] Landgraf F J, Schneider G S, Villas-Boas V, et al. Solidification and solid state transformations in Fe-Nd: A revised phase diagram [J]. Journal of the Less Common Metals, 1990, 163 (1): 209~218.

[19] Brandes Eric A. Metals Reference Book [M]. Sixth Edition. Butterworths: Smithells, 1983.

[20] Göran Engdahl. Handbook of Giant Magnetostrictive Materials [M]. Sa Diego: Academic Press, 2000.

[21] Massalski Thaddeus B, Hiroaki O, Subramansan P. Binary Alloy Phase Diagrams [M]. 2nd Edition. Ohio: ASM International. 1990.

[22] Westwood P, Abell J, Pitman K. Phase relationships in the Tb-Dy-Fe ternary system [J]. Journal of Applied Physics, 1990, 67 (9): 4998~5000.

[23] Mei W, Okane T, Umeda T. Phase diagram and inhomogeneity of (TbDy)-Fe(T)(T= Mn, Co, Al, Ti) systems [J]. Journal of Alloys and Compounds, 1997, 248 (1-2): 132~138.

[24] Landin S, Agren J. Calculation of Tb-Dy-Fe ternary system [J]. J. Alloys Comp., 1994, 207: 449~453.

[25] Wang B W, Wu C H, Chuang Y Z, et al. Investigation of R-Fe pseudobinary system (R = $Dy_{0.65}Tb_{0.25}Pr_{0.1}$) [J]. Acta Metallurgica Sinica, 1996, 9: 109~112.

[26] Wang B W, Wu C H, Chuang Y Z. Study of R-Fe pseudobinary system in Laves phase region (R= $Dy_{0.65}Tb_{0.25}Pr_{0.1}$) [J]. Journal of Materials Science and Technology, 1996, 12: 119~123.

[27] Wu C H, Zhong X P, Jin X M, et al. Phase diagram of the Fe-rich portion of the R-Fe-Al pseudoternary system (R = $Pr_{0.8}Tb_{0.2}$) [J]. Zeitschrift für Metallkunde, 1996, 87 (1): 72~76.

［28］ 王博文, 吴昌衡, 庄育智, 等. R-Fe-Al 赝三元系富 Fe 区相图的研究 (R = $Dy_{0.65}Tb_{0.25}Pr_{0.1}$)
　　　［J］. 中国科学: E 辑, 1996, 26 (2): 109~115.

［29］ 刘炜丽, 王博文, 孙德志, 等. R-Fe-Co 赝三元相图 800℃ 等温截面测定 (R = $Sm_{0.5}Ho_{0.5}$)
　　　［J］. 材料科学与工艺, 2006, 14 (3): 258~260.

［30］ 钟文定. 稀土压磁材料［J］. 中国稀土永磁, 1993, 1 (2): 1~9.

［31］ Jiles D. The development of highly magnetostrictive rare earth-iron alloys ［J］. Journal of Physics
　　　D: Applied Physics. 1994, 27 (1): 1~10.

［32］ Wang B, Busbridge S, Li Y, et al. Magnetostriction and magnetization process of $Tb_{0.27}Dy_{0.73}Fe_2$
　　　single crystal ［J］. Journal of Magnetism and Magnetic Materials, 2000, 218 (2-3): 198~202.

［33］ Zhao R, Wang B W, Li Y F, et al. Mechanical-magneto coupled model of polymer-bonded
　　　magnetostrictive composites ［J］. Functional Materials, 2016, 23 (3): 450~456.

［34］ Zhao R, Wang B W, Huang W M, et al. High frequency magnetic properties of polymer-
　　　bonded Tb-Dy-Ho-Fe fiber composites ［J］. Ferroelectrics, 2018, 530: 51~59.

［35］ Zhao R, Wang B W, Cao S Y, et al J. Effect of Ho doping and annealing on magnetostrictive
　　　properties of Tb-Dy-Ho-Fe/epoxy composites ［J］. Chemical Engineering Transactions, 2016,
　　　55: 301~306.

［36］ Wang B W, Li S Y, Yan R G. Investigation of magnetostrictive properties for epoxy bonded Tb-
　　　Dy-Fe composites ［J］. Journal of Rare-earths, 2003, 21: 155~158.

［37］ 李淑英. 黏结稀土-铁巨磁致伸缩材料的制备工艺与磁特性研究 ［D］. 天津: 河北工业
　　　大学, 2002.

［38］ Hudson J, Busbridge S, Piercy A. Magnetomechanical coupling and elastic moduli of polymer-
　　　bonded Terfenol composites ［J］. Journal of Applied Physics, 1998, 83 (11): 7255~7257.

［39］ Or S, Nersessian N, McKnight G, et al. Dynamic magnetomechanical properties of ［112］ -
　　　oriented Terfenol-D/epoxy 1-3 magnetostrictive particulate composites ［J］. Journal of Applied
　　　Physics, 2003, 93 (10): 8510~8512.

［40］ Guo Z, Busbridge S C, Zhang Z, et al. Dynamic magnetic and magnetoelastic properties of ep-
　　　oxy-$TbFe_2$ composites ［J］. Journal of Magnetism and Magnetic Materials, 2002, 239 (1-3):
　　　554~556.

［41］ Zhao R, Wang B W, Cao S Y, et al. Magnetostrictive and Magnetic Properties of
　　　$Tb_{0.29}Dy_{0.48}Ho_{0.23}Fe_{1.9}$ Fiber/Epoxy Composites ［J］. Journal of Magnetics, 2018, 23 (2):
　　　280~284.

［42］ Wang B, Li S, Zhou Y, et al. Structure, magnetic properties and magnetostriction of $Fe_{81}Ga_{19}$
　　　thin films ［J］. Journal of Magnetism and Magnetic Materials, 2008, 320 (5): 769~773.

［43］ Yu S P, Wang B W, Zhang C G, et al. Finite element analysis of displacement actuator based
　　　on giant magnetostrictive thin film ［J］. AIP Advances, 2018, 8: 056637.

［44］ Basumatary H, Chelvane J A, Rao D S, et al. Influence of substrate temperature on structure,
　　　microstructure and magnetic properties of sputtered Fe-Ga thin films ［J］. Journal of Magnetism
　　　and Magnetic Materials, 2015, 384: 58~63.

［45］ Raveendran N L, Pandian R, Murugesan S, et al. Phase evolution and magnetic properties of

DC sputtered Fe-Ga (Galfenol) thin films with growth temperatures [J]. Journal of Alloys and Compounds, 2017, 704: 420~424.

[46] Zhao P, Zhao Z, Hunter D, et al. Fabrication and characterization of all-thin-film magnetoelectric sensors [J]. Applied Physics Letters, 2009, 94 (24): 243507.

[47] Hamashima M, Saito C, Nakamura M, et al. Evaluation of High-sensitivity FeGa/PZT stacked-layer magnetic sensor [J]. IEEJ Transactions on Sensors and Micromachines, 2011, 131: 322~326.

[48] Yang C, Li P, Wen Y, et al. Large magnetoelectric effect in FeCuNbSiB/FeGa/PZT multilayer composite at low optimum bias [J]. IEEE Transactions on Magnetics, 2014, 50 (11): 1~4.

[49] Zhang Y, Wang Z, Wang Y, et al. Electric-field induced strain modulation of magnetization in Fe-Ga/Pb($Mg_{1/3}$ $Nb_{2/3}$)-$PbTiO_3$ magnetoelectric heterostructures [J]. Journal of Applied Physics, 2014, 115 (8): 084101.

[50] Parkes D, Cavill S, Hindmarch A, et al. Non-volatile voltage control of magnetization and magnetic domain walls in magnetostrictive epitaxial thin films [J]. Applied Physics Letters, 2012, 101 (7): 072402.

[51] Zuo Z, Zhan Q, Dai G, et al. In-plane anisotropic converse magnetoelectric coupling effect in FeGa/polyvinylidene fluoride heterostructure films [J]. Journal of Applied Physics, 2013, 113 (17): 17C705.

[52] Brintlinger T, Lim S H, Baloch K H, et al. In situ observation of reversible nanomagnetic switching induced by electric fields [J]. Nano letters, 2010, 10 (4): 1219~1223.

[53] Yuan C, Li J, Zhang W, et al. Secondary recrystallization behavior in the rolled columnar-grained Fe-Ga alloys [J]. Journal of Magnetism and Magnetic Materials, 2015, 391: 145~150.

[54] Zhao Y, Li J, Liu Y, et al. Magnetostriction and structure characteristics of $Co_{70}Fe_{30}$ alloy prepared by directional solidification [J]. Journal of Magnetism and Magnetic Materials, 2018, 451: 587~593.

[55] Zheng Y, Cao Q, Zhang C, et al. Study of uniaxial magnetism and enhanced magnetostriction in magnetic-annealed polycrystalline $CoFe_2O_4$ [J]. Journal of Applied Physics, 2011, 110 (4): 043908.

[56] Muhammad A, Sato-Turtelli R, Kriegisch M, et al. Large enhancement of magnetostriction due to compaction hydrostatic pressure and magnetic annealing in $CoFe_2O_4$ [J]. Journal of Applied Physics, 2012, 111 (1): 013918.

[57] Mohaideen K K, Joy P. High magnetostriction parameters for low-temperature sintered cobalt ferrite obtained by two-stage sintering [J]. Journal of Magnetism and Magnetic Materials, 2014, 371: 121~129.

[58] Wang Jiquan, Gao Xuexu, Yuan Chao, et al. Magnetostriction properties of oriented polycrystalline $CoFe_2O_4$ [J]. Journal of Magnetism and Magnetic Materials, 2016, 401: 662~666.

4　磁致伸缩材料特性与测试

‹‹

　　磁致伸缩测试仪器是在磁致伸缩材料出现以后发展起来的。这些仪器专门用于测试磁致伸缩材料的各种磁参数和电参数，如磁致伸缩系数、磁滞回线、压磁系数、增量磁导率、磁机械耦合系数、棒材频率阻抗特性等。

　　计算机技术的发展也推动了磁致伸缩测试技术的发展。由于计算机特别是个人机以及外围控制与采集技术的发展，用计算机代替人在测量过程中完成控制及检测已经在磁致伸缩测试技术中得到应用。磁致伸缩材料如 Tb-Dy-Fe、Fe-Ga、Fe-Co-V 等合金已经批量生产，并且应用不同的磁致伸缩材料设计了各种各样的器件，如电-声换能器、传感器、微位移致动器等[1~3]。在器件设计过程中，设计者不仅要确定材料的静态磁特性参数，而且还要根据需要掌握材料的低频或高频磁特性参数。

4.1　磁致伸缩材料特性

4.1.1　磁致伸缩

　　磁致伸缩材料的形状可为棒状、片状、丝状、圆盘状和薄膜等，可根据测试样品的形状选择测试磁致伸缩的方法。常用的磁致伸缩测试方法主要有电阻应变法、三端电容法和小角转动法。电阻应变法是一种将磁致伸缩引起的相对形变，通过应变片转化为电阻变化的方法，即通过测量电阻的变化，间接计算出材料的磁致伸缩。三端电容法是将样品的磁致伸缩转换为电容器两极板之间的距离变化的测试技术，它常用于测试小样品和薄膜材料的磁致伸缩。小角转动法是通过测试样品饱和直流偏置磁场 $H_{//}$ 和施加的应力 τ，经计算得到样品的饱和磁致伸缩 λ_s，它主要用于测试非晶带样品的磁致伸缩。对于稀土-铁磁致伸缩材料，常用电阻应变法测试样品的磁致伸缩，这里主要介绍电阻应变法。

　　采用电阻应变法测试样品的磁致伸缩时，首先要将电阻应变片粘贴在样品上。应变片是一种将长度变化转化为电阻变化的传感器。由于形变电阻丝粘在两层绝缘纸片之间，因而形变电阻丝电阻的相对变化与样品长度的相对变化成正比。常用的应变片的灵敏系数约为 2，电阻为 120 Ω。如测试样品是棒状的，要在棒的两端垫塑料软板，同时用桌钳夹住，在其上面喷上脱脂液，擦干净后，用加有水基酸表面清洁液的 1000 号砂纸仔细打磨。然后再用碱性表面水基清洁液除去表面的酸性清洁液和微细砂粒。之后可将应变片放在黏合胶带上，用一个小物品黏少量的快干胶涂到应变片上，静置大约 1min，用指力去压应变片与样品之间的黏合剂。这样在样品与应变片之间就形成了一层黏合剂薄膜，在胶带撤去之前，压力要维持 2min 左右。

当把贴有应变片的样品放入磁场时，在磁场的作用下样品产生磁致伸缩 $\Delta L/L$，磁致伸缩引起应变片的电阻 R 变化，当 $\Delta L/L$ 较小（< 0.01）时，电阻的相对变化 $\Delta R/R$ 可表示为

$$\frac{\Delta R}{R} = K \frac{\Delta L}{L} \tag{4-1}$$

式中，R 和 K 分别为应变片的阻值和灵敏系数；L 为样品的长度。

磁致伸缩引起的应变片的电阻变化是非常微小的，可用惠斯登电桥法实现这种检测，如图 4-1 所示[4]。R_1 为黏在样品上的应变片电阻，R_2 为相同应变片的电阻。r 是并联在 R_2 上的大阻值的电位器，用于调节电桥的平衡。电桥的一对顶点接直流电源；另一对顶点接检测仪表。如果考虑温度补偿问题，则将 R_2 黏在与样品形状大小相同的非磁性金属表面上，并且与样品并排放置在磁场中，使它们处于相同的温度环境。

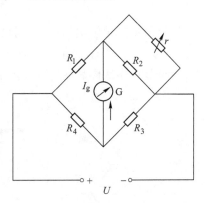

图 4-1 测量磁致伸缩的惠斯登电桥

用非平衡电桥来测量电阻的改变时，可以证明，当电阻的变化比较小时，流经检流计 G 的电流强度正比于 ΔR_1。

根据直流电桥理论流经电桥中检流计的电流 I_g 为

$$I_g = \frac{U(R_1 R_3 - R_2 R_4)}{R_g(R_1 + R_2)(R_3 + R_4) + R_1 R_2(R_3 + R_4) + R_3 R_4(R_1 + R_2)} \tag{4-2}$$

式中，R_g 为检流计的内阻；U 为电桥两端的电压。通常电桥的 R_3 和 R_4 也都接同样型号的应变片，这样会使电桥的灵敏度处于最高的状态。样品磁化前首先调节电位器 r 使电桥达到平衡，这时 $I_g = 0$，$R_1 = R_2 = R_3 = R_4 = R$。考虑样品磁化时由于磁致伸缩使 R_1 增大 ΔR，变为 $R + \Delta R$，式 4-2 为

$$\begin{aligned}
I_g &= \frac{U[(R + \Delta R)R - R^2]}{R_g(2R + \Delta R) \times 2R + R^2(2R + \Delta R) + 2R^2(R + \Delta R)} \\
&= U \frac{\Delta R/R}{4(R + R_g) + (2R_g + 3R)\Delta R/R}
\end{aligned} \tag{4-3}$$

由于 ΔR 较小，可略去 $(2R_g + 3R)\Delta R/R$ 一项，得到

$$I_g = \frac{U}{4(R_g + R)} \times \frac{\Delta R}{R} \tag{4-4}$$

将式 4-4 代入式 4-1, 得

$$\lambda = \frac{\Delta L}{L} = \frac{1}{K} I_g \frac{4(R + R_g)}{U} \tag{4-5}$$

当采用高灵敏数字电压表检测电压时, 由于其电阻非常大, 即 $R_g \gg R$, 式 4-4 中 R 可以忽略, 桥路检测电压表两端的电压 V 为

$$V = \frac{U}{4} \times \frac{\Delta R}{R} \tag{4-6}$$

由式 4-1, 磁致伸缩系数 λ 为

$$\lambda = \frac{4}{K} \times \frac{V}{U} \tag{4-7}$$

所以只要有足够灵敏的检流计或数字电压表, 就可以应用式 4-5 或式 4-7 测出样品的磁致伸缩。图 4-2 为采用电阻应变法测试得到的磁致伸缩材料 (Terfenol-D) 棒状样品的应变 λ 与磁场 H 的关系曲线[5]。

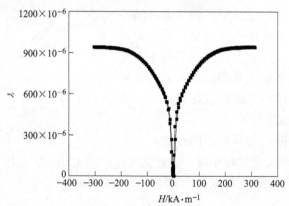

图 4-2　磁致伸缩材料棒状样品的磁致伸缩系数 λ 与磁场 H 之间的关系曲线

4.1.2　磁感应强度

将绕有测量线圈的棒状样品置于磁场中, 由磁通计可以测得在一定时间内通过测量线圈的磁通 Φ。则样品的磁感应强度为

$$B = \frac{\Phi}{NS} \tag{4-8}$$

式中, Φ 为穿过测量线圈的磁通; N 为线圈匝数; S 为线圈面积。

磁场强度 H 由高斯计经霍尔探头测得, 经过计算机的实时采样和处理便可得到超磁致伸缩材料 (Terfenol-D) 棒状样品的磁感应强度与磁场的关系曲线, 测量结果如图 4-3 所示。由所测得的磁滞回线, 可以确定材料的剩余磁感应强度 B_r 及矫顽力 H_c。

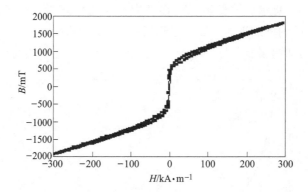

图 4-3　磁致伸缩材料棒状样品的磁感应强度 B 与磁场强度 H 的关系曲线

在磁感应强度测量时应注意以下方面：

（1）磁通计放大器的温漂。由于测量磁通的信号是对时间的积分信号，所以放大器的温漂将影响到整个测量过程。为了消除测量过程中的温漂对测量信号的影响，可采取准确调零、等待磁通计信号稳定再开始测量等措施。

（2）测量线圈。由于测量线圈是由漆包线绕制而成，线圈的直径应当取线圈的内径和漆包线的直径之和。测量线圈既有面积，又有长度，线圈在纵向方向上不免会产生漏磁，漏磁的存在会影响磁通的测量。

（3）磁场测量误差。磁场测量误差主要来自于霍尔片的位置。当霍尔片与磁场方向完全垂直时，霍尔片输出信号最大。为了克服这一问题，应使霍尔片处在与磁场方向完全垂直的位置，并处于磁场的均匀区中。

4.1.3 磁导率

通常采用 B 线圈测量材料的静态磁导率。测量时要仔细将样品放在两个磁极之间。样品与极头之间的间隙会产生很强的退磁效应，从而影响测量结果。另外，如果样品被夹得太紧，则样品的应变将受到应力的作用。应在极头与样品的端面加上绝缘塑料胶带，并使样品与极头之间可以相对滑动。

在所施加的磁场 H 作用下，磁导率 μ_{start} 可以由下式得出：

$$\mu_{\mathrm{star}} = \frac{B}{\mu_0 H} \tag{4-9}$$

式中，B 为磁感应强度，单位为特斯拉，单位符号为 T；μ_0 为真空磁导率（$4\pi \times 10^{-7}$ H/m）；H 为磁场强度，单位为安培/米，单位符号为 A/m。磁场 H 由霍尔探头测量，磁感应强度 B 通过线圈匝数、线圈面积、比例系数、磁通量计算得到。当样品的平均直径为 5.98mm，B 线圈的面积 A_B 为 2.81×10^{-5} m²，匝数为 15 匝，测得的磁致伸缩材料（Terfenol-D）棒状样品的静态磁导率 μ_{star} 与磁场强度 H 的关系曲线如图 4-4 所示。可见当磁场强度 $H \leqslant 200\text{kA/m}$ 时，材料的静态磁导率 μ_{star} 随磁场强度 H 的增加迅速降低；当磁场强度 $H > 200\text{kA/m}$ 时，静态磁导率 μ_{star} 随磁场强度 H 增加而缓慢降低。

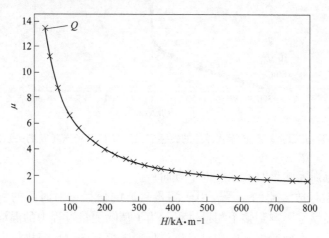

图 4-4　材料的静态磁导率 μ_{star} 与磁场强度 H 的关系曲线

4.2　静态特性测试

4.2.1　静态特性测试系统

　　磁致伸缩材料特性自动测量系统实现了棒材或小样品（直径小于 5mm）磁致伸缩材料的多种常用参数的测试[5,6]，根据测量需要可以产生较大的磁场（100~400kA/m），该系统如图 4-5 所示。测试系统包括硬件和软件两部分。硬件

图 4-5　磁致伸缩材料特性自动测试系统

部分包括计算机、控制柜、电磁铁及测试装置、直流磁场稳流电源。其中控制柜上安装有锁相放大器、交流功率电源、测量及控制单元、恒流电源、应变仪、磁强计、磁通计等。应用锁相放大器，实现了微弱交流小信号的高精度测量。整个硬件部分实现了测试系统信号产生、放大和测量。软件 HDCCC 是以 Windows 为操作平台，以 Visual C++为开发工具开发的应用程序。通过 HDCCC 程序对外部硬件的控制、信号采集、处理与显示来完成各种参数自动化的测试，如测量磁致伸缩，在参数设定完成后，计算机可以控制磁场，实现自动测试。

4.2.2 静态特性测试与分析

对于饱和磁场较高的磁致伸缩棒材（如 Terfenol-D），图 4-5 所示的磁致伸缩材料特性自动测试系统可以测试静态磁致伸缩系数 λ 与磁场强度 H 的关系曲线、磁感应强度 B 与磁场强度 H 曲线、压磁系数 d_{33} 与磁场强度 H 的变化曲线、棒材的频率阻抗特性，通过对以上参数的分析与计算可以得到样品的磁机耦合系数。图 4-2 为利用磁致伸缩材料特性自动测试系统测量得到的 Terfenol-D 棒状样品的应变随磁场强度变化曲线。

对于饱和磁场较低的棒状、片状或者块状磁致伸缩材料（如 Fe-Ga、Fe-Ni 等合金）[7~9]，可以用图 4-6 所示的低饱和磁场磁致伸缩材料特性测试系统测量不同预应力下静态磁致伸缩 λ 与磁场强度 H 的关系曲线、磁感应强度 B 与磁场强度 H 曲线[10,11]。该系统由励磁线圈、导磁回路、上下不锈钢帽、上下导磁体以及棒状磁致伸缩材料构成[12]。励磁线圈用于产生激励磁场，使用玻璃纤维板构成线圈外骨架。导磁回路由硅钢片叠加而成，相邻硅钢片之间涂抹环氧树脂，减小涡流损耗，这构成了磁路的主要部分。上下导磁体用于将导磁回路中的磁场传导到铁镓棒中，采用相对磁导率为 200 的导磁性钢材。测量时，磁致伸缩材料的直径最大为 10mm，长度最大为 36mm。两个线圈产生方向相同的磁场，经导磁回路在上导磁体处聚集，经过磁致伸缩棒状样品后通过下导磁体流回[13,14]。

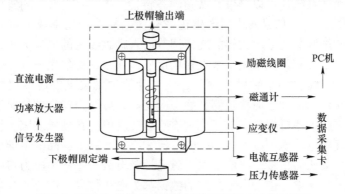

图 4-6 低饱和磁场磁致伸缩材料特性测试系统示意图

　　图 4-7 为用低饱和磁场磁致伸缩材料特性测试系统测量得到的不同预应力下棒状 Fe-Ga 合金的静态应变随磁场变化曲线[15]。同一预应力下随着磁场的增加静态应变逐渐增大，到达一定值后曲线趋于平稳。0MPa 时，磁场强度在 1～3kA/m 时，应变的变化幅度较大且趋向于线性变化，1MPa 时，线性变化区间为 2～4kA/m，6MPa 时为 7～9kA/m，即线性区间段随着预应力的增加向右移动且线性区间段的斜率近似相同。

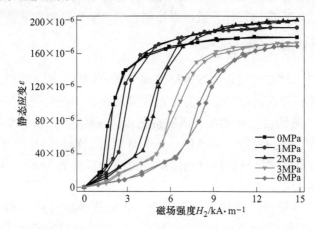

图 4-7　不同预应力下棒状 Fe-Ga 合金静态应变随磁场的变化曲线图

4.3　低频动态特性测试

4.3.1　低频动态特性测试系统

　　对于磁致伸缩材料（如 Terfenol-D），图 4-5 所示的磁致伸缩材料特性自动测量系统还可以测量增量磁导率、动态磁致伸缩系数、棒材的阻抗频率特性、柔顺系数、磁机耦合系数等。对于低饱和磁场的磁致伸缩材料，图 4-6 所示的磁致伸缩材料特性测试系统还可以测量其低频动态特性。图 4-8 为低频动态特性测试系统实验平台图[14]。由信号发生器产生正弦交流信号，经功率放大器放大后接到励磁线圈，通过调节功率放大器的旋钮调节通入励磁线圈的电流大小，从而调节激励磁场的大小。霍尔探头用来采集磁场信号，并通过霍尔磁强计显示偏置磁场大小。在磁致伸缩材料上粘贴应变片，应变片输出端接动态应变仪测量动态应变；应变片输出端接静态应变仪测量静态应变。感应线圈输出端接磁通计，根据法拉第电磁感应定律可将磁通量转化为磁感应强度值。在励磁线圈上接入电流互感器用于精确测量输入到励磁线圈中的电流大小。在被测样品的下端放置压力传感器，用来采集压力信号。将应变仪、磁通计及电流互感器和压力传感器的输出端接入数据采集卡中，由于以上采集的数据都为电压信号，需要通过软件编程实现数据转化，软件界面可实时显示数据波形并进行数据信息分析。

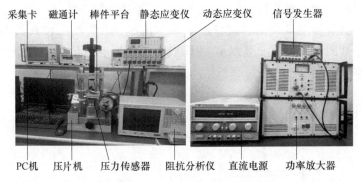

采集卡 磁通计 棒件平台 静态应变仪 动态应变仪 信号发生器

PC机 压片机 压力传感器 阻抗分析仪 直流电源 功率放大器

图 4-8 低饱和磁场磁致伸缩材料低频动态特性测试系统实验平台

图 4-9 为利用低频动态测试系统在激励磁场频率分别为 10Hz、30Hz、50Hz、80Hz 下测试的棒状 Fe-Ga 样品应变与磁场的关系曲线[15]。Fe-Ga 在动态交变磁场的作用下，输出应变与磁场存在滞后。

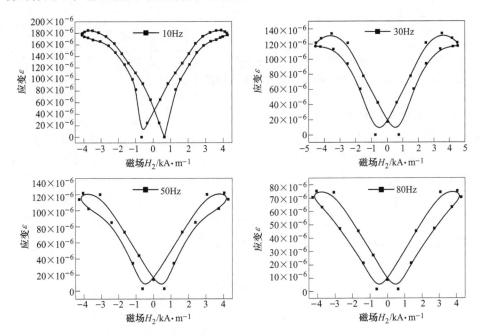

图 4-9 0MPa 不同频率下 Fe-Ga 样品应变与磁场的关系曲线

4.3.2 低频动态磁特性测试与分析

4.3.2.1 增量磁导率

用于测量磁致伸缩材料棒状样品的增量磁导率测试系统结构示意图如图 4-10

所示[5]。系统主要由锁相放大器、磁强计、交流功率源等组成。测量增量磁导率的线圈由磁感应强度 B 线圈和磁场强度 H 线圈组成。B 线圈和 H 线圈在测试系统中的位置如图 4-10 所示，B 线圈和 H 线圈的电压有效值是由静态偏置磁场与动态低频驱动磁场感应的电压有效值的叠加。

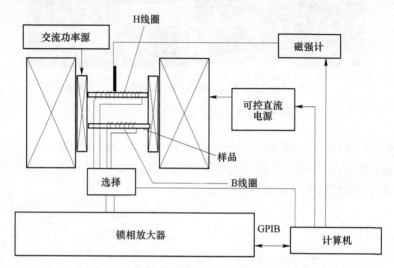

图 4-10　增量磁导率 μ_{33} 测量仪器示意图

测量 B 线圈与 H 线圈的电压步骤为：首先调节参考信号的相位使锁相放大器指示为 0（参考信号与测量信号正交），然后调节 90°相位旋钮使参考信号与测量信号相位一致。线圈信号直接由表上读出，当 180°相位按钮按下时，由反相测量检验这一读数。

测量所用的静态磁场由标准线圈产生。驱动交变磁场由辅助线圈的交流电流产生，磁场在 0~200A/m 之间，交流电流的最大值为 100mA（有效值）。线圈的磁感应强度 B 和磁场强度 H 的值由下式得出：

$$B_{rms} = \frac{V_{B_{rms}}}{\omega N_B A_B} \tag{4-10}$$

$$H_{rms} = \frac{V_{H_{rms}}}{\mu_0 \omega N_H A_H} \tag{4-11}$$

式中，V 为测试线圈的电压；N 为线圈的匝数；A 为线圈截面的面积；ω 为驱动磁场的角频率；μ_0 为真空磁导率；下标 B 和 H 指的是相应的线圈。

确定的增量态磁导率由下式给出：

$$\mu_{r33}^{\sigma} = \frac{B_{rms}}{\mu_0 H_{rms}} = \frac{V_{B_{rms}}}{V_{H_{rms}}} \times \frac{N_H A_H}{N_B A_B} \tag{4-12}$$

图 4-11 为 Terfenol-D 棒状样品增量磁导率 μ_{r33}^{σ} 与偏置磁场强度的关系曲线，

其中 $N_B = 15$ 匝，$A_B = 2.8 \times 10^{-5} \mathrm{m}^2$。磁场强度 H 线圈的直径为 10mm，$A_H = 7.9 \times 10^{-5} \mathrm{m}^2$，$N_H = 15$ 匝。在 P 点的相应的偏置磁场强度 H 为 53kA/m，驱动磁场为 54A/m，70Hz 的频率可以获得 $50\mu V$ 的 V_{Brms} 信号，由式 4-12 得：$\mu_{r33}^{\sigma} = (50 \times 15 \times 7.9)/(35 \times 15 \times 2.8) = 4.0$。

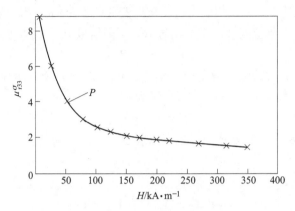

图 4-11　磁致伸缩材料的增量磁导率 μ_{r33}^{σ} 与偏置磁场强度的关系曲线

从图 4-11 可见，材料的增量磁导率 μ_{r33}^{σ} 随磁场强度 H 的变化与静态磁导率 μ_{star} 有类似的规律，但增量磁导率 μ_{r33}^{σ} 的数值明显降低。并且当磁场强度 $H \leqslant 100 \mathrm{kA/m}$ 时，材料的增量磁导率 μ_{r33}^{σ} 随磁场强度 H 的增加迅速降低。这一现象说明材料的静态特性与动态特性相差较大，当器件的驱动磁场为交变磁场时，要应用材料的动态磁特性设计器件。

4.3.2.2　动态磁致伸缩系数

动态磁致伸缩系数，也称压磁系数，是用来描述磁致伸缩棒动态性能的重要参数，它定义为棒材的动态磁致伸缩与动态驱动磁场的比值。动态磁致伸缩系数的准确测试是与精确测量动态应变（$\delta l/l$）密切相关的。将一直流电流施加在样品的应变片上，然后将样品放在由交流电流驱动的辅助线圈产生的磁场中。交流驱动线圈产生的磁场可诱使材料发生交变应变，导致应变片的电阻发生周期振荡，使加在应变片上的电压也发生交流振荡。测量应变片上电压的大小可以得到应变，进而确定材料的动态磁致伸缩系数。

在应变诱发电压方法的测量应变装置中，应变片所产生的信号首先与微分放大器的输入端相连，在应变片上通有一恒定电流 I，测量应变片上的交流电压的大小可以测出样品交变应变的大小，所测应变值 L_{AC} 为

$$L_{AC} = \frac{V_{AC}}{RGI} \tag{4-13}$$

式中，V_{AC}为应变片两端电压；R为应变片电阻；G为应变因子；I为流过应变片的电流。动态磁致伸缩系数的测量是比较复杂的，对于一个 100A/m 的交流磁场，引起的应变片上的交流电压也只有几微伏。为了得到满意的测量结果，可用矢量相减的方法来测量 V_{AC}。在测量时，首先将直流偏置磁场控制在一恒定值，使恒流源的电流为 0，由锁相放大器测量应变片的噪声信号 P_1。然后，使恒流源输出为预定值，测量应变片的交流信号 R。所测信号 P_2（代表 V_{AC} 的矢量）为

$$P_2 = R - P_1 \tag{4-14}$$

由于用锁相放大器测量微弱交变信号，可以得到 P_1 和 R 的两个正交分量分别为 X_{P1}、Y_{P1} 和 X_R、Y_R。矢量 P_1 可表示为

$$P_1 = X_{P1} + jY_{P1} \tag{4-15}$$

式中，j 为矢量因子。矢量 R 同样也可以表示为

$$R = X_R + jY_R \tag{4-16}$$

则被测信号 P_2：

$$P_2 = X_R - X_{P1} + j(Y_{P1} + Y_R) \tag{4-17}$$

所测信号的模值大小为

$$V_{ac} = \sqrt{(X_R - X_{P1})^2 + (Y_R - Y_{P1})^2} \tag{4-18}$$

将 V_{ac} 代入式 4-13 可得样品的交变应变为

$$L_{AC} = \frac{V_{AC}}{RGI} = \frac{\sqrt{(X_R - X_{P1})^2 + (Y_R - Y_{P1})^2}}{RGI} \tag{4-19}$$

根据电磁感应定律：

$$v = \frac{\mathrm{d}\varPhi}{\mathrm{d}t} \tag{4-20}$$

在空气中：

$$\frac{\mathrm{d}H(t)}{\mathrm{d}t} = \frac{v}{\mu_0 S} \tag{4-21}$$

又因为驱动场为正弦场，所以其输出可以描述为 $H(t) = H_0\sqrt{2}\cos\omega t$ 的形式，其中 H_0 为交变驱动场的有效值。设线圈感应电压可以表示为如下形式：

$$v = \sqrt{2}v_0\cos(\omega t + \pi/2) \tag{4-22}$$

则：

$$\frac{\mathrm{d}H(t)}{\mathrm{d}t} = \sqrt{2}H_0\omega\cos(\omega t + \pi/2) \tag{4-23}$$

对于线圈的感应电压有效值 v_0 与驱动交变磁场有效值可以建立如下数学关系：

$$H_0 = \frac{v_0}{\mu_0 S \omega} = \frac{v_0}{\mu_0 N A \omega} \tag{4-24}$$

式中，N 为测量线圈的匝数；A 为测量线圈的面积。根据动态磁致伸缩系数的定义，它是指在某一磁场和某一恒定压力下，磁致伸缩材料的应变变化与磁场变化的比值，即

$$d_{33} = \left(\frac{\partial \varepsilon}{\partial H}\right)_{\sigma = \text{常数}} \tag{4-25}$$

为了模拟磁场的微弱变化，在恒磁场上叠加一个微弱交流磁驱动信号。一般该磁场的幅值大小为 $1 \sim 24 \text{A/m}$。此时，动态磁致伸缩系数可以表示为：在恒定直流偏场和微小交变驱动场下棒材交变应变 L_{AC} 与交变驱动磁场 H_{AC} 的比值：$d_{33} = \frac{L_{AC}}{H_{AC}}$。根据交变应变的测量与驱动磁场的测量原理，动态磁致伸缩系数 d_{33} 为

$$d_{33} = \frac{L_{AC}}{H_{AC}} = \frac{\dfrac{\sqrt{(X_R - X_{P1})^2 \times (Y_R - Y_{P1})^2}}{RGI}}{H_{AC}} \tag{4-26}$$

图 4-12 为使用图 4-5 所示的磁致伸缩材料特性自动测量系统测量得到的 Ter-fenol-D 棒状样品的动态磁致伸缩系数曲线。改变偏置磁场的大小，自动检测动态磁致伸缩系数信号，得到动态磁致伸缩系数与直流偏置磁场的关系。由测量结果可知当偏置磁场为 25kA/m 时，其动态磁致伸缩系数取得最大值。

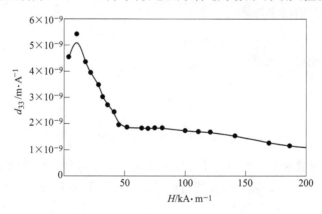

图 4-12 磁致伸缩材料棒状样品动态应变系数与偏置磁场强度的关系曲线

4.3.2.3 阻抗频率特性

通过测试磁致伸缩材料的频率阻抗特性，可以确定材料的共振和反共振频率，共振和反共振频率可计算材料的磁机械耦合系数及分析器件的振动特性[5]。

　　采用阻抗电桥法可以测量样品线圈的阻抗，但由于阻抗电桥功能单一，操作复杂，因而可采用锁相放大器来代替阻抗电桥和变频振荡功率源。用锁相放大器的振荡器代替振荡功率源，振荡输出端与一个电阻相连，当电阻值远大于线圈的阻抗时，可认为振荡输出一个恒流交变信号。用该信号驱动线圈，锁相放大器的输入端与线圈相连，可以测量到线圈两端电压。由于线圈电流为恒流交变电流，因此，测量线圈两端电压，可以得到线圈的阻抗。

　　可在振荡输出端串联一个 10K 的电阻，由于线圈的阻抗在几欧姆以下，此时，设定锁相放大器的振荡输出为 1V，流过线圈的电流为 100μA。用计算机与锁相放大器用 GPIB（IEEE—488）连接，计算机改变锁相放大器的振荡频率。这样，流过线圈为频率可变而幅值不变的信号。同时，用 GPIB 读取线圈电压值，可以得出线圈阻抗。假定振荡输出的电压 V_{out}：

$$V_{out} = V_m \cos(2\pi ft) \tag{4-27}$$

　　用复数表示为：$V_{out} = V_m e^{j2\pi f}$。由于外接电阻 R 远远大于线圈的阻抗 Z，所以流过线圈的电流 I_{AC} 为

$$I_{AC} = \frac{V_m}{R} \cos(2\pi ft) \quad \text{或} \quad I_{AC} = \frac{V_m}{R} e^{j2\pi f} \tag{4-28}$$

　　因此，电流与振荡输出电压之间不会产生相角变化。这样，锁相放大器可以用内部振荡作为它的参考信号。当锁相进行变频控制时，控制 V_m 可以得到恒流变频电流信号。

　　假定线圈的阻抗 Z 表示为

$$Z = r + js = |Z| e^{j\arctan\frac{s}{r}} \tag{4-29}$$

　　则线圈两端电压 V_M 为

$$V_M = I_{AC} \times Z = \frac{V_m}{R} \times |Z| e^{j2\pi ft + j\arctan\frac{s}{r}}$$

　　或

$$V_M = \frac{V_m}{R} \times |Z| \cos(2\pi ft + \text{arctag}\frac{s}{r}) \tag{4-30}$$

　　该信号经过锁相放大器时，由于锁相放大器的参考信号为其内振，因此参考信号为式 4-27 所示。则锁相放大器的输出测量结果 X 和 Y 为

$$X = \frac{V_m}{R} |Z| \cos(\text{arctag}\frac{s}{r}) = \frac{V_m}{R} r \tag{4-31}$$

$$Y = \frac{V_m}{R} |Z| \sin(\text{arctag}\frac{s}{r}) = \frac{V_m}{R} s \tag{4-32}$$

　　在测量过程中，V_m、R 为已知量且为恒值，则可得出其线圈在某一频率的阻抗值。锁相放大器既可以读取阻抗的实部和虚部，也可以读取阻抗的幅值和幅角。测量时，改变振荡器的频率可以测量该频率下的阻抗值，在不同偏置磁场下

测得的阻抗频率曲线如图4-13所示。从图4-13的曲线可以确定样品的共振频率和反共振频率。

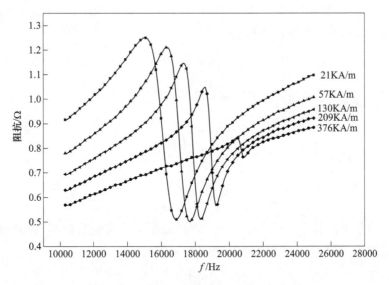

图4-13 不同偏置磁场下的阻抗频率曲线

利用阻抗分析仪也可以测量磁致伸缩材料的阻抗频率特性。在图4-8所示的低饱和磁场磁致伸缩材料低频动态特性测试系统中，磁致伸缩样品上缠绕漆包线，并接入阻抗分析仪的输入夹口中，通过阻抗分析仪测量共振频率。图4-14为片状Fe-Ga样品在1~25kA/m变化磁场下的阻抗频率曲线[16]。Fe-Ga片状样品长40mm、宽7.5mm、高1.2mm，缠绕的线圈直径为0.12mm，匝数为40。同一磁场下阻抗随着频率的增加先增加后减小之后又逐渐增加，图中出现的波峰和波谷，对应的频率即为共振频率和反共振频率。

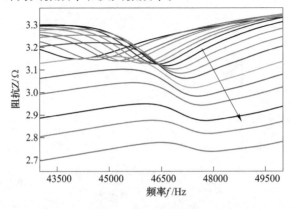

图4-14 片状Fe-Ga样品阻抗频率曲线

4. 3. 2. 4　柔顺系数

柔顺系数 S_{33} 是杨氏模量 E_{33} 的倒数，可以通过测量样品的轴向共振频率测得。声音在密度为 ρ 的样品中传播的速度为

$$v = \sqrt{\frac{E_{33}}{\rho}} = \sqrt{\frac{1}{S_{33}\rho}} \qquad (4\text{-}33)$$

如果棒的长度为 L，则共振频率出现在

$$f = \frac{v}{2L} \qquad (4\text{-}34)$$

则

$$S_{33} = \frac{1}{4L^2 f_r^2 \rho} \qquad (4\text{-}35)$$

根据测量条件的不同可以得到静态磁场强度下的柔顺系数 S_{33}^H 或静态磁感应强度下的柔顺系数 S_{33}^B。这两个系数之间的关系是

$$S_{33}^B = S_{33}^H (1 - k_{33}^2) \qquad (4\text{-}36)$$

式中，k_{33} 为材料的磁机械耦合系数。为了测量 S_{33}，须在样品上缠绕 200 匝左右的线圈，线圈由交流电流驱动。线路中的电阻要远大于线圈的阻抗，以使线路中的电流保持不变。共振频率 f_r 可用阻抗分析仪测量，当棒的密度和长度确定后，可用式 4-35 计算得出 S_{33}。

图 4-15 是柔顺系数 S_{33}^B 与偏置磁场的关系曲线，所用材料是电弧熔炼的 $Tb_{0.27}Dy_{0.73}Fe_{1.95}$ 样品。样品棒的长度是 15.5mm，密度是 $9.27 \times 10^3 kg/m^3$，P 点所对应的磁场强度为 53kA/m，由此点可以得到 f_r 为 81.5kHz。代入式 4-35 得：$S_{33}^B = 1.69 \times 10^{-11} m^2/N$。

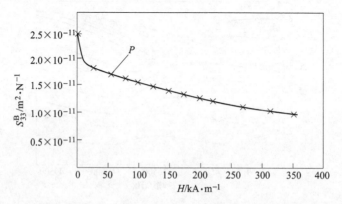

图 4-15　$Tb_{0.27}Dy_{0.73}Fe_{1.95}$ 合金的柔顺系数 S_{33}^B 与偏置磁场的关系曲线

4.3.2.5 磁机械耦合系数

磁机械耦合系数是磁致伸缩材料的重要特性之一，它指磁致伸缩材料的输出机械能与输入的磁场能的比值[17,18]。对于系统输入等量的功率，具有较高的磁机械耦合系数的系统将输出较大的功率。Clark[19]和Savage[20]等曾分别采用三参数法和共振频率法测量了超磁致伸缩材料的磁机械耦合系数。针对超磁致伸缩材料测量存在的实际问题，利用锁相放大器具有测量灵敏度高、可同时测量 X 和 Y 分量、可变频率及 IEEE-488 接口等特点，测量了材料的磁机械耦合系数。测量超磁致伸缩材料的磁机械耦合系数 K_{33} 有两种方法，即三参数法和共振法。

A 三参数法

在一个磁致伸缩样品上施加外磁场时，样品将产生形变，由于样品的形变，而在样品中存储一定的机械能，该机械能密度 E_{mech} 可以表示为

$$E_{mech} = \int \sigma d\varepsilon = \frac{\varepsilon^2}{2S^H} = \frac{(dH)^2}{2S^H} \qquad (4-37)$$

式中，σ 为样品所受到的应力；ε 为样品的应变；d 为样品的压磁系数；S^H 为样品的柔顺系数。同时，当应力为常数时，输入的磁场能 E_{mag} 为

$$E_{mag} = 1/2BH = 1/2\mu^\sigma H^2 \qquad (4-38)$$

式中，B 和 H 分别为样品的磁感应强度和磁场强度；μ 为磁导率。则样品的磁机械耦合系数可以表示为

$$K^2 = \frac{输出机械能}{输入磁场能} = \frac{d^2}{S^H \mu^\sigma} \qquad (4-39)$$

对于电声换能器件，超磁致伸缩材料是由交流信号驱动的，式 4-39 中的 μ 应为增量磁导率 $\mu_{33}\mu_0$。通过测量样品的 3 个参数：压磁系数、增量磁导率、柔顺系数可以得到材料的磁机械耦合系数，测得的 Terfenol-D 棒状样品的磁机械耦合系数 K_{33} 与偏置磁场 H 的关系如图 4-16 所示。根据所测数据，当 $H = 13kA/m$ 时，$S_{33}^H = 1.32 \times 10^{-11} m^2/N$，$\mu_{33} = 4.01$；$d_{33} = 3.92 \times 10^{-9} m/A$。由公式 4-39 可得到样品的磁机械耦合系数 $K = 0.482$。

B 共振法

磁弹性柔顺系数 S_{33}^B 定义为磁致伸缩棒材在恒定磁感应强度下的柔顺系数：

$$S_{33}^B = \left(\frac{\partial \varepsilon}{\partial \sigma}\right)_B \qquad (4-40)$$

由压磁方程：

$$\Delta \varepsilon = d_{33}\Delta H + S_{33}^H \Delta \sigma \qquad (4-41)$$

$$\Delta B = \mu_{33}\mu_0 \Delta H + D_{33}\Delta \sigma \qquad (4-42)$$

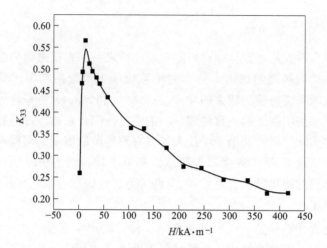

图 4-16　Terfenol-D 棒状样品的磁机械耦合系数 K_{33} 与偏置磁场 H 的关系

由式 4-41 和式 4-42，ΔH 可以表示为

$$\Delta H = \frac{\Delta\varepsilon}{d_{33}} - \frac{S_{33}^H \Delta\sigma}{d_{33}} = \frac{\Delta B}{\mu_{33}\mu_0} - \frac{d_{33}\Delta\sigma}{\mu_{33}\mu_0} \tag{4-43}$$

由式 4-41 和式 4-43，动态应变 $\Delta\varepsilon$ 可以表示为

$$\Delta\varepsilon = S_{33}^H \Delta\sigma + \frac{\Delta B d_{33}}{\mu_{33}\mu_0} - \frac{\Delta\sigma d_{33}^2}{\mu_{33}\mu_0} \tag{4-44}$$

因为 S_{33}^B 可以表示为

$$S_{33}^B = \left(\frac{\partial\varepsilon}{\partial\sigma}\right)_B = \left(\frac{\Delta\varepsilon}{\Delta\sigma}\right)_B = S_{33}^H - \frac{d_{33}^2}{\mu_{33}\mu_0} = S_{33}^H(1 - K^2) \tag{4-45}$$

当 $\Delta B = 0$ 时，磁机械耦合系数 K 可以表示为

$$K^2 = 1 - \frac{S_{33}^B}{S_{33}^H} = 1 - \frac{\dfrac{1}{4\pi L^2 f_B^2 \rho}}{\dfrac{1}{4\pi L^2 f_H^2 \rho}} = 1 - \frac{f_H^2}{f_B^2} \tag{4-46}$$

对于长棒状样品，磁机械耦合系数 K_{33} 为

$$K_{33} = \sqrt{\frac{\pi^2}{8}\left(1 - \frac{f_r^2}{f_a^2}\right)} \tag{4-47}$$

式中，f_r 为共振频率；f_a 为反共振频率。在 $H = 13\text{kA/m}$ 时，由图 4-17 中的磁致伸缩材料（Terfenol-D）棒状样品的阻抗频率曲线得到 $f_a = 16.6\text{kHz}$，$f_r = 14.9\text{kHz}$，代入式 4-47 可得 $K_{33} = 0.488$。而用三参数法测得的磁机械耦合系数为 $K_{33} = 0.482$。可见采用两种方法得到的数值很接近，表明该测量系统具有较高的测量精度。

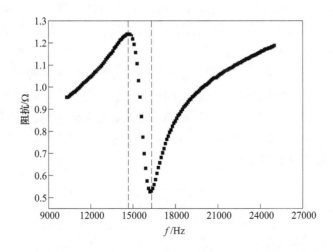

图4-17　磁致伸缩材料棒状样品的阻抗频率曲线

4.4　高频特性测试

4.4.1　高频特性测试系统

测量磁致伸缩材料的高频特性可以采用 AMH-1M-S 测量系统,该系统是一个集成电气柜,包含一套完整的测量系统[21],如图4-18所示。该测试系统用来测量磁致伸缩材料的交直流磁特性,校准测量时,能够保证磁导率的误差在±1.5%,电磁损耗的误差在±3%,是能够精确测量高频情况下软磁材料磁特性的测量系统。

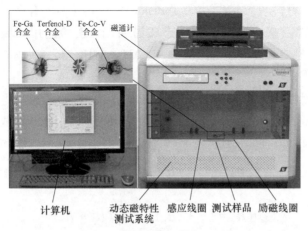

图4-18　软磁材料高频特性测试系统

　　测量原理如图 4-19 所示，该实验系统主要是由计算机、信号发生器、功率放大器、磁通计、数据采集系统、采样电阻等组成[22]。开始工作时通过计算机界面控制信号发生器发生一定频率的正弦交流小信号，再经功率放大器后施加在励磁线圈上，在励磁线圈及其周围产生一个交变磁场，该磁场的频率与励磁电流频率相同，通过环形测试样品与励磁线圈产生电磁耦合作用，将会在感应线圈两端产生感应电动势，感应的信号经过磁通计传入数据采集系统，同时通过采样电阻将励磁线圈的信号也传入数据采集系统，最后采集系统中的数据导出到计算机中，可以绘制相应的磁滞曲线。

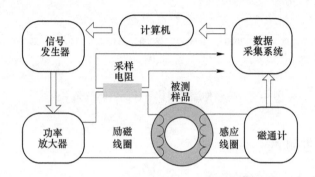

图 4-19　材料高频磁特性测量原理图

4.4.2　不同磁致伸缩材料的高频特性测量

　　针对在相同工程背景下磁致伸缩器件设计过程中所遇到的材料选取问题，引入小磁滞回线磁能损耗模型[23,24]，利用 AMH-1M-S 型动态磁特性测试系统测量了典型磁致伸缩材料 Fe-Co-V[25,26]、Terfenol-D[27,28]、Fe-Ga 合金[29,30]在不同励磁磁场频率和不同磁感应强度下的动态磁滞回线，实验选用的频率范围为 1～60kHz，最大磁感应强度变化范围 0.01～0.03T。对比分析三种材料在不同条件下磁能损耗影响因素。

　　根据瑞利定理，磁致伸缩材料在不同的磁化过程中，低磁场下的磁滞回线可以通过解析式来表达，特别是磁感应强度峰峰值决定的小磁滞回线，可以用上升分支和下降分支的方程来描述[23]。

$$上升分支：\qquad B(H) = (a + bH_p)H - \frac{b}{2}(H_p^2 - H^2) \qquad (4\text{-}48)$$

$$下降分支：\qquad B(H) = (a + bH_p)H - \frac{b}{2}(H_p^2 - H^2) \qquad (4\text{-}49)$$

式中，a、b 为可逆和不可逆瑞利常数，(H_p, B_p) 为磁滞回线尖端点，描述了初始磁化曲线遵循以下规律：

$$B_p = aH_p + bH_p^2 \tag{4-50}$$

式中，B_p为正弦磁感应强度峰峰值。

在极低磁场的限制下，磁化曲线呈线性，常数 a 与初始磁化率χ_i成正比：

$$a = \lim_{H_p \to 0} \frac{B_p}{H_p} = \mu_0 \chi_i \tag{4-51}$$

对磁滞回线的积分可以得到单位体积的磁滞损耗：

$$W = \frac{4}{3} b H_p^3 \tag{4-52}$$

它可以等效地表示为磁感应强度峰峰值 B_p 的函数：

$$W = \frac{1}{6b^2} \left(-a + \sqrt{a^2 + 4bB_p} \right)^3 \tag{4-53}$$

若公式 4-50 中 $aH_p \ll bH_p^2$，即线性导向占主导地位，那么公式 4-52 可以近似为

$$W = \frac{4}{3} \times \frac{b}{a^3} B_p^3 \tag{4-54}$$

若公式 4-50 中 $aH_p = bH_p^2$，则公式 4-52 近似为

$$W = \frac{4}{3\sqrt{b}} B_p^{\frac{3}{2}} \tag{4-55}$$

通过验证可以得出在 B-H 平面中磁滞回线的任何位置，a 和 b 参数值取决于之前磁场的历史信息、移动的磁畴壁数量和能量分布状况。如果磁场的幅值足够低，使得公式 4-51 的线性近似合理，可以实现将自感和互感的理念应用于任何具有连接线圈的样品，以这种方式可以分析磁芯的损耗情况。在瑞利区域内，当样品处在低磁场中，给一个封闭的磁性材料样本施加一个交变的弱磁场，可以用复数磁导率来近似材料的本构关系：

$$H(t) = H_p \cos\omega t \tag{4-56}$$

由于样品中涡流的限制，样品的磁感应强度在时间上滞后磁场强度：

$$B(t) = B_p \cos(\omega t - \delta) = B_p \cos\delta \cos\omega t + B_p \sin\delta \sin\omega t \tag{4-57}$$

式中，δ 为磁芯损耗引起的电压与电流的相位差，代表磁感应强度和磁场强度的滞后关系。

将公式 4-57 表示为两个相位相差 $90°$ 正弦波叠加，即

$$B_1 = B_p \cos\delta$$
$$B_2 = B_p \sin\delta \tag{4-58}$$

复数形式为

$$H(t) = H_\mathrm{p} \mathrm{e}^{j\omega t}$$

$$B(t) = B_\mathrm{p} \mathrm{e}^{j(\omega t - \delta)} \tag{4-59}$$

由式 4-59 可以得到复数磁导率[31]：

$$\mu = \frac{B_\mathrm{p} \mathrm{e}^{j(\omega t - \delta)}}{H_\mathrm{p} \mathrm{e}^{j\omega t}} = \mu' - j\mu''$$

$$\mu' = \frac{B_\mathrm{p}}{\mu_0 H_\mathrm{p}} \cos\delta$$

$$\mu'' = \frac{B_\mathrm{p}}{\mu_0 H_\mathrm{p}} \sin\delta \tag{4-60}$$

式中，μ' 和 μ'' 分别为复数磁导率的实部和虚部，μ' 表示磁场作用下产生的磁化强度，μ'' 表示在磁场作用下材料磁偶极矩引起的损耗。

介质损耗因数可表示为

$$\tan\delta = \frac{\mu''}{\mu'} \tag{4-61}$$

式中，介质损耗因数是磁致伸缩材料在交变磁场中每周期损耗的能量与储能的能量之比，用来反映软磁材料在交变磁化时磁能的损耗和存储性能。

此时单位体积的电磁损耗公式可以表示为

$$
\begin{aligned}
W'(B_\mathrm{p}, f) &= f \int_0^{\frac{1}{f}} H(t)\, \frac{\mathrm{d}B}{\mathrm{d}t} \mathrm{d}t \\
&= f \int_0^{\frac{1}{f}} \omega H_\mathrm{p} B_\mathrm{p} \cos(\omega t) \sin(\omega t - \delta)\, \mathrm{d}t \\
&= \frac{1}{2} \omega H_\mathrm{p} B_\mathrm{p} \sin\delta = \pi f H_\mathrm{p} B_\mathrm{p} \sin\delta \\
&= \pi f H_\mathrm{p}^2 \mu'' \\
&= \pi f B_\mathrm{p}^2 \frac{\mu''}{\mu'^2 + \mu''^2}
\end{aligned}
\tag{4-62}
$$

式中，$B_\mathrm{p} = \sqrt{\mu'^2 + \mu''^2}\, H_\mathrm{p}$，公式 4-62 表明在给定磁感应强度峰峰值的情况下，可以用 μ' 和 μ'' 来近似磁滞曲线的形状和面积，从而可以计算磁能损耗。

单位质量电磁损耗：

$$
\begin{aligned}
P(B_\mathrm{p}, f) &= \frac{1}{\rho} W' \\
&= \frac{1}{\rho} \pi f H_\mathrm{p}^2 \mu'' \\
&= \frac{1}{\rho} \pi f B_\mathrm{p}^2 \frac{\mu''}{\mu'^2 + \mu''^2}
\end{aligned}
\tag{4-63}
$$

式中，ρ 为材料密度。

单位质量的介质储能：

$$
\begin{aligned}
W &= \frac{1}{2\rho}fHB \\
&= \frac{1}{2\rho}fH_pB_p\cos\delta \\
&= \frac{1}{2\rho}fB_p^2\frac{\mu'}{\mu'^2+\mu''^2}
\end{aligned}
\tag{4-64}
$$

其中，公式 4-63 和公式 4-64 都是通过复数磁导率的实部和虚部计算得到，表明了磁化程度和磁偶极矩的变化对不同磁致伸缩材料单位质量电磁损耗和介质储能的影响。

图 4-20 ~ 图 4-22 为最大磁感应强度为 0.03T，励磁磁场频率分别为 1kHz、10kHz、20kHz、30kHz、40kHz、50kHz、60kHz 情况下测得 Fe-Co-V、Terfenol-D、Fe-Ga 合金的动态磁滞回线。随着励磁磁场频率的增加，三种样品对应的椭圆形磁滞回环的倾斜程度都在增大，相应的椭圆环面积也增大，其中 Terfenol-D 合金椭圆环倾斜程度增加最快，椭圆环的面积增加也最大。在励磁磁场频率为 60kHz 时，Terfenol-D 合金所需要的励磁磁场强度最大，Fe-Ga 合金所需的励磁磁场强度最小。另外，随着频率的增加，样品材料达到磁感应强度峰峰值 0.03T 所需的磁场强度也增加，相应的剩磁和矫顽力也逐渐增大。为了促进磁致伸缩合金材料磁性介质中更多的磁畴转动和磁畴壁移动，从而也导致相应的电磁损耗增加，磁滞回环面积增大。

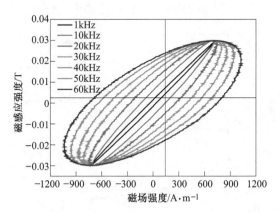

图 4-20　Fe-Co-V 合金的动态磁滞回线

4.4.3　磁致伸缩材料的高频磁能损耗分析

图 4-23 为利用实验结果得到的三种样品的磁导率幅值与频率的关系。励磁

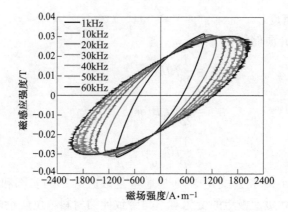

图 4-21   Terfenol-D 合金的动态磁滞回线

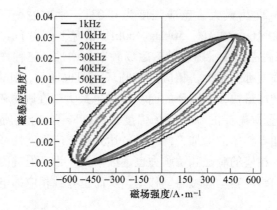

图 4-22   Fe-Ga 合金的动态磁滞回线

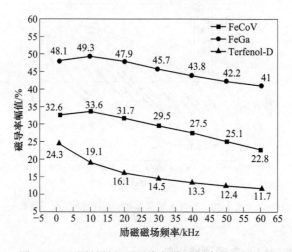

图 4-23   不同材料的磁导率幅值随频率的变化曲线

磁场频率由 1~60kHz, Fe-Co-V、Fe-Ga 合金磁导率幅值都是先增大后减小, 有相似的磁导率变化特性, Terfenol-D 合金的磁导率幅值逐渐增大后趋于平缓。相同励磁磁场频率下, Fe-Ga 合金的磁导率幅值最大, Terfenol-D 合金的最小。Fe-Co-V、Terfenol-D 和 Fe-Ga 合金的磁导率幅值分别减小了 30.06%、51.85% 和 14.76%。

不同励磁磁场频率下的三种合金的介质损耗因数变化曲线如图 4-24 所示, 损耗因数表征了三种合金材料的损耗和存储能量的比值, 损耗因数接近 1 时, 代表材料中的能量存储和能量损耗接近相等。由图可以得到, 随着励磁磁场频率的增加, Fe-Co-V 合金和 Fe-Ga 合金的损耗因数都逐渐增大, 分别增加了 15.17 倍和 1.28 倍, Terfenol-D 合金的损耗因数先增大后趋于稳定, 特别是在励磁磁场频率大于 20kHz 以后, Terfenol-D 合金的介质损耗因数波动较小, 该合金的电磁损耗和介质储能在超声频率范围内变化得较为均衡。

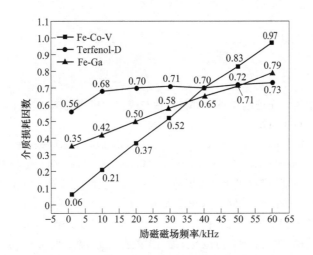

图 4-24　不同材料的损耗因数随励磁磁场频率变化曲线

图 4-25 为三种环形样品电磁损耗与频率的关系。由图可见, 在相同磁感应强度 0.03T 时, 随着励磁磁场频率的增加, 三种合金样品的电磁损耗都增大。励磁磁场频率由 1~20kHz 时, Fe-Co-V、Terfenol-D 和 Fe-Ga 合金的电磁损耗分别增加了 152.03 倍、33.59 倍和 29.39 倍。可见在频率较低时, Fe-Co-V 合金的电磁损耗增加较快, Fe-Ga 合金增加较慢, 同一频率下 Terfenol-D 合金的电磁损耗最大, Fe-Co-V 合金的电磁损耗最小; 当励磁磁场频率由 20~60kHz 的超声频率范围时, Fe-Co-V、Terfenol-D 和 Fe-Ga 合金的电磁损耗分别增加了 7.42 倍、3.26 倍和 4.11 倍。

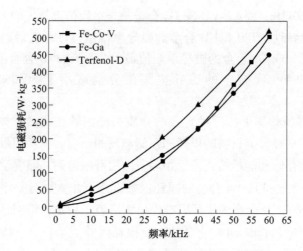

图 4-25   不同材料电磁损耗与频率的关系

参 考 文 献

[1] 杨庆新,李永建. 先进电工磁性材料特性与应用发展研究综述 [J]. 电工技术学报, 2016, 31 (20):1~12.

[2] Nguyen Y M, Bourrier D, Charlot S, et al. Soft ferrite cores characterization for integrated micro-inductors [J]. Journal of Micromechanics and Microengineering, 2014, 24 (10):104003.

[3] 胡伯平. 稀土永磁材料的现状与发展趋势 [J]. 磁性材料及器件, 2014, 45 (2):66~77.

[4] 倪嘉缵,洪广言. 稀土新材料及新流程进展 [M]. 北京:科学出版社, 1998:205~215.

[5] 张智祥. 多参数磁测量系统的研制 [D]. 天津:河北工业大学, 2002.

[6] 王博文,张智祥,翁玲,等. 巨磁致伸缩材料磁机械耦合系数的测量 [J]. 河北工业大学学报, 2002, 31 (4):1~4.

[7] Narita F, Fox M. A review on piezoelectric, magnetostrictive, and magnetoelectric materials and device technologies for energy harvesting applications [J]. Advanced Engineering Materials, 2018, 20:1700743.

[8] 翁玲,李薇娜,曹晓宁,等. 环形 Fe-Ga 合金动态磁导率和损耗分析 [J]. 电工技术学报, 2019, 34 (3):459~465.

[9] Zhang L Y, Wang B W, Sun Y, et al. Analysis of output characteristic model of magnetostrictive displacement sensor under a helical magnetic field and stress [J]. IEEE Transactions on Applied Superconductivity, 2016, 26 (4):0600904.

[10] Weng L, Zhao Q, Sun Y, et al. Dynamic experiments of strain and magnetic field for Galfenol rod and its modeling [J]. IEEE Transactions on Applied Superconductivity, 2016, 26

(4)：0600605.

[11] 翁玲，赵青，孙英，等．考虑附加涡流损失的 Galfenol 合金动态滞后模型与实验 [J]．
农业机械学报，2016，47（4）：399~405.

[12] 翁玲，罗柠，张露予，等．Fe-Ga 合金磁特性测试装置的设计与实验 [J]．电工技术学
报，2015，30（2）：237~241.

[13] 王博文，谢新良，周露露，等．Fe-Ga 磁特性测试装置改进与动态磁致伸缩实验 [J]．
光学精密工程，2017，25（9）：2396~2404.

[14] 翁玲，曹晓宁，胡秀玉，等．双线圈铁镓合金换能器的输出特性 [J]．电工技术学报，
2018，33（10）：4476~4485.

[15] 翁玲，梁淑智，王博文，等，考虑预应力的双励磁线圈铁镓换能器输出特性 [J]．电工
技术学报，2019，11（23）：4859~4869.

[16] 翁玲，梁淑智，李薇娜，等．铁镓合金阻抗频率特性测量与分析 [J]．计量学报，2018，
39（5）：1~3.

[17] Abell J S, Butler D, Greenough R D, et al. Magnetomechanical coupling in $Dy_{0.73}Tb_{0.27}Fe_2$ al-loys [J]. Journal of Magnetism & Magnetic Materials, 1986, 62（1）：6~14.

[18] 杨大智．智能材料与智能系统 [M]．天津：天津大学出版社，2000，284~348.

[19] Clark A E, Teter P, Wun-Fogle M. Magnetomechanixal coupling of Terfenol-D with stress [J].
J. Appl. Phys. 1990, 67（9）：5007~5009.

[20] Savage H, Clark A, Powers J. Magnetomechanical coupling and ΔE effect in highly magnetos-trictive rare earth-Fe 2compounds [J]. IEEE Transactions on Magnetics, 1975, 11（5）：1355~1357.

[21] Weng L , Li W, Sun Y , et al. High frequency characterization of Galfenol minor flux density loops [J]. AIP Advances, 2017, 7（5）：1~5.

[22] 黄文美，郤春艳，王博文，等，超磁致伸缩材料高频磁能损耗特性测试与分析 [J]．农
业机械学报，2019，50（2）：420~426.

[23] Zhao H, Ragusa C, De La Barrière O, et al. Magnetic loss versus frequency in non-oriented steel sheets and its prediction：minor loops, PWM, and the limits of the analytical approach [J]. IEEE Transactions on Magnetics, 2017, 53（11）：1~4.

[24] Zhao H, Ragusa C, Appino C, et al. Energy losses in soft magnetic materials under symmetric and asymmetric induction waveforms [J]. IEEE Transactions on Power Electronics, 2019, 34（3）：2655~2665.

[25] Fackler S W, Alexandrakis V, König D, et al. Combinatorial study of Fe-Co-V hard magnetic thin films [J]. Science & Technology of Advanced Materials, 2017, 18（1）：231~238.

[26] 王伟旬，陈远星，刘志坚．热处理工艺对新型铁钴钒磁滞合金性能和组织的影响 [J]．
南方金属，2016，1（3）：1~3.

[27] Talebian S, Hojjat Y, Ghodsi M, et al. Study on classical and excess eddy currents losses of Terfenol-D [J]. Journal of Magnetism and Magnetic Materials, 2015, 388：150~159.

[28] 黄文美, 薛胤龙, 王莉, 等. 考虑动态损耗的超磁致伸缩换能器的多场耦合模型 [J]. 电工技术学报, 2016, 31 (7): 173~178.

[29] Deng Z, Dapino M J. Characterization and finite element modeling of Galfenol minor flux density loops [J]. J. Intell. Mater. Syst. Struct. , 2015, 26 (6): 47~55.

[30] Weng L, Walker T, Deng Z X, et al. Major and minor stress-magnetization loops in textured polycrystalline $Fe_{81.6}Ga_{18.4}$ Galfenol [J]. Journal of Applied Physics, 2013, 113: 024508.

[31] 韩赞东, 李晓阳. 基于动态磁化的结构钢磁导率和电磁损耗测量方法 [J]. 清华大学学报 (自然科学版), 2014, 54 (11): 1471~1474.

5 磁致伸缩位移传感器

5.1 磁致伸缩位移传感器的结构与工作原理

5.1.1 位移传感器简介

位移是和物体的位置在运动过程中的移动有关的量，位移的测量方式所涉及的范围是相当广泛的。小位移通常用应变式、电感式、差动变压器式、涡流式、霍尔式传感器来检测，大位移常用感应同步器、光栅、容栅、磁栅等传感技术来测量。在生产过程中，位移的测量一般分为测量实物尺寸和机械位移两种。

位移传感器又称为线性传感器。按被测变量变换的形式不同，位移传感器可分为模拟式和数字式两种。模拟式又可分为物性型和结构型两种。常用位移传感器以模拟式结构型居多，包括电位器式位移传感器、电感式位移传感器、电容式位移传感器、电涡流式位移传感器、霍尔式位移传感器等。数字式位移传感器具有可将信号直接送入计算机系统这一优点，这种传感器发展迅速，应用日益广泛。

磁致伸缩位移传感器是数字式位移传感器中的一种。磁致伸缩位移传感器是根据磁致伸缩原理制造的高精度、长行程、绝对位置进行测量的位移传感器，它采用非接触的测量方式，由于测量用的永磁体和传感器自身并无直接接触，不至于被摩擦、磨损，因而其使用寿命长、环境适应能力强、可靠性高、安全性好，便于系统自动化工作，即使在恶劣的工业环境下，也能正常工作。此外，它还能承受高温、高压和强振动，现已被广泛应用于机械位移的测量、控制中。

磁致伸缩位移传感器（Magnetostrictive Displacement Sensor，简称 MDS）凭借其测量精度高、测量范围大等优点被广泛应用在位移测量、工业控制、环境监测等领域。在精度测量与量程方面，J. E. Snyder 等研究的磁致伸缩位移传感器量程有 75~4000mm，精度优于 0.01mm，美国 MTS 公司生产的直管式磁致伸缩位移传感器测量范围最大可以达到 10m，软管则可达 22m[1,2]。在传感器结构方面，Yasoveev 研究了磁致伸缩线性位移传感器智能测量系统，研究发现可以通过数学控制点、主动控制点实现自校准功能[3]。美国的 MTS 公司采用了新的模块设计，该设计极大地简化了磁致伸缩位移传感器的生产程序。在抗振动干扰方面，Neverov 等提出了采用非共振磁致伸缩加速度计作为位移幅值传感器，可以用于位移振幅、振动速度和加速度的测量和控制[4]。

磁致伸缩位移传感器采用波导丝来传播信号，在实际应用时其安装、调试、标定操作简便，可进行多点、多参数的测量，安全性高。德国 Turck 公司研制的磁致伸缩位移传感器以其良好的性能被广泛应用于核潜艇、舰艇中进行各种位移检测与故障监测，在飞机、装甲车辆发动机气缸和燃油喷射系统以及导弹发射控制装置中也得到了很好的应用[5]。

5.1.2 磁致伸缩位移传感器的结构与工作原理

磁致伸缩位移传感器的结构如图 5-1 所示[6]，其主要由波导丝、检测线圈、永磁体、外部驱动模块（包括信号发生器及放大电路、电源和可调电阻）、信号处理模块、阻尼等组成。

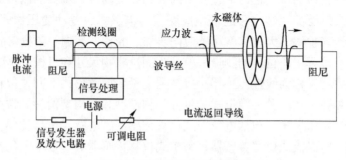

图 5-1　传统位移传感器结构

（1）波导丝。波导丝是磁致伸缩液位传感器的核心，通常由 Fe-Ni、Fe-Ga 等磁致伸缩材料构成，波导丝采用在丝两端施加预紧力的方式固定在保护套管中，在交变磁场作用下波导丝会发生微小形变，产生应力波信号，波导丝自身也是应力波信号传播的载体。

（2）检测线圈。检测线圈通常采用铜丝螺线管结构，为保证传感器位移检测的准确度，线圈整体套装在波导丝上并与波导丝相互绝缘，检测线圈的主要作用是检测波导丝中的应力波信号，并将应力波信号转变为电信号，并将电信号送入信号处理模块。

（3）永磁体。永磁体通常采用环形结构安装在波导丝的保护套管上，能够在保护套管上进行线性运动，为传感器提供偏置磁场，当永磁体与外部被检测单元相连接时，永磁体的位移量就是传感器的位移检测依据。

（4）外部驱动模块与信号处理模块。外部驱动模块的作用是将电源中的电流信号转变为传感器激发激励磁场所需的脉冲电流信号；信号处理模块的作用是将检测线圈输出的电信号进行滤波、放大、比较、计时、计算等处理，最终将电信号转变为被检测单元的位移量并进行数值显示。

（5）阻尼。阻尼安装在波导丝的两端，主要是吸收传播到波导丝两端的应力波，防止其发生反射。

磁致伸缩位移传感器工作原理如下，外部驱动模块给波导丝通电后，脉冲电流瞬时到达永磁体作用的波导丝处，电流产生的激励磁场与永磁体提供的偏置磁场叠加形成螺旋磁场，由于波导丝采用磁致伸缩材料，根据磁致伸缩效应，该处波导丝会产生扭转形变，此过程中应力、应变状态的变化以波的形式传播，形成应力波，当应力波沿波导丝传播到检测线圈处，在磁致伸缩逆效应的作用下，根据电磁感应定律，检测线圈两端会产生感应电压，即传感器输出电压，该电压信号被传输到信号处理模块中，经过滤波处理，得到应力波从产生到传递到检测线圈的时间 t。应力波沿波导丝以固定的速度 v 传播，因此传播时间 t 与应力波波速 v 的乘积即为所测量的距离 x，即 $x = vt$，根据该位移公式可知，应力波在波导丝内的传播时间和永磁体与检测线圈之间的距离成正比，通过测量时间，就可以高度精确地测得传播距离 x。由于输出信号是一个绝对值，而不是比例的或放大处理的信号，所以不存在信号漂移或变值的情况，更无须定期重标。传感器两端安装的阻尼可以吸收多余应力波，防止应力波在波导丝两端发生反射，减小干扰。

5.2 磁致伸缩位移传感器的输出电压模型

5.2.1 螺旋磁场作用下输出电压模型

磁致伸缩位移传感器的输出电压模型旨在建立输出电压与螺旋磁场的关系[7]，并研究激励磁场、偏置磁场与波导丝材料特性等参数对传感器输出电压的影响规律。

根据法拉第电磁感应定律，传感器检测线圈的感应电动势 e 可表示为

$$e = -N\frac{\mathrm{d}\phi}{\mathrm{d}t} = -NS\frac{\mathrm{d}B}{\mathrm{d}t} \tag{5-1}$$

式中，N 为检测线圈匝数；S 为单匝线圈横截面积；ϕ 为磁通量；B 为磁感应强度；t 为应力波通过检测线圈所用的时间。

波导丝是位移传感器的核心元件，其受到的螺旋磁场 $H(r)$ 是由激励磁场 $H_i(r)$ 和轴向偏置磁场 H_m 耦合产生的，在螺旋磁场的影响下波导丝内的磁畴会发生定向偏转。

永磁体提供轴向偏置磁场 H_m，波导丝磁畴在该磁场影响下呈规律排列，如图 5-2a 所示，当在波导丝中通入脉冲电流 I 后，波导丝内部及周围空间会产生周向激励磁场 $H_i(r)$，该磁场是关于波导丝半径 r 的位置函数，在激励磁场作用下，波导丝磁畴发生偏转，如图 5-2b 所示。

偏转后的波导丝磁畴方向与螺旋磁场方向一致，如图 5-2c 所示，其方向由偏置磁场 H_m 与激励磁场 $H_i(r)$ 的矢量和决定，因此，螺旋磁场 $H(r)$ 的大小可表示为

$$H(r) = \sqrt{H_i^2(r) + H_m^2} \tag{5-2}$$

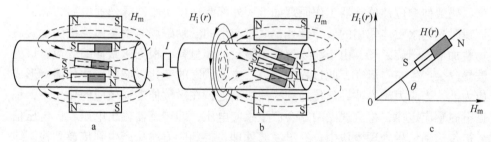

图 5-2　激励磁场与偏置磁场方向示意图

由于波导丝中局部磁畴偏转，使波导丝质点在强动载荷的作用下偏离其平衡位置运动，由于质点间的相互作用，质点的振动由近及远的传播形成了应力波。当应力波到达检测线圈时，在磁致伸缩逆效应的作用下，机械应力的改变导致波导丝中磁感应强度发生变化，因此在检测线圈两端便产生感应电压。传播过程中机械能与磁场能间的转换可表示为

$$H_c = \frac{1}{\mu_r} B - 4\pi\lambda \frac{\partial\varphi}{\partial x} \tag{5-3}$$

式中，H_c 为在磁致伸缩逆效应的作用下由波导丝中磁感应强度和机械应力的变化而产生的磁场；μ_r 为波导丝相对磁导率；$\partial\varphi/\partial x$ 为波导丝角应变；λ 为波导丝角应变引起的磁场变化率，与磁致伸缩效应等相关，可由实验确定。

检测线圈开路时，不能形成闭合回路，磁场强度 H_c 为零，影响磁感应强度的主要因素是机械应力，式 5-3 可以表示为

$$B = 4\pi\lambda\mu_r \frac{\partial\varphi}{\partial x} \tag{5-4}$$

为分析波导丝中的机械应力，将磁致伸缩波导丝划分成许多的小单元，这些小单元可等效成磁畴的结构，如图 5-3 所示。

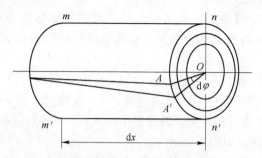

图 5-3　波导丝中小单元的扭转变形

在螺旋磁场作用下波导丝中的磁畴发生扭转变形，截面 n—n' 相对于截面 m—m' 刚性转动了 $\mathrm{d}\varphi$ 角度，半径 OA 转到 OA' 的位置，根据圆轴扭转的平面假

定，波导丝的角应变 $\partial\varphi/\partial x$ 可用波导丝所受的扭矩 T 来描述[8,9]。

$$\frac{\mathrm{d}\varphi}{\mathrm{d}x} = \frac{T}{GI_a} \tag{5-5}$$

式中，G 为波导丝材料的剪切模量，$G = E/2(1+\nu)$，其中 E 为杨氏模量，ν 为泊松比；I_a 为截面的极惯性矩。扭矩 T 的大小能够直观地反映出材料受螺旋磁场作用后的变形程度，波导丝上的扭矩 T 为[10]

$$T = \frac{\phi_m L_n}{L} \int_0^R \sqrt{H_i(r)^2 + H_m^2} \sin\left\{2\left[\arctan\frac{H_i(r)}{H_m}\right]\right\} \mathrm{d}r \tag{5-6}$$

式中，ϕ_m、L 和 L_n 分别为轴向磁通量、波导丝长度和检测线圈长度。

式 5-6 积分项中含有反正切函数、正弦函数和激励磁场的位置函数，计算比较复杂。考虑到波导丝上的脉冲电流频率较高，电流分布存在趋肤效应，波导丝表面处的电流很大，激励磁场值最大，此处的魏德曼效应显著，为了简化计算，可以用波导丝表面处的激励磁场 $H_i(R)$ 来代替式 5-6 中的激励磁场 $H_i(r)$，式 5-6 可简化为[11]

$$T = \frac{\phi_m L_n R}{L} \sqrt{H_i(R)^2 + H_m^2} \sin\left\{2\left[\arctan\frac{H_i(R)}{H_m}\right]\right\} \tag{5-7}$$

在磁致伸缩逆效应的作用下，波导丝中机械应力的改变导致检测线圈中磁感应强度发生变化，将线圈中的磁感应强度 B 对时间微分可得磁致伸缩位移传感器的输出电压 e，即将式 5-4、式 5-5 和式 5-7 代入式 5-1 可得

$$e = \frac{4\pi\lambda\mu_r NSR\phi_m \sqrt{2(1+\nu)\left[H_i(R)^2 + H_m^2\right]}}{I_a L \sqrt{E\rho}} \times \sin\left\{2\left[\arctan\frac{H_i(R)}{H_m}\right]\right\} \tag{5-8}$$

式 5-8 为螺旋磁场作用下磁致伸缩位移传感器的输出电压方程，根据电压信号传递的时间可以确定测试的位置。表明磁致伸缩位移传感器的输出电压由波导丝角应变引起的磁场变化率 λ、相对磁导率 μ_r，波导丝的半径 r、长度 L、杨氏模量 E、泊松比 ν、密度 ρ、极惯性矩 I_a，检测线圈的匝数 N、横截面积 S，磁通量轴向分量 ϕ_m、偏置磁场 H_m 和激励磁场 $H_i(R)$ 等参数决定。可见，影响磁致伸缩位移传感器输出电压的因素诸多，比较复杂。当确定了波导丝的材料、检测线圈的结构，感应电压的大小主要取决于螺旋磁场的特性。

5.3.2 考虑应力波衰减的输出电压模型

考虑应力波衰减的输出电压模型旨在建立应力波衰减与传感器输出电压的关系[12]，应力波在波导丝中传播时，由于介质的黏弹性和热传导特性，质点间相互摩擦使一部分能量转变为热能散发，称为吸收衰减。此外，波导丝中的颗粒状结构、掺杂物等会使应力波发生散射衰减，由此导致了输出电压信号的衰减。由于应力波的声压强度随传播距离呈指数变化，其声压强度 $p(x)$ 可以表示为

$$p(x) = p_0 e^{-\alpha x} \tag{5-9}$$

式中，p_0 为声源处的声压强度；x 为应力波传播距离；α 为应力波衰减系数。由于声压与声波峰值成正比，则有

$$\frac{p(x)}{p_0} = \frac{e(x)}{e_0} \tag{5-10}$$

式中，$e(x)$ 和 e_0 分别为传播距离 x 处和传播距离 $x = 0$ 处的传感器输出电压。将式5-10代入式5-9，可得传播距离 x 处传感器输出电压 $e(x)$ 为

$$e(x) = e_0 e^{-\alpha x} \tag{5-11}$$

由于衰减系数 α 很小，对于量程较小的磁致伸缩位移传感器，应力波的传播衰减可以忽略，可将式5-11中的传播距离 x 近似为0，则 $-\alpha x = 0$，从而 $e^{-\alpha x} = 1$，传感器的输出电压近似为 e_0。而对于大量程的磁致伸缩位移传感器，应力波信号在传播过程中衰减幅度较大，需要考虑应力波的传播衰减对输出电压的影响。根据法拉第电磁感应定律，传播距离 $x = 0$ 处的位移传感器的输出电压 e_0 可表示为

$$e_0 = -N \frac{\mathrm{d}\phi}{\mathrm{d}t} = -NS \frac{\mathrm{d}B}{\mathrm{d}t} \tag{5-12}$$

式中，N 为检测线圈匝数；S 为单匝线圈横截面积；ϕ 为磁通量；B 为磁感应强度；t 为时间。

当检测线圈开路时，根据5.3.1节可知，波导丝中由应力波产生的磁感应强度 B 可表示为

$$B = 4\pi\lambda\mu \frac{\partial \varphi}{\partial x} \tag{5-13}$$

式中，$\mu = \mu_r \mu_0$ 为波导丝的绝对磁导率；$\partial\varphi/\partial x$ 为角应变；λ 为角应变引起的磁场变化率，其与磁致伸缩效应有关，可由实验确定。由于应力波的产生可以归结为魏德曼效应，在前期的研究中，从魏德曼效应出发，可用波导丝的扭转磁致伸缩来描述波导丝横截面上的角应变为[11]

$$\frac{\mathrm{d}\varphi}{\mathrm{d}x} = \frac{2(\lambda_1 - \lambda_t)L}{R} \frac{H_b H_d(r)}{H_b^2 + H_d(r)^2} \tag{5-14}$$

式中，L 为检测线圈长度；R 为波导丝半径；H_b 和 $H_d(r)$ 分别为轴向偏置场强度和周向激励磁场强度；λ_1 和 λ_t 分别为波导丝轴向和周向的磁致伸缩应变值[13]。假设应力波通过检测线圈的时间为 t，应力波波速为 $\sqrt{G/\rho}$，$G = E/2(1+\nu)$。其中，G 为波导丝剪切模量，ρ 为波导丝材料密度，E 为波导丝杨氏模量，ν 为波导丝泊松比。检测线圈长度 L 为

$$L = \nu t = t\sqrt{\frac{E}{2(1+\nu)\rho}} \tag{5-15}$$

将式5-13~式5-15代入式5-12可得应力波传播距离 $x = 0$ 时的含有磁致伸缩

系数的磁致伸缩位移传感器输出电压模型，如式 5-16 所示。

$$e_0 = -\frac{8\pi\lambda\mu NS(\lambda_1 - \lambda_t)\sqrt{\dfrac{E}{2(1+\nu)\rho}}}{R} \times \frac{H_b H_d(r)}{H_b^2 + H_d(r)^2} \tag{5-16}$$

由于式 5-16 未涉及应力波在传播路径中的衰减特性，故将式 5-16 代入式 5-11，可以建立磁致伸缩传感器输出电压 e 与检测距离 x 的关系：

$$e(x) = -\frac{8\pi\lambda\mu NS(\lambda_1 - \lambda_t)\sqrt{\dfrac{E}{2(1+\nu)\rho}}}{R} \times \frac{H_b H_d(r)}{H_b^2 + H_d(r)^2}e^{-\alpha x} \tag{5-17}$$

式 5-17 给出了考虑应力波衰减特性的磁致伸缩位移传感器的输出电压模型。

5.2.3 考虑磁滞影响的传感器输出电压模型

考虑磁滞影响的磁致伸缩位移传感器输出电压模型旨在建立磁滞现象与传感器输出电压的关系[6]。在不考虑磁滞影响时，推导的螺旋磁场作用下磁致伸缩位移传感器输出电压方程，如式 5-18 所示：

$$e = \frac{4\pi\lambda\mu_r NSR\phi_m\sqrt{2(1+\nu)\left[H_i(R)^2 + H_m^2\right]}}{I_a L\sqrt{E\rho}} \times \sin\left\{2\left[\arctan\frac{H_i(R)}{H_m}\right]\right\} \tag{5-18}$$

当磁滞现象不存在时，偏置磁场对波导丝进行单向磁化，由 J-A 非磁滞模型，波导丝磁化强度 M_{an} 与外加偏置磁场强度 H_x 的关系式可表示为

$$M_{an} = M_s\left(\coth\left(\frac{H_x + \alpha M_{an}}{a}\right) - \frac{a}{H_x + \alpha M_{an}}\right) \tag{5-19}$$

式中，M_s 为波导丝饱和磁化强度；α 为波导丝畴壁相互作用系数，表征磁畴内部耦合的参数；a 为波导丝非磁滞磁化强度强度形状系数。

然而，磁致伸缩材料本身具有磁滞特性，当永磁体在波导丝上移动时，波导丝反复被磁化，使永磁体在波导丝内磁化的有效偏置磁场发生变化。根据 J-A 模型建立的波导丝外磁场 H_x 与磁化强度 M 的关系可表示为

$$H_e = H_x + \alpha M \tag{5-20}$$

$$M_{rev} = c(M_{an} - M_{irr}) \tag{5-21}$$

$$M = M_{irr} + M_{rev} \tag{5-22}$$

式中，H_e 为波导丝有效磁场；M 为波导丝磁化强度；M_{rev} 为波导丝可逆磁化强度；M_{irr} 为波导丝不可逆磁化强度；c 为波导丝可逆系数。对式 5-19 进行泰勒展开，并将式 5-20 代入到式 5-19 的展开式中可得到

$$M_{an} = M_s\left[\coth\left(\frac{H_e}{a}\right) - \frac{a}{H_e}\right] = M_s\left(\frac{H_e}{3a}\right) + O\left(\frac{H_e^3}{a^3}\right) \tag{5-23}$$

式中，$O\left(\dfrac{H_e^3}{a^3}\right)$ 表示高阶无穷小，当忽略高次项时，根据式 5-20～式 5-23 可得到波导丝内有效磁场 H_e 的表达式：

$$H_e = \frac{H_x + \alpha(1-c)M_{irr}}{1 - \dfrac{\alpha c}{3a}M_s} \qquad (5-24)$$

式 5-24 中建立了波导丝内有效场 H_e 与 H_x、M_{irr}、M_s 的关系。

波导丝不可逆磁化强度 M_{irr} 可由式 5-25 确定：

$$\frac{\mathrm{d}M_{irr}}{\mathrm{d}H} = \frac{M_{an} - M_{irr}}{\delta k} + \alpha \frac{M_{an} - M_{irr}}{\delta k} \times \frac{\mathrm{d}M}{\mathrm{d}H} \qquad (5-25)$$

式中，H 为波导丝所受磁场强度；δ 为方向系数，当 H 增大时，$\delta = +1$，当 H 减小时，$\delta = -1$；k 为不可逆损耗系数。波导丝饱和磁化强度 M_s 可由实验测得。

以上各式中的参数 α、a、k、c、M_s 可由 M-H 磁滞回线确定，当考虑磁滞影响时，此时的轴向偏置磁场应为波导丝内的有效磁场，故将式 5-24 中的有效磁场 H_e 代替式 5-18 中的轴向偏置磁场 H_m，得到考虑磁滞影响的传感器输出电压模型，如式 5-26 所示。

$$e_1 = \frac{4\pi\lambda\mu_r NSR\phi_m \sqrt{2(1+v)\left\{H_i(R)^2 + \left[\dfrac{H_x + \alpha(1-c)M_{irr}}{1 - \alpha c M_s/3a}\right]^2\right\}}}{I_a L\sqrt{E\rho}} \times$$

$$\sin\left[2\arctan\left(\frac{H_i(R)}{(H_x + \alpha(1-c)M_{irr})/(1 - \alpha c M_s/3a)}\right)\right]$$

$$(5-26)$$

当波导丝为软磁材料，永磁体在波导丝中产生的磁滞很小，传感器输出电压可用式 5-17 计算。

5.3　磁致伸缩位移传感器输出特性的影响因素

磁致伸缩位移传感器的输出特性主要由波导丝材料性能参数和检测线圈参数，以及偏置磁场和激励磁场等参数决定[7]。

5.3.1　波导丝材料性能对输出特性的影响

波导丝材料的魏德曼效应以及磁致伸缩系数等性能参数对传感器输出电压大小有着重要的影响[14,15]。表 5-1 所示为 Fe-Ni 波导丝和 Fe-Ga 波导丝的魏德曼扭转性能对比。从表 5-1 可以看出，与 Fe-Ni 波导丝相比，Fe-Ga 波导丝具有较好的魏德曼效应和较高的饱和磁致伸缩系数。

表 5-1　Fe-Ga 和 Fe-Ni 波导丝性能

波导丝特性	魏德曼扭转 $\frac{\theta}{L}$/s·cm^{-1}	饱和磁致伸缩系数
Fe-Ni 合金波导丝（0.5mm）	141	26×10^{-6}
Fe-Ga 合金波导丝（0.5mm）	245	160×10^{-6}

　　选用直径为 0.5mm 的 Fe-Ga 和 Fe-Ni 波导丝，在激励与偏置磁场特性、检测线圈参数等相同的条件下，对两种波导丝制作的位移传感器的输出特性进行了研究，测得的激励脉冲电流与输出电压的关系如图 5-4 所示。结果表明采用 Fe-Ga 波导丝的传感器输出电压显著高于 Fe-Ni 波导丝，输出电压最大值大约为 Fe-Ni 波导丝的 3 倍。因此，选用 Fe-Ga 合金作为磁致伸缩位移传感器的波导丝，能够在较小的磁场下获得传感器所需要的输出电压[16]。

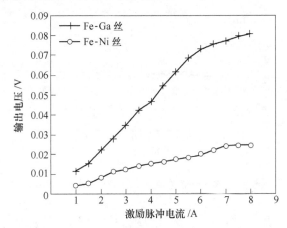

图 5-4　Fe-Ga 和 Fe-Ni 波导丝位移传感器的激励脉冲电流与输出电压的关系

5.3.2　激励磁场对输出特性的影响

　　磁致伸缩材料的扭转程度受到激励磁场的影响。激励磁场是传感器在激励脉冲信号作用下，波导丝中的脉冲电流所产生的，脉冲电流主要受三个因素影响：幅值、脉宽和频率，下面对这三个因素进行分析[17]。

　　（1）脉冲电流幅值的影响。改变流过波导丝的脉冲电流幅值，实验测试得输出电压峰值与脉冲电流幅值的关系曲线如图 5-5a 所示。由图 5-5a 可知，输出电压的峰值会随着脉冲电流幅值的增加而呈现增大的趋势，在 5.7A 左右达到最大值，根据毕奥-萨伐尔定律，电流强度和磁感应强度成正比，电流幅值增加会使波导丝产生的激励磁场强度增大，进而使得磁致伸缩材料内部磁畴分布更加趋于电流磁场的方向，磁致伸缩效应会更加明显，输出的电压幅值更大。当脉冲电流幅值达到一定值时，磁致伸缩材料内部的磁畴转向不再发生偏转，磁致伸缩效应达到饱和，波导丝扭转程度达到最大值，使得输出电压幅值达到极值，此时再增大电流的幅值，输出电压的幅值也不会再发生变化。因此，可以选择磁致伸缩达到饱和状态时所对应的脉冲电流作为磁致伸缩位移传感器中波导丝的驱动脉冲电流[18]。

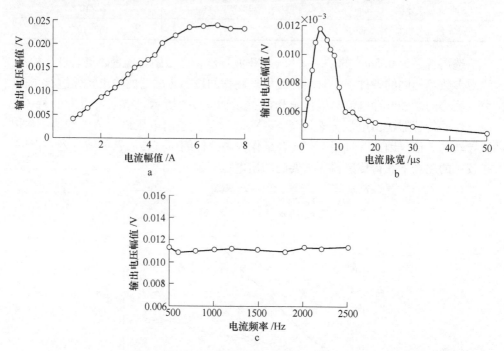

图 5-5　输出电压幅值与脉冲电流幅值（a）、宽度（b）、频率（c）的关系曲线

（2）脉冲电流宽度的影响。改变加载到波导丝上的脉冲电流宽度（即脉宽），实验测试得脉宽对输出信号的影响关系变化曲线，如图 5-5b 所示。根据图 5-5b 所示输出信号幅值和脉冲电流宽度的关系曲线可知，脉宽在 $1 \sim 5 \mu s$ 的范围内，输出电压幅值随着脉宽的增加而增大，上升趋势较快，且保持很好的线性度，在脉宽达到 $5 \mu s$ 时达到最大值，之后随着脉宽的增加呈下降趋势，且在脉宽为 $20 \mu s$ 时输出电压幅值趋于稳定。在脉宽较小时，脉冲电流的能量较小，激发的激励磁场不足以使波导丝材料磁致伸缩效应达到饱和状态，因此输出电压会随着脉宽的增加而增大，当脉宽达到一定值时，波导丝中磁致伸缩效应达到饱和，输出电压不再增加，此时脉宽继续增大，磁场在波导丝中的作用范围将会变大，使得磁致伸缩材料单位面积上磁场作用强度减小，输出电压的幅度下降，输出信号的持续时间变长。因此，选择磁致伸缩位移传感器工作的脉冲电流脉宽为 $5 \mu s$ 左右为宜。

（3）脉冲电流频率的影响。脉冲电流为可调频率的周期信号，通过调节脉冲电流频率可以控制电流作用于波导丝上的时间间隔。考虑到实验平台的满量程为1m，应力波在空气中的传播速度为2750m/s，满量程的传播时间为363μs，频率为2750Hz，为了避免脉冲电流频率过高，使两个测量周期出现重叠的现象，应设定脉冲电流的频率在2750Hz以下。通过实验得到了脉冲电流频率对输出电压强度的影响，图5-5c为输出电压幅值随脉冲电流频率的变化曲线。

由图5-5c可以得到，输出电压幅值随着脉冲电流频率的增加基本保持稳定，且不会使应力波发生突变现象，考虑到频率过低会使系统的等待时间增加，频率过高会使检测线圈的输出信号稳定性降低，经多次实验测试可知，选择脉冲电流频率为1800Hz为最佳。

5.3.3 偏置磁场对输出特性的影响

偏置磁场是由传感器中的永磁体提供的。永磁体的尺寸、放置方式等的不同，导致偏置磁场对磁致伸缩位移传感器输出信号影响的讨论比较困难。目前市场上流行的磁致伸缩位移传感器的永磁体的放置方式大体可以分为4类：第一类是单块永磁体，第二类是两块永磁体平行放置，第三类是3块永磁体互成120°，第四类是环形永磁体[19]。利用ANSYS软件对永磁体不同数量、不同放置方式下形成的偏置磁场进行了有限元分析，并且测试分析了该偏置磁场对输出电压的影响。

5.3.3.1 单块永磁体偏置磁场的影响

波导丝与单块永磁体放置方式如图5-6a所示，永磁体中心距波导丝5mm。

永磁体为单块永磁体时磁致伸缩位移传感器的输出电压波形如图5-6b所示。为了后续电路输出的准确性，提高磁致伸缩位移传感器的精度，要求磁致伸缩位移传感器的输出电压波形呈轴对称图形，并且峰值单一，电压上升和下降的速度要足够快。由图5-6b可知，此时磁致伸缩位移传感器的输出波形并非轴对称图形，且峰值的坡度不大。如果把此波形作为信号采集及处理模块的输入波形，这在很大程度上影响了磁致伸缩位移传感器的精度。

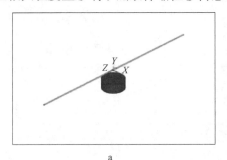

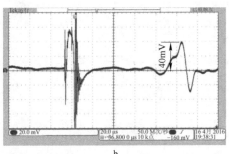

a   b

图5-6 单块永磁体放置方式与传感器的输出电压波形

5.3.3.2　两块永磁体偏置磁场的影响

　　波导丝与两块永磁体的放置方式如图 5-7 所示，靠近波导丝的磁极为 NN 极。两块永磁体平行放置，波导丝垂直穿过两块永磁体中心的连线。每块永磁体中心距离波导丝 5mm，利用有限元软件的循环命令，改变永磁体与波导丝的距离，研究波导丝内部的磁场强度。在波导丝上下两端平行的两块永磁体，其放置方式不同，一种是靠近波导丝的磁极为 NN，称为 NN 放置；另一种是靠近波导丝的磁极为 NS，称为 NS 放置。根据电磁学理论，当波导丝两端的永磁体 NS 放置时，形成的磁场在很大程度上与单块永磁体放置是一致的，所以其形成的输出电压波形大体形状相同。图 5-8a 所示为两块永磁体 NS 相对平行放置时输出电压波形。由图 5-8a 可知，此时输出电压的波形为中心对称图形，与图 5-6b 所示单块永磁体放置时的输出电压波形大体相同。由于两块永磁体的存在，其磁场强度较单块永磁体的磁场强度大，所以其输出电压的幅值也较单块永磁体输出电压的幅值大[20]。

　　图 5-8b 所示为两块永磁体 NN 相对平行放置时，磁致伸缩位移传感器的输出电压波形。由图 5-8b 可以看出，此时的输出电压存在两个波峰，并且输出电压幅值仅为 16mV，极大地影响磁致伸缩位移传感器的精度。

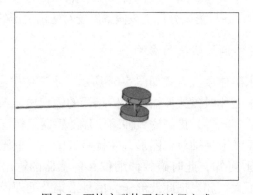

图 5-7　两块永磁体平行放置方式

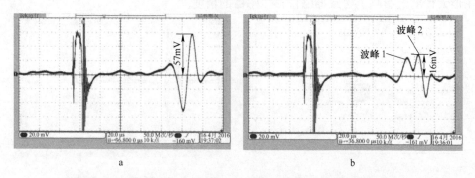

a　　　　　　　　　　　　　　　　　b

图 5-8　两块永磁体 NS 放置与 NN 放置时的传感器输出电压波形

5.3.3.3 三块永磁体偏置磁场的影响

3块永磁体互成120°时有两种放置方式，一种是靠近波导丝的磁极为NNN，称为NNN放置方式；一种是靠近波导丝的磁极为NNS，称为NNS放置方式。

在放置永磁体时，3块永磁体的重心所在的平面需与波导丝横截面平行，且两两重心所形成的夹角为120°，如图5-9所示，当永磁体采用NNN放置时，磁致伸缩位移传感器的输出电压波形为双波峰，如图5-10a所示，确定其中心位置时存在难度，影响检测精度。当永磁体采用NNS放置时，传感器的输出电压波形如图5-10b所示，此时的波形基本呈轴对称分布，且波峰波谷的坡度较好，可以作为信号处理模块的输入。

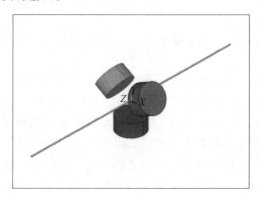

图5-9 3块永磁体互成120°放置方式

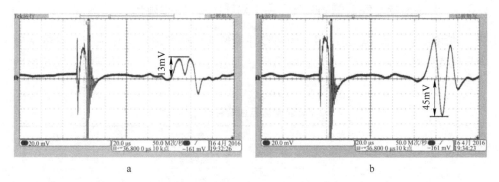

a   b

图5-10 3块永磁体NNN放置与NNS放置时的输出电压波形

5.3.3.4 环形永磁体偏置磁场的影响

用同样的方法对环形永磁体进行分析，其放置方式如图5-11a所示。

放置环形永磁体时尽量使得波导丝垂直穿过环形永磁体，并处于环形永磁体的中心。图 5-11b 所示为环形永磁体对磁致伸缩位移传感器输出电压波形。由图 5-11b 可知，此时波形呈标准的轴对称图形，且波峰具有非常好的坡度，波谷幅值是波峰幅值的 1/3。

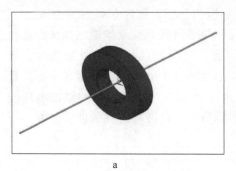
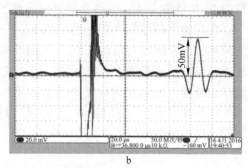

a　　　　　　　　　　　　　　　　　　b

图 5-11　环形永磁体放置方式与传感器输出电压波形

不同永磁体数量及不同形状在不同放置方式下对比所得的结论：单块永磁体和两块永磁体 NS 平行放置对输出电压波形的影响大体相同，且输出电压波形呈中心对称。两块永磁体 NN 放置和 3 块永磁体 NNN 放置对输出电压波形的影响大体相同，此时存在两个波峰和 1 个波谷，无法确定中心位置。3 块永磁体 NNS 放置和环形永磁体对输出电压波形的影响大体相同，波形都呈轴对称分布，并且都有很好的坡度。此时的输出电压幅值为 50mV，远远超过其他几种放置方式，可以选择 3 块永磁体 NNS 放置或者环形永磁体作为偏置磁场。

5.3.4　激励磁场与偏置磁场共同作用下对输出特性的影响

利用推导的螺旋磁场作用下的磁致伸缩位移传感器输出电压模型，对激励磁场与偏置磁场共同作用下的传感器输出电压进行数值计算[7]，计算中采用的参数见表 5-2。

表 5-2　计算参数及由实验确定的 λ 值

参　数	数值	参　数	数值
线圈匝数 N	400	波导丝线径 R/mm	0.5
弹性模量 E/MPa	180	波导丝长度 L/mm	1000
密度 $\rho/g \cdot cm^{-3}$	8.0	单匝线圈面积 S/mm^2	15.89
磁通量 ϕ_m/Wb	1	相对磁导率 μ_r	600
泊松比 ν	0.25	角应变引起的磁场变化率 $\lambda/A \cdot m^{-1}$	0.067

当偏置磁场强度为 3kA/m 时，利用上式计算得到的传感器激励磁场与输出电压的关系如图 5-12a 所示。

图 5-12a 表明，当波导丝处于较低的激励磁场时，魏德曼效应不够显著，输出电压值较小。随着激励磁场增加，材料内部的磁畴在强动载荷作用下偏离其平衡位置运动，激发出应力波，出现明显的魏德曼效应，输出电压随激励磁场的增加而线性增加。

当激励磁场为 3kA/m，即激励磁场与偏置磁场相等时，输出电压达到线性段的顶端。这是因为输出电压不仅与激励磁场有关，还与偏置磁场相关。当激励磁场与偏置磁场相等时，螺旋磁场的方向为 45°，根据式 5-8 关于角度的计算项可知传感器输出电压达到最大值，导致传感器输出电压达到线性段的顶端；当激励磁场强度大于 3kA/m 后，波导丝中机械应力导致的磁化强度变化减小，输出电压随激励磁场增加而缓慢增加。

当激励磁场为 2.5kA/m 时，偏置磁场与传感器的输出电压关系如图 5-12b 所示；当偏置磁场小于 2.5kA/m 时，传感器的输出电压随偏置磁场的增加而快速增大。基于磁畴理论，偏置磁场使波导丝中的磁畴发生畴壁位移或磁畴转动，磁化强度急剧增大，导致传感器输出电压快速增大。当偏置磁场大于 2.5kA/m 时，磁化强度趋于饱和，表现为输出电压缓慢增加。

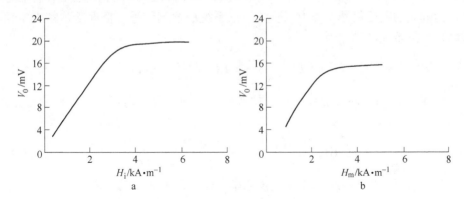

图 5-12　激励磁场与偏置磁场分别作用下磁场与传感器输出电压的关系曲线

图 5-12a 与图 5-12b 的结果表明传感器的输出电压值都是在激励磁场与偏置磁场数值相等时出现转折点，并达到线性段的顶端。当激励磁场与偏置磁场相等时，利用式 5-2、式 5-8 计算螺旋磁场作用下传感器的输出电压，计算结果如图 5-13 所示。

图 5-13 表明，螺旋磁场与输出电压之间存在线性关系。当激励磁场与偏置磁场强度均为 3kA/m，螺旋磁场强度为 4.24kA/m 时，传感器输出电压的计算值为 18.09mV。因此设计磁致伸缩位移传感器时，应满足：（1）激励磁场与偏置磁场相等或接近；（2）较大的螺旋磁场。综合考虑输出电压信号强度，可将偏置磁场与激励磁场设定在 2~3kA/m 范围内。

5.3.5　检测线圈对输出特性的影响

将检测线圈电路模型等效为二阶欠阻尼闭环电路系统，如图 5-14 所示。

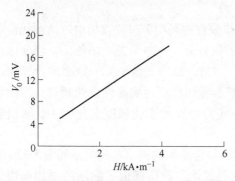　　　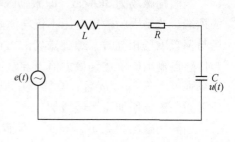

图 5-13　螺旋磁场与传感器输出电压的关系曲线　　　图 5-14　检测线圈等效电路图

该电路系统中 L、R 分别为检测线圈的电感和内阻，C 为检测线圈的分布电容，$e(t)$ 为检测信号的感应电动势，作为二阶欠阻尼系统的输入激励信号。$u(t)$ 为响应的电压信号，作为二阶欠阻尼系统的检测信号。根据基尔霍夫定律，该闭环二阶系统可描述为

$$e(t) = LC \frac{\mathrm{d}^2 u(t)}{\mathrm{d}t^2} + RC \frac{\mathrm{d}u(t)}{\mathrm{d}t} + u(t) \tag{5-27}$$

将式 5-27 的闭环二阶系统进行拉普拉斯变换，得到闭环二阶系统的传递函数为

$$G(s) = \frac{u(s)}{e(s)} = \frac{1/LC}{s^2 + (R/L)s + 1/LC} \tag{5-28}$$

分别定义二阶系统的无阻尼振荡频率，即固有频率 ω_{n} 为

$$\omega_{\mathrm{n}} = \sqrt{\frac{1}{LC}} \tag{5-29}$$

阻尼比 ξ 为

$$\xi = \frac{R}{2}\sqrt{\frac{C}{L}} \tag{5-30}$$

衰减系数 α 为

$$\alpha = \frac{R}{2L} \tag{5-31}$$

将式 5-29 和式 5-30 代入式 5-28 并进行化简得到

$$G(s) = \frac{\omega_{\mathrm{n}}^2}{s^2 + 2\xi\omega_{\mathrm{n}}s + \omega_{\mathrm{n}}^2} \tag{5-32}$$

式 5-32 为二阶闭环电路系统的传递函数，由于线圈检测到的信号为周期性的连续信号，可以通过傅里叶级数展开成各次正弦谐波信号叠加的形式[21]。因此选择正弦波信号作为二阶电路系统的输入信号。假设输入的正弦信号 e_i 为

$$e_i = E_0 \sin(\omega t + \phi) \tag{5-33}$$

经过拉普拉斯变换得到

$$E(s) = \frac{sE_0 \sin\varphi + \omega E_0 \cos\phi}{s^2 + \omega^2} \tag{5-34}$$

通过系统的传递函数，整理得到系统的响应为

$$U(s) = G(s)E(s) = \frac{K_1}{s + j\omega} + \frac{K_2}{s - j\omega} + \frac{K_3}{s - k_1} + \frac{K_4}{s - k_2} \tag{5-35}$$

式中，K_1、K_2、K_3、K_4 均为常数，经过计算可得到

$$K_1 = (s + j\omega)U(s)\Big|_{s = -j\omega} = \frac{E_0 \omega_n^2 e^{-j\varphi}}{j(2\omega^2 - 2\omega_n^2) - 4\xi\omega\omega_n} \tag{5-36}$$

$$K_2 = (s - j\omega)U(s)\Big|_{s = j\omega} = \frac{E_0 \omega_n^2 e^{j\varphi}}{-j(2\omega^2 - 2j\omega_n^2) - 4\xi\omega\omega_n} \tag{5-37}$$

$$K_3 = (s - k_1)U(s)\Big|_{s = \omega_n(\sqrt{\xi^2 - 1} - \xi)} \tag{5-38}$$

$$K_4 = (s - k_2)U(s)\Big|_{s = \omega_n(-\sqrt{\xi^2 - 1} - \xi)} \tag{5-39}$$

将式 5-35 进行拉普拉斯逆变换得到

$$u(t) = K_1 e^{-j\omega t} + K_2 e^{j\omega t} + K_3 e^{jk_1 t} + K_4 e^{jk_2 t} \tag{5-40}$$

将式 5-36 ~ 式 5-39 代入上式得到

$$u(t) = K_{11} e^{-j(\omega t + \varphi)} + K_{22} e^{j(\omega t + \varphi)} + K_3 e^{jk_1 t} + K_4 e^{jk_2 t} \tag{5-41}$$

其中，

$$K_{11} = \frac{E_0 \omega_n^2[-4\xi\omega\omega_n - j(2\omega^2 - 2\omega_n^2)]}{(4\xi\omega\omega_n)^2 + (2\omega^2 - 2\omega_n^2)^2}, \quad K_{22} = \frac{E_0 \omega_n^2[-4\xi\omega\omega_n + j(2\omega^2 - 2\omega_n^2)]}{(4\xi\omega\omega_n)^2 + (2\omega^2 - 2\omega_n^2)^2}$$

将式 5-41 进行化简得到

$$u(t) = K_m \sin(\omega t + \varphi - \varphi_0) + K_3 e^{jk_1 t} + K_4 e^{jk_2 t} \tag{5-42}$$

其中，

$$K_m = \left\{\left[\frac{(-8E_0 \omega_n^3 \varepsilon\omega)^2}{(4\xi\omega\omega_n)^2 + (2\omega^2 - 2\omega_n^2)^2}\right]^2 + \left[\frac{(4E_0 \omega_n^2(\omega^2 - \omega_n^2))^2}{(4\xi\omega\omega_n)^2 + (2\omega^2 - 2\omega_n^2)^2}\right]^2\right\}^{-1/2}$$

$$\tag{5-43}$$

根据式 5-43 可知，$K_m\sin(\omega t+\varphi-\varphi_0)$ 为系统的稳态响应，$K_3e^{jk_1t}+K_4e^{jk_2t}$ 为系统的暂态响应，可以得到稳态响应为一条振幅为 K_m 的正弦曲线，暂态响应为一条呈指数衰减的曲线。要使系统快速得到稳定的状态就要减少暂态过程的响应时间，而暂态过程的响应时间和系统的阻尼比、衰减系数有关，阻尼比和衰减系数越大，暂态响应衰减越快，系统越易趋于稳定，因此要适当增加阻尼比和衰减系数。系统的阻尼比和电参数相关，电参数特性主要由检测线圈的物理参数决定，如检测线圈的线径、截面积、长度和匝数等因素。

（1）检测线圈线径的影响。线圈的电阻会随着线径的增加而减小，线圈的电感随着线径的增加而增大[17]。根据式 5-30 和式 5-31 可知，阻尼比和衰减系数与线圈的电阻成正比，前者与线圈电感的平方根成反比，后者与线圈的电感成反比，线径增加会导致线圈的谐振频率降低，同时使电容两端电压变化的周期时间增加，线圈的响应速度变慢，因此在线径的选择上，尽可能选择线径较细的漆包线来缠绕线圈，考虑到绕线的可行性，选择检测线圈的漆包线线径为 0.06mm 左右为宜。

（2）检测线圈截面积的影响。由式 5-1 可知，感应电动势和检测线圈截面积、线圈匝数成正比，线圈截面积越大，接收到的感应电动势幅度越大，但随着线圈截面积的增大，线圈的磁滞损耗也会随之增加，同时漏磁变大。设波导丝截面积为 S_1，线圈截面积为 S_2，$\gamma=S_1/S_2$ 为线圈的填充系数，当 $\gamma\geqslant 1/4$ 时，线圈的磁滞损耗会随线圈内气隙空间的增大呈现递减趋势，当 $S_1/S_2=1/4$ 时，线圈的磁滞损耗达到最小，综合考虑以上因素，当线圈截面积为波导丝截面积的 4 倍时为最佳。

（3）检测线圈长度的影响。线圈长度和电感有如下关系：

$$L=\frac{k\mu_0N^2S}{d} \tag{5-44}$$

式中，L 为线圈电感；d 为线圈长度；k 为长冈系数；N 为线圈匝数；μ_0 为真空磁导率。长冈系数 k 由 $2R/d$ 决定，如表 5-3 所示，R 为线圈截面半径，d 为线圈长度。

表 5-3　长冈系数

$2R/d$	0.2	0.3	0.4	0.6	0.8	1.0
k	0.92	0.88	0.85	0.79	0.74	0.69
$2R/d$	1.5	2.0	3.0	4.0	5.0	10
k	0.6	0.52	0.43	0.37	0.32	0.2

根据表 5-3，可以得到长冈系数和线圈长度之间的对应关系，对数据进行拟合，可以得到如图 5-15a 所示的关系曲线。

拟合关系曲线为三次多项式形式，可以得到的拟合多项式为

$$k = 3029400d^3 - 57896d^2 + 349d + 0.2 \tag{5-45}$$

将式 5-45 代入式 5-44，得到线圈长度和电感的关系，两者的关系如图 5-15b 所示。根据图 5-15b 可知，电感值随线圈长度增加呈指数衰减，在长度达到 8mm 时达到最小值且保持稳定，检测线圈不宜过长，线圈中应力波的感应时间即为应力波穿过线圈所用的时间，线圈过长，将会使线圈的感应时间变长。综合考虑，选择线圈的长度 8mm 为宜。

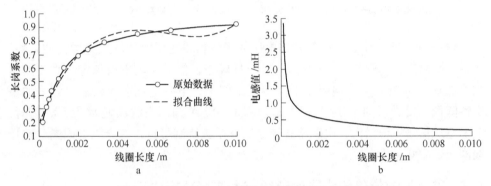

图 5-15　长冈系数、电感值与线圈长度的关系曲线

（4）检测线圈匝数的影响。感应电动势和线圈匝数成正比，线圈匝数越多，感应电动势越大，但匝数增加会导致电感变大，使得系统的阻尼比和衰减系数降低，使得系统的暂态时间加长，同时会导致线圈带宽降低，使得接收到的部分频段信号丢失。通过观察不同线圈匝数下应力波检测信号，分别使用 300、400、600、800、1000、1500 匝数的线圈进行实验，线圈绕制时要求线与线之间尽可能紧密，减少漏磁的影响。在相同测试条件下，不同检测线圈匝数下传感器的输出电压波形如图 5-16a ~ f 所示。

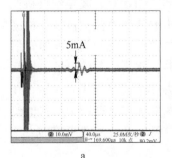
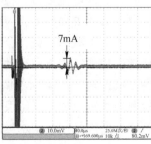
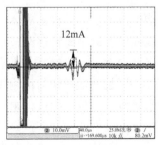

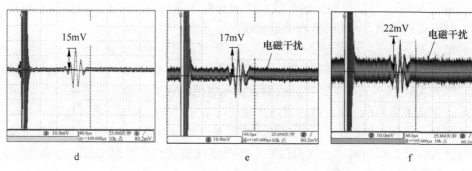

图 5-16　不同线圈匝数下传感器输出电压波形

a—匝数 300；b—匝数 400；c—匝数 600；d—匝数 800；e—匝数 1000；f—匝数 1500

根据图 5-16 所示，传感器输出电压的峰值随线圈匝数的增加呈增大的趋势，且在线圈匝数为 1000 匝以下时，电磁干扰较小，信号比较平滑稳定，当线圈匝数增加到 1000 匝之后，电磁干扰变得更加明显，电磁干扰会导致输出信号的稳定性降低，使测量的不确定性增加。由图 5-16 可知，当线圈匝数为 800 匝时，输出电压信号峰值最大，电磁干扰较小，且手工绕制可行，综合以上因素，选择线圈匝数 800 匝为宜。

5.4　磁致伸缩位移传感器波导丝应力波衰减特性

应力波在波导丝中传播时会发生衰减，尤其是在大量程磁致伸缩位移传感器中，应力波的衰减会对其输出电压造成影响，严重时会使传感器失效，为此，需要对传感器中波导丝的应力波特性进行研究[22]。

5.4.1　衰减特性实验研究方法

波导丝的应力波衰减特性，以及该特性对传感器输出电压的影响可以通过衰减系数 α 来进行说明，为此需要制订合理的实验方案来测量衰减系数 α。根据磁致伸缩传感器工作原理可知，保持脉冲电流参数、检测线圈参数、波导丝材料性能参数不变时，将永磁体向检测线圈的方向移动，应力波从产生位置传播到检测线圈位置的距离将逐渐减小，由于应力波的衰减，会导致检测线圈输出电压幅值单调增大。实验表明，当永磁体向检测线圈方向移动时，检测线圈输出的电压幅值并不是随永磁体与检测线圈之间距离的减小而单调增大，如图 5-17a 所示，在永磁体位移减小的过程中，检测线圈输出的电压幅值受波导丝材料内部参数的变化大于应力波传播短距离的衰减，所以采用移动永磁体来研究应力波衰减的方法是不可行的。

针对上述问题，提出一种新的实验方案，其原理如图 5-17b 所示。将永磁体

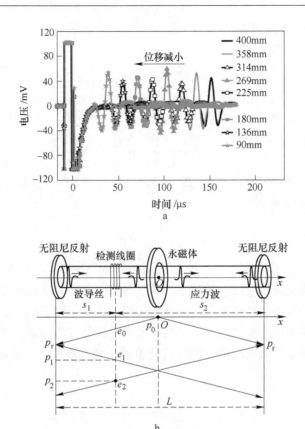

图 5-17 永磁体位移减小时的输出电压波形与衰减系数测量实验方案

放置在波导丝正中间，去掉波导丝两端的阻尼，在波导丝上施加脉冲电流时，永磁体位置处产生的应力波分别向波导丝两端传播。由于激励条件和边界条件相同，分别向波导丝两端传播的应力波振幅是相同的。向检测线圈方向传播的应力波经过检测线圈覆盖部分的波导丝时会产生电压信号 e_0，当传播到波导丝的两端时，应力波在波导丝两端发生无阻尼反射[23]。同时，考虑到反射时应力波会产生一定的衰减，设反射衰减系数为 τ，反射后两个应力波向反方向传播，这时传播到检测线圈处所产生的电压信号分别为 e_1 和 e_2。

图 5-17b 中，s_1 和 s_2 分别为检测线圈与波导丝左端和右端的距离，L 为波导丝的长度，p_r 为应力波反射后的声压强度，p_1 和 p_2 分别为产生电压信号 e_1 和 e_2 时的声压强度。根据式 $p = p_0 e^{-\alpha x}$，应力波从产生到反射后声压变为 p_r，则 p_r 可表示为

$$p_r = \tau p_0 e^{-\alpha L/2} \tag{5-46}$$

由于永磁体位于波导丝中间位置，超声波从产生到反射所传播的距离 s 都为

$L/2$，且都发生一次无阻尼反射，故反射后的声压相同，均为 p_r。

则声压强度 p_1 和 p_2 可表示为

$$\begin{cases} p_1 = p_r e^{-\alpha s_1} \\ p_2 = p_r e^{-\alpha s_2} \end{cases} \tag{5-47}$$

则衰减系数 α 为

$$\alpha = \frac{1}{s_2 - s_1} \ln \frac{e_1}{e_2} \tag{5-48}$$

由于本节的衰减系数 α 均以 dB/m 为单位，根据单位要求对式 5-48 进行整理，衰减系数 α 可表示为[3]

$$\alpha_1 = \frac{1}{s_2 - s_1} 20 \lg \frac{e_1}{e_2} \tag{5-49}$$

若只取峰值电压，利用式 5-49 计算应力波的衰减系数，计算结果容易受到噪声的影响，并且对于衰减系数较小的波导丝材料，研究其应力波信号整体衰减程度时，若仅选取两个峰值信号将会增大实验的误差。为了减小测量可能出现的偶然误差，提高测量准确度，本节采用矩形窗分别截取两峰值附近区域的输出电压信号来计算衰减系数 α，对式 5-49 进行整理，则波导丝实际的衰减系数 α 可表示为

$$\alpha_2 = \frac{1}{n - m} \sum_{i=m}^{n} \frac{20}{s_2 - s_1} \lg \frac{e(i)}{e(i+N)} \tag{5-50}$$

式中，$N = f(s_2 - s_1)/v$；f 为采样频率；v 为应力波声速。

利用上述实验方案可以对波导丝的应力波衰减特性进行较为准确的分析，利用式 5-50 可以对波导丝的应力波衰减系数 α 进行计算。

5.4.2　衰减特性影响因素分析

对波导丝应力波衰减特性的影响因素进行分析表明，波导丝应力波衰减特性与波导丝参数、应力波频率，以及波导丝两端所受到的拉力有关。

5.4.2.1　波导丝参数对其应力波衰减特性的影响

当波导丝两端不受拉力作用，且脉冲电流频率为 65kHz 时，经实验测量，线径为 0.5mm 的 Fe-Ga 和 Fe-Ni 波导丝的衰减系数 α 拟合曲线如图 5-18a 所示，由式 5-49 可知，电压的衰减分贝 $20\lg(e_1/e_2)$ 与位移差 s_2-s_1 呈正比例关系，为减小实验误差，移动检测线圈多次测量，采用正比例函数对数据进行最小二乘拟合，拟合直线的斜率即为应力波在波导丝内传播的衰减系数 α。斜率越大表示衰减系数越大。拟合得到 Fe-Ga 和 Fe-Ni 的衰减系数 α 分别为 1.34dB/m 和 1.57dB/m。

表明 Fe-Ga 材料作为应力波传播导体时对波的衰减较小。保持波导丝拉力与脉冲电流频率条件不变，经实验测量，线径分别为 0.4mm、0.5mm、0.8mm 和 1mm 的 Fe-Ga 波导丝的衰减系数 α 拟合曲线如图 5-18b 所示，该实验结果表明，随波导丝线径的增大，拟合直线的斜率增大，即波导丝线径的增大会使应力波的衰减系数 α 增大。

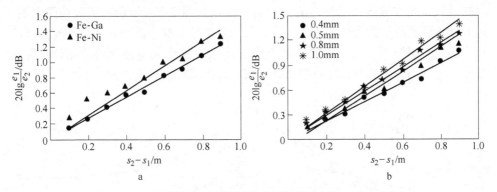

图 5-18　不同材料、不同线径波导丝的衰减系数 α 拟合曲线

综上，在制作大量程磁致伸缩位移传感器时应采用 Fe-Ga 作为波导丝材料，且波导丝的线径不宜过大。

5.4.2.2　应力波频率对波导丝应力波衰减特性的影响

为得到不同频率的应力波，通过改变永磁体的尺寸和调节脉冲电流的脉宽，使在波导丝内产生不同频率的应力波。Fe-Ga 和 Fe-Ni 波导丝作为应力波传播介质时衰减系数 α 与应力波频率的关系如图 5-19 所示，实验结果表明，随着应力波频率的增大，应力波在两种不同材料波导丝内传播的衰减系数 α 都略有增大。故在制作大量程磁致伸缩位移传感器时，应力波的频率不宜过高。

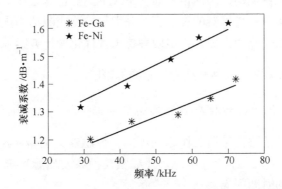

图 5-19　应力波衰减系数 α 与频率的关系曲线

5.4.2.3　波导丝两端拉力对其应力波衰减特性的影响

保持波导丝线径一定，Fe-Ga 波导丝两端受 20MPa 和 50MPa 拉力作用下的衰减系数 α 拟合曲线如图 5-20a 所示，实验结果表明，波导丝两端受到 50MPa 拉力时拟合直线的斜率较小，即衰减系数 α 比受到 20MPa 拉力作用时略有减小。衰减系数 α 与波导丝两端拉力的变化关系曲线如图 5-20b 所示，实验结果表明，随波导丝两端所受拉力的增大，应力波的衰减系数 α 略有减小，当波导丝两端的拉力达到 60MPa 后，衰减系数 α 趋于稳定。故在制作大量程磁致伸缩位移传感器时，为减小应力波在传播过程中的衰减，可适当施加一定的拉力。

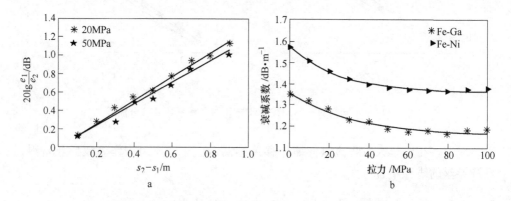

图 5-20　不同拉力作用下衰减系数 α 的拟合与关系曲线

5.5　磁致伸缩位移传感器抗干扰优化设计

磁致伸缩位移传感器的干扰可分为内部干扰与外部干扰两部分，内部干扰主要源于驱动模块与信号处理模块产生的电流与磁场、外部干扰主要来源于工作环境温度的变化与机械振动，为使传感器在干扰下能够正常工作，本节分析了温度变化与脉冲电流噪声对传感器的影响，并分别从检测线圈结构优化与传感器输出电压信号处理方法优化两方面，提出两种抗干扰优化设计方案。

5.5.1　温度变化干扰与噪声干扰对传感器的影响

5.5.1.1　温度变化干扰对传感器的影响

根据磁致伸缩位移传感器工作原理可知，传感器的测量距离 x 可用公式 $x = vt$ 表示，其中 v 为应力波波速，t 为从外部驱动模块发出脉冲电流到检测线圈两端产生输出电压的时间间隔。

应力波在波导丝中的传播速度 v 可表示为

$$v = \sqrt{\frac{G}{\rho}} \tag{5-51}$$

式中，G 为波导丝剪切模量；ρ 为波导丝材料密度。

波导丝的剪切模量 G 与弹性模量 E、泊松比 μ 的关系为

$$G = \frac{E}{2(1 + \mu)} \tag{5-52}$$

式中，波导丝弹性模量 E 是其应力与应变之比，表示波导丝材料的抗变形能力。波导丝弹性模量 E 随波导丝温度 T 的变化关系可表示为

$$E = E_0(1 - 25\alpha T) \tag{5-53}$$

式中，E_0 为绝对零度时的波导丝弹性模量；α 为波导丝线膨胀系数；T 的温标为开氏温度。

将式 5-53 代入式 5-52，波导丝剪切模量 G 随波导丝温度 T 的变化关系可表示为[24]

$$G = \frac{E_0(1 - 25\alpha T)}{2(1 + \mu)} \tag{5-54}$$

波导丝材料密度 ρ 为其质量 M 与其体积 V 的比值。在传感器工作时，波导丝的质量 M 视为不变量，而波导丝的半径 r 与长度 l 会随波导丝温度 T 的变化发生热胀冷缩现象，其变化规律可表示为

$$\begin{cases} l = l_0(1 + \alpha T) \\ r = r_0(1 + \alpha T) \end{cases} \tag{5-55}$$

式中，l_0、r_0 分别为绝对零度时波导丝的长度、半径，则波导丝体积 V 可表示为

$$V = \pi l r^2 = (1 + \alpha T)^3 V_0 \tag{5-56}$$

式中，V_0 为绝对零度时波导丝的体积，则波导丝材料密度 ρ 可表示为

$$\rho = \frac{M}{V} = \frac{M}{(1 + \alpha T)^3 V_0} = \frac{\rho_0}{(1 + \alpha T)^3} \tag{5-57}$$

式中，ρ_0 为绝对零度时波导丝密度。

根据式 5-54、式 5-57 可知，波导丝的剪切模量 G 和密度 ρ 都与波导丝温度 T 有关，将式 5-54、式 5-57 代入式 5-51 得到应力波波速 v 与波导丝温度 T 的关系式：

$$v = \sqrt{\frac{(1 - 25\alpha T)(1 + \alpha T)^3}{2(1 + \mu)}} \times \sqrt{\frac{E_0}{\rho_0}} \tag{5-58}$$

在磁致伸缩位移传感器工作时，波导丝发生的形变处于其弹性范围内，则波导丝泊松比 μ 可视为常数。对式 5-58 中 $(1 + \alpha T)^3$ 项进行展开运算，并略去线膨胀系数 α 的高次项，则式 5-58 可化简为

$$v = K\sqrt{1 - 22\alpha T} \tag{5-59}$$

式中，$K = \sqrt{E_0/[2(1+\mu)\rho_0]}$ 与波导丝温度 T 无关，为常数项，而式 5-59 右侧的波导丝线膨胀系数 α 为变量，其值会随着波导丝温度的增高而增大。根据式 5-59 中应力波波速 v 与波导丝温度 T 的反比例关系可知，应力波波速 v 会随着波导丝温度 T 的增加而减小。

可见，当波导丝温度 T 变化时，利用 $x = vt$ 进行传感器测量距离的计算时会产生较大的误差，为使传感器能够在温度变化较大的环境中达到高精度测量，需要优化传感器结构，对温度变化干扰进行补偿。

5.5.1.2　噪声干扰对传感器的影响

磁致伸缩位移传感器工作时，检测线圈两端的输出信号波形如图 5-21 所示，其中，图 5-21a 为输出信号整体波形图，图 5-21b 为部分信号的电压幅值放大图，其中，应力波信号下半部分为传感器有效信号，有效信号的幅值即为传感器输出电压幅值。

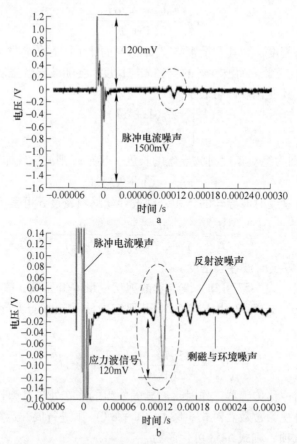

图 5-21　磁致伸缩位移传感器输出信号波形

由图 5-21 可知，应力波信号主要受到脉冲电流噪声、反射波噪声、剩磁与环境噪声等干扰信号的影响，传感器输出电压峰值约为 120mV。图 5-21a 中脉冲电流噪声下半部分电压峰值在 1500mV 左右，相比于其他类型的噪声信号，脉冲电流噪声信号的电压峰值明显大于传感器输出电压峰值，说明脉冲电流噪声为传感器噪声干扰的主要部分。脉冲电流噪声峰值波动较大，会使传感器输出信号的信噪比降低，不利于信号处理模块的正常工作。但是，传统的电路滤波方法并不能消除脉冲电流噪声。因此，需要对传感器结构进行优化。

5.5.2 双检测线圈传感器结构设计

基于磁致伸缩位移传感器结构与工作原理，提出一种双检测线圈传感器结构，如图 5-22 所示，该结构在原单检测线圈传感器结构的基础上，右端增加了一个 2 号检测线圈，将检测线圈 1 和 2 进行反向串联后输出电压信号送往信号处理模块。

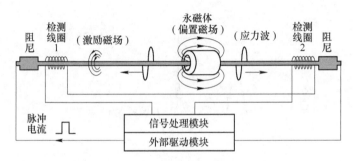

图 5-22 双检测线圈传感器结构示意图

在双检测线圈结构下，传感器从电流脉冲产生开始计时，应力波向左传播到 1 号检测线圈时间为 t_1，应力波向右传播到 2 号检测线圈时间为 t_2，由于两检测线圈分别位于波导丝的左右两端，应力波传播速度为 v，则波导丝长度 l 可表示为

$$l = v(t_1 + t_2) \tag{5-60}$$

对式 5-60 进行整理，得到双检测线圈结构传感器中应力波传播速度 v 的表达式

$$v = \frac{l}{t_1 + t_2} \tag{5-61}$$

令应力波向右传播到 2 号检测线圈的时间 t_2 为传感器的测量时间，则双检测线圈结构传感器的测量距离 x 计算式可表示为

$$x = vt_2 = l \frac{t_2}{t_1 + t_2} \tag{5-62}$$

　　将式 5-62 与传统单检测线圈结构的传感器测量距离计算式 $x = vt$ 进行对比可以看出，在双检测线圈结构下，传感器的测量距离 x 计算式中消除了速度项 v。温度变化干扰会对应力波波速 v 造成影响，不同温度下的应力波波速 v 不同，而式 5-62 不含速度项 v，因此，采用双检测线圈传感器结构避免了温度变化干扰对传感器的影响。

　　理论上，由于电流在波导丝中的传播速度非常快，当电流经过两个检测线圈位置时，可近似认为两个检测线圈中同时产生感应电压，如果 1、2 号检测线圈完全相同，在 1、2 号检测线圈中产生的脉冲电流噪声信号也相同。因此，若将两个检测线圈的输出端用导线进行反向串联，可将脉冲电流噪声信号完全抵消。

　　在实验中，由于线圈在制作过程中存在误差，无法保证两个检测线圈完全相同，其参数存在差异，导致两检测线圈中脉冲电流噪声信号不完全相同，如图 5-23a 所示。在这种情况下，将两个检测线圈的输出端用导线进行反向串联，传感器的输出信号波形如图 5-23b 所示。对比分析图 5-21 与图 5-23 可知，单检测线

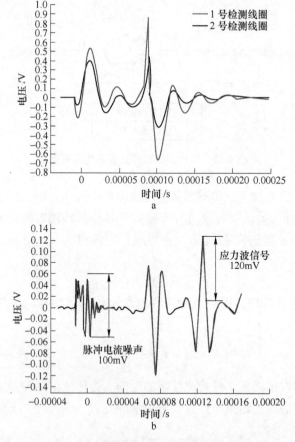

图 5-23　双检测线圈结构传感器输出信号波形

圈结构传感器的脉冲电流噪声信号电压峰值为 2700mV，应力波信号电压峰值为 120mV。双检测线圈结构传感器的脉冲电流噪声信号电压峰值降低为 100mV，应力波信号电压峰值保持为 120mV 不变，脉冲电流噪声信号降低到单检测线圈结构传感器的 1/27。可见，采用双检测线圈结构有效减小了脉冲电流噪声信号的电压幅值，提高了传感器输出信号的信噪比。

5.5.3 传感器输出信号动态双侧阈值时间定位法

由磁致伸缩位移传感器工作原理可知，保证传感器测量精度的前提是准确测量应力波在永磁体与检测线圈之间的传播时间，即对传感器输出信号所在时刻进行准确定位。目前，传感器输出信号定位方法主要有阈值法和峰值法两种[25]。

阈值法的应力波传播时间定位原理如图 5-24a 所示。该方法的原理为，在传感器的信号处理模块中设置一个阈值电压 U_t，当传感器输出电压幅值达到阈值电压 U_t 时，将这一时刻作为传感器输出信号所在时刻。阈值法的缺点为，由 5.5 节可知，应力波在传播过程中存在一定的衰减，当检测线圈的位置发生变化时，输出电压会发生变化（电压由 U_1 变化到 U_2）将影响输出信号所在时刻的确定（时刻由 t_1 变化到 t_2），导致阈值法定位不稳定。

峰值法应力波传播时间定位原理如图 5-24b 所示。其原理为利用传感器的信号处理模块，将输出信号的电压峰值作为传感器输出信号所在时刻。该方法的缺点是由于输出信号的斜率在峰值附近较小，电压波形在峰值附近出现平顶，该现象使传感器很容易受到噪声信号的干扰，即使是较小的噪声电压 ΔU 也会产生较大的时间误差 Δt_1，导致传感器的测量精度降低。

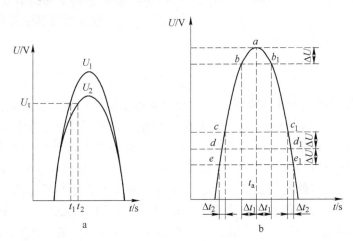

图 5-24 应力波传播时间定位原理

针对上述两种方法的缺点，提出一种动态双侧阈值法来进行时间定位，即分别在输出信号电压峰值两侧取相同的阈值电压，将两个阈值电压对应时间的平均值作为定位时刻（峰值时刻）。

由于阈值法对输出电压幅值变化的适应性较差，下面将峰值法与动态双侧阈值法进行比较，假设检测线圈输出信号由有效信号和噪声信号组成，即

$$U = U_a + K(t) \cdot \Delta U \tag{5-63}$$

式中，U_a 为有效信号电压；ΔU 为最大噪声信号电压；$K(t)$ 为最大噪声电压系数，且满足条件 $-1 \leqslant K(t) \leqslant 1$。由于噪声信号具有随机性，传感器输出信号的电压峰值会在真实峰值电压 ΔU 范围内（见图 5-24b），所以峰值法定位的时间在真实峰值时间 t_a 的 Δt_1 范围内，所以峰值法的时间误差为 Δt_1。

如图 5-24b 所示，假设 d 点的电压为传感器信号处理模块所设置的双侧阈值电压，则 t_c、t_d、t_e、t_{c1}、t_{d1}、t_{e1} 分别表示 c、d、e、c_1、d_1、e_1 点对应的时间，由于峰值附近电压信号的对称性，t_c(t_d、t_e) 与 t_{c1}(t_{d1}、t_{e1}) 的算术平均值为 t_a，假设在相同噪声电压 ΔU 影响下，在 t_d(t_{d1}) 两侧最大的时间误差为 Δt_2，由图可知，当且仅当两侧同时取得 t_c 和 t_{e1} 或 t_e 和 t_{c1} 时误差最大，此时定位时刻 t 的表达式为

$$t = \frac{t_c + t_{e1}}{2} = \frac{t_c + t_{c1} + \Delta t_2}{2} = t_a + \frac{\Delta t_2}{2} \tag{5-64}$$

由式 5-64 可知，双侧阈值法的最大误差为 $\Delta t_2/2$。

图 5-24b 中，Δt_1 由两个因素决定：（1）噪声信号 ΔU 的大小，（2）输出信号在电压峰值附近的平均斜率；Δt_2 也由两个因素决定：（1）噪声信号 ΔU 的大小，（2）输出信号在电压阈值附近的平均斜率，设 ab 段的平均斜率为 K_{ab}，ce 段的平均斜率为 K_{ce}，则 $\Delta t_1 = \Delta U/K_{ab}$，$\Delta t_2 = 2\Delta U/K_{ce}$，故传感器精度提高的倍数 β 如式 5-65 所示。

$$\beta = \frac{\Delta t_1}{\Delta t_2/2} = \frac{K_{ce}}{K_{ab}} \tag{5-65}$$

当检测线圈和永磁体参数确定时，传感器的输出信号波形也会随之确定，即 K_{ab} 的值确定，若要进一步提高传感器的测量精度，只需增大平均斜率 K_{ce} 即可，故阈值电压的设置需满足两个条件：（1）所选择的阈值电压大小必须在传感器输出信号对称电压的区间内；（2）阈值电压所处区间的输出信号平均斜率最大。

为验证动态双侧阈值法的可行性，通过实验将该方法与峰值法进行对比分析，两种方法所得位移误差曲线如图 5-25 所示。采用峰值法时传感器测量位移的最大绝对误差为 51μm，其最大相对误差出现在 70mm 处，此时测量精度为 0.064%。采用动态双侧阈值法时传感器测量位移最大绝对误差为 23μm，其最大相对误差出现在 70mm 处，此时测量精度为 0.029%。相比于峰值法，动态双侧阈值法的时间定位波动幅度较小，且精度提高了约 1 倍。动态双侧阈值法的优点

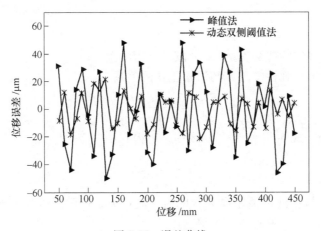

图 5-25 误差曲线

在于精度高、稳定性好，在噪声干扰条件下传感器可以较为准确地进行时间定位，且能够补偿波导丝中应力波衰减导致的输出电压幅值降低带来的误差。

5.6 磁致伸缩位移传感器波导丝材料参数的测量

波导丝材料参数是决定磁致伸缩位移传感器工作特性的关键，其中，波导丝泊松比与线膨胀系数分别反映了其力学性能与其在不同温度下的形变特性，是影响传感器输出电压的重要参数。传统的材料参数测量方法较为复杂，且不适用于波导丝等丝状材料参数的测量。为了能够快速有效地测量波导丝泊松比与线膨胀系数，对波导丝进行合理选型，基于磁致伸缩位移传感器原理，提出一种快速测量波导丝泊松比与线膨胀系数的方法。

5.6.1 波导丝泊松比的测量

应力波可分为扭转波、纵波、横波，在脉冲电流作用下，传统结构的磁致伸缩位移传感器波导丝中的应力波属于扭转波，若采用特殊结构的传感器激励装置，则可以使传感器波导丝中产生纵波，在波导丝泊松比的测量中需要应用扭转波与纵波两种不同类型的应力波。

泊松比 μ 是反映材料受力后横向变形情况的常数，是材料的内在性质，在弹性范围内，物体的泊松比 μ 可视为一个常量，纵波在波导丝中的传播速度 v_{L} 为

$$v_{\mathrm{L}} = \sqrt{\frac{E}{\rho}} \tag{5-66}$$

式中，E 为波导丝的杨氏模量；ρ 为波导丝密度。

扭转波在波导丝中的传播速度 v_{T} 为

$$v_{\mathrm{T}} = \sqrt{\frac{G}{\rho}} \qquad\qquad (5\text{-}67)$$

式中，G 为波导丝的剪切模量；ρ 为波导丝密度。

剪切模量 G、弹性模量 E 与泊松比 μ 的关系为

$$G = \frac{E}{2(1 + \mu)} \qquad\qquad (5\text{-}68)$$

将式 5-66、式 5-67 代入式 5-68 中，可得到：

$$\mu = \frac{v_{\mathrm{L}}^2}{2v_{\mathrm{T}}^2} - 1 \qquad\qquad (5\text{-}69)$$

当扭转波与纵波传播距离 L 相同时，波速 v_{T}、v_{L} 可表示为 $v_{\mathrm{T}} = L/t_{\mathrm{T}}$、$v_{\mathrm{L}} = L/t_{\mathrm{L}}$，将两式代入式 5-69 经整理可得到：

$$\mu = \frac{t_{\mathrm{T}}^2}{2t_{\mathrm{L}}^2} - 1 \qquad\qquad (5\text{-}70)$$

利用式 5-70 计算波导丝泊松比 μ 只需测量相同传播距离 L 下两种应力波的传播时间 t_{T}、t_{L}，避免了测量距离 L 的具体数值，便于实验与计算。

采用此方法测量波导丝泊松比 μ，将传统方法中需要测量的材料形变量转变为测量应力波传播时间，原本复杂的测量方法得到了简化。

由式 5-70 可知，在测量波导丝泊松比 μ 时，需要得到波导丝中扭转波与纵波在传播相同距离时的传播时间 t_{T}、t_{L}，可采用图 5-26a 中传感器结构测量扭转波传播时间 t_{T}，并采用图 5-26b 中传感器结构测量纵波传播时间 t_{L}。

在该传感器结构的信号激励部分，通过调整脉冲电流输入、输出端接入位置，可以使波导丝中的应力波类型在扭转波与纵波之间进行快速切换，达到快速测量 t_{T}、t_{L} 的目的。

如图 5-26a 所示，当脉冲驱动电路输入、输出端与波导丝连接时，实验系统与传统磁致伸缩位移传感器工作原理相同，波导丝中会产生扭转波，可测得扭转波传播时间 t_{T}。

如图 5-26b 所示，当脉冲驱动电路输入、输出端与螺线管连接时，使永磁体与螺线管处于相同位置，根据磁致伸缩效应，通电螺线管产生的轴向激励磁场与永磁体产生的轴向偏置磁场叠加，使波导丝发生轴向形变，波导丝中会产生纵波，可测得纵波传播时间 t_{L}。

在实验系统的信号检测部分，采用双检测线圈位置标定的方法提高 t_{T}、t_{L} 的测量准确度，双检测线圈如图 5-26a、b 中的检测线圈 1、2，波导丝中应力波依次通过检测线圈 1、2，应力波传播距离即为双检测线圈间距，利用示波器对检测线圈中感应电压信号进行测量，得到应力波传播时间 t_{T}、t_{L}。相比于单线圈检测结构，该方法可有效避免在切换实验系统激励方式时永磁体移动产生的应力波

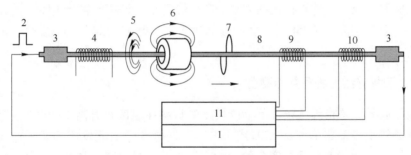

1—脉冲驱动电路；2—脉冲电流；3—阻尼；4—螺线管；5—周向激励磁场；
6—永磁体（轴向偏置磁场）；7—扭转波；8—波导丝；9—检测线圈1；
10—检测线圈2；11—示波器

a

1—脉冲驱动电路；2—脉冲电流；3—阻尼；4—螺线管（轴向激励磁场）；
5—永磁体（轴向偏置磁场）；6—纵波；7—波导丝；8—检测线圈1；
9—检测线圈2；10—示波器

b

图 5-26　波导丝泊松比测量传感器结构

传播距离误差。

　　利用该传感器结构对波导丝泊松比进行实验测量，波导丝中扭转波与纵波输出信号波形分别如图5-27a、b所示。

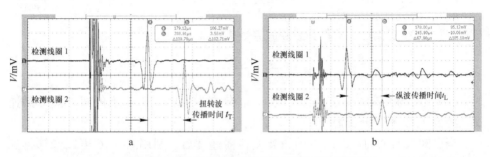

图 5-27　波导丝中扭转波与纵波的输出信号波形

实验测得波导丝的泊松比约为 0.302。在室温下 Fe-Ga 合金弹性模量 E 约为 70GPa，剪切模量 G 取 28GPa，将两参数代入式 5-68 计算得到 Fe-Ga 合金泊松比约为 0.25，该数值与实验结果相近。

5.6.2　波导丝线膨胀系数的测量

线膨胀系数是指等压条件下单位长度的材料在温度每升高 1℃ 的伸长量，一般金属的线膨胀系数单位是 1/℃ 或 1/K。根据磁致伸缩液位传感器工作原理可知，扭转波传播速度 v_T 受温度 T 的影响。扭转波传播速度 v_T 与温度 T 的关系可表示为[21]

$$v_T = v_0 \sqrt{1 - 22\alpha T} \tag{5-71}$$

式中，v_0 为绝对零度时的扭转波传播速度；α 为线膨胀系数。

绝对零度时的扭转波传播速度 v_0 可表示为

$$v_0 = \sqrt{\frac{E_0}{2(1 + \mu)\rho_0}} \tag{5-72}$$

式中，E_0 为绝对零度时波导丝的弹性模量；μ 为波导丝泊松比；ρ_0 为绝对零度时波导丝密度，可知 v_0 与温度 T 无关。

根据式 5-70 可知，在某一温度 T_1 下，扭转波传播速度 v_{T1} 与线膨胀系数 α 的关系可表示为

$$v_{T1} = v_0 \cdot \sqrt{1 - 22\alpha T_1} \tag{5-73}$$

改变传感器工作环境的温度，当温度为 T_2 时，扭转波传播速度 v_{T2} 与线膨胀系数 α 的关系可表示为

$$v_{T2} = v_0 \cdot \sqrt{1 - 22\alpha T_2} \tag{5-74}$$

将式 5-73 与式 5-74 等号两边分别相除，消去绝对零度时扭转波传播速度 v_0 项，得到

$$\frac{v_{T2}^2}{v_{T1}^2} = \frac{1 - 22\alpha T_2}{1 - 22\alpha T_1} \tag{5-75}$$

将式 5-75 变化形式，得到线膨胀系数表达式为

$$\alpha = \frac{v_{T2}^2 - v_{T1}^2}{22T_1 v_{T2}^2 - 22T_2 v_{T1}^2} \tag{5-76}$$

式中，α 为波导丝的线膨胀系数；v_{T1}、v_{T2} 分别为温度 T_1、T_2 下的扭转波传播速度，温度 T_1 和 T_2 为开氏温度。

当已知某两个确定温度下的扭转波传播速度后，利用式 5-76 可以计算得到波导丝材料的线膨胀系数 α。采用此方法测量波导丝的线膨胀系数避免了传统方式中对于微小尺寸的测量，减小了测量难度。由式 5-76 可知，波导丝线膨胀系

数在计算时只需要得到扭转波传播速度 v_{T1}、v_{T2}，在实验测量中，可直接采用图 5-26b 所示的传感器结构，实验测得 Fe-Ga 波导丝的线膨胀系数为 $18.70×10^{-6}$/K。 Fe-Ga 材料的线膨胀系数为 $17×10^{-6}$/K 左右，该数值与实验测量结果相近。表明根据磁致伸缩位移传感器工作原理，可以快速测量波导丝的线膨胀系数。

参 考 文 献

[1] Seco F, Martin J M. Hysteresis compensation in an magnetostrictive linear position sensor [J]. Sensors and Actuators A, 2004, 110: 247~253.

[2] Vassilios Karagiannis, Christos Manassis, Dimitrios Bargiotas. Position sensors based on the delay line principle [J]. Sensors and Actuators A, 2003, 106: 183~186.

[3] Hristoforou E, Niarchos D. A coily magnetostrictive delay line arrangement for sensing applications [J]. Sensors and Actuators A, 2001, 91: 91~94.

[4] Fernando Seco, Jos'e Miguel Mart'in, Antonio Ram'on Jim'enez, et al. A high accuracy magnetostrictive linear position sensor [J]. Sensors and Actuators A, 2005, 124: 216~223.

[5] Chen Y, Snyder J E, Schwichtenberg C R, et al. Metal-bonded Co-ferrite composites for magnetostrictive torque sensor applications [J]. IEEE Transactions on Magnetics, 1999, 35 (5): 3652~3654.

[6] 谢新良，王博文，张露予，等. 考虑磁滞的铁镓磁致伸缩位移传感器输出电压模型及结构设计 [J]. 工程科学学报, 2017, 39 (8): 1232~1237.

[7] 张露予，王博文，翁玲，等. 螺旋磁场作用下磁致伸缩位移传感器的输出电压模型及实验 [J]. 电工技术学报, 2015, 30 (12): 21~26.

[8] Zhang Luyu, Wang Bowen, Sun Ying, et al. Analysis of output characteristic model of magnetostrictive displacement sensor under a helical magnetic field and stress [J]. IEEE Trans. Appl. Supercond. , 2016, 26 (4): 0600904.

[9] 王博文，谢新良，张露予，等. Fe-Ga 波导丝的磁致伸缩位移传感器结构设计 [J]. 哈尔滨工程大学学报, 2018, 39 (3): 534~540.

[10] Zhang L, Wang B, Yin X, et al. The output characteristics of Galfenol magnetostrictive displacement sensor under the helical magnetic field and stress [J]. IEEE Transactions on Magnetics, 2016, 52 (7): 4001104.

[11] 张露予. 螺旋磁场与应力作用下磁致伸缩位移传感器的输出特性研究 [D]. 天津：河北工业大学, 2016.

[12] 李媛媛，王博文，黄文美，等. 考虑应力波衰减特性的磁致伸缩位移传感器的输出特性与实验 [J]. 仪器仪表学报, 2018, 39 (7): 34~41.

[13] Wang Bowen, Li Yuanyuan, Xie Xinliang, et al. The output voltage model and experiment of magnetostrictive displacement sensor based on Weidemann effect [J]. AIP Advances, 2018, 8: 056611.

[14] 谢新良，王博文，张露予，等．基于应力波反射的磁致伸缩位移传感器测量方法及信号分析 [J]．仪表技术与传感器，2017，5：5~9．

[15] 谢新良，张露予，王博文，等．Fe-Ga 磁致伸缩位移传感器驱动电流位置调整与回波速度校正 [J]．传感技术学报，2017，30（1）：109~114．

[16] 孙英，靳辉，郑奕，等．磁致伸缩液位传感器输出信号影响因素分析及实验研究 [J]．传感技术学报，2015，28（11）：1607~1613．

[17] 王博文，张露予，王鹏，等．磁致伸缩位移传感器输出信号分析 [J]．光学精密工程，2016，24（2）：358~364．

[18] 王硕，边天元．脉冲信号对回波信号的影响 [J]．工业控制计算机，2017，30（1）：136~137．

[19] 孙英，边天元，王硕，等．偏置磁场对磁致伸缩液位传感器输出电压的影响 [J]．光学精密工程，2016，24（11）：2783~2791．

[20] 靳辉．Fe-Ga 材料磁致伸缩液位传感器的实验研究 [D]．天津：河北工业大学，2015．

[21] 边天元．磁致伸缩液位传感器的研究及其影响因素分析 [D]．天津：河北工业大学，2016．

[22] 王博文，谢新良，张露予，等．大量程磁致伸缩位移传感器的应力波衰减特性研究[J]．仪器仪表学报，2017，38（4）：813~820．

[23] 谢新良，王博文，周露露，等．磁致伸缩位移传感器波导丝应力波衰减特性研究 [J]．电工技术学报，2018，33（3）：689~696．

[24] 孙英，郑岩，翁玲，等．磁致伸缩液位传感器双检测线圈温度补偿与噪声抑制 [J]．光学精密工程，2019，27（1）：156~163．

[25] 王博文，谢新良，张露予，等．基于无阻尼应力波干涉的磁致伸缩位移传感器 [J]．纳米技术与精密工程，2017，15（5）：347~352．

6   磁致伸缩触觉传感器

<<<<<<<<<<<<<<<<<<<<<<<<<<<<<<<<<<<<<<<<<<<<<<<<<<<<<<<<<<<<<<<<<<<<<

在众多类型机器人精细操作装置中，智能机器手具有极强的功能和通用性，能完成各类复杂的作业，如机械制造、核电维修、医疗手术等。因此高性能智能机器手已成为机器人精细操作装置的典范，其研究亦成为国内外学术界和工业界研究的热点。触觉传感技术作为实现智能机器人技术的关键因素之一，不仅是视觉的一种补充，也是实现机器人与环境直接作用的媒介。

6.1   触觉传感器简介

智能机器手为实现操作的精细化，应能解决复杂作业环境下触觉信息的感知、度量以及融合等关键科学问题。解决这些科学问题需要研制新型触觉传感器与操作感知理论[1]。智能机器手使用的触觉传感器，根据使用的敏感材料主要有压阻式、压电式、电容式等。

6.1.1   压阻式触觉传感器

压阻材料在受到外力刺激时，材料的电阻会随着材料形变量的变化而发生变化，检测阻值的变化便可以得到抓取物体的物理信息。文献 [2] 设计了一种压阻式触觉传感器，传感器由一个柔性的芯和四个弹性的侧壁构成，在内部嵌入了压阻敏感单元，能够辨识所受力的幅值和方向。Lee 等[3]基于压阻原理和聚偏氟乙烯（PVDF）研制了一种触觉传感器，该触觉传感器采用压阻材料检测接触力，采用 PVDF 薄膜检测接触力的动态变化。黄英等[4]基于硅橡胶的压阻效应设计了三维力传感器，并研制了同步检测三维力/温度的柔性多功能触觉传感器。文献 [5] 设计了一种悬臂梁式压阻传感器（图 6-1），其内部是中空的，工作时压阻敏感材料的变形较大，导致传感器的敏感性增加。

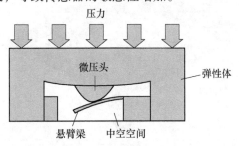

图 6-1   悬臂梁式压阻传感器结构

压阻式触觉传感器获取信息的渠道相对简单，但获得的触觉信息与其他传感器相比不够准确。

6.1.2　压电式触觉传感器

压电材料具有信噪比高、灵敏度高、性能稳定、固有频率高、在信号传输过程中不存在滞后性等优点。万舟等[6]基于高分子压电材料设计了一种三维力机器人触觉传感器，建立了压电薄膜及传感头结构的数学模型，并对传感器进行测试和验证，结果表明该传感器能有效检测机器手抓取过程中的三维力信息。重庆大学[7]使用压电材料研制了三维力触觉传感器，该触觉传感器由压电材料、绝缘材料、电极、基座等构成，压电材料相互垂直并对称分布。最近 Fu 等[8]使用双压电晶片研制了悬臂梁结构的指尖触觉传感器，当传感器接近样品表面时，激励触觉传感器的指尖振动，振动的振幅随指尖与样品表面的距离发生变化，通过测试这一距离可以预测指尖与样品表面的接触程度。

由于压电元件与生物体内部的触觉传感神经中具有的压电原理一致，使得压电式触觉传感器成为机器人传感器中最具有发展潜力的传感器。英国南安普顿大学[9,10]开发了复合式指尖力/触觉传感器，该传感器的基体为不锈钢，在其上制作一层压电膜，利用它的压电效应测量动态力和振动；在基体底部制作四个电桥压阻膜，利用压阻膜的压阻效应测量静态力。文献［11］设计并制作了一种新型的柔性触觉传感器，它由软体部分、磁铁和霍尔效应器件构成，输出典型的脉冲信号。

南京大学的张磊等设计了一种测量软组织硬度的新型触觉传感器，如图 6-2所示，该触觉传感器由压电陶瓷板、螺旋金属板和探头组成[12]。当传感器与组织接触时，传感器的谐振频率发生变化。为了减小组织有效质量对测试的影响，设计了螺旋形金属板以降低传感器的谐振频率。实验中首先在传感器和实验样品之间施加 30mN 的接触力。然后，将交流电压信号通入压电陶瓷（PZT），并且将流过 PZT 的电流用作反馈信号，由放大电路测量并由数据采集卡获取。根据与

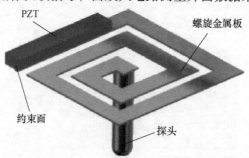

图 6-2　压电式触觉传感器结构示意图

整个传感系统的机械阻抗相关的电压、电流信号计算压电陶瓷的阻抗，最后从阻抗中提取出反映硬度信息的谐振频率。通过实验实现了对五种不同硬度的硅胶的区分，证明了这种方法测量硬度的有效性。

6.1.3 电容式触觉传感器

电容式触觉传感器具有良好的频率响应、高灵敏度、高空间分辨率和较大的动态范围等特性。在涉及多维力检测的状况下，压电、压阻式结构的触觉传感器不可避免地要面临多维力的解耦问题[13]，大大增加了数据后处理的难度，而电容式结构则可以利用自身的结构特点避免这个问题。当然，电容式触觉传感器也存在很多亟待解决的问题，如存在寄生电容、对噪声敏感、测量电路复杂等[14]，需要对其进行深入研究和优化改进。

电容式触觉传感器内的微电容可以简化为由上、下两个电极层和中间的介质层组成，每个电极层上有相应的感应电极。基于位移原理的电容式触觉传感器，一般采用下列两种方法来产生电容变化以实现外力的感测：（1）两个极板之间重叠面积的变化；（2）两个极板之间距离的变化。使用方法（1）可以得到具有恒定灵敏度的传感器；根据方法（2）制成的传感器可以得到极板重叠面积和电极层距离之间的非线性关系，其灵敏度随着电极层间距离的减小而降低。

为了获得具有良好信噪比的高灵敏度传感器，新加坡材料研究与工程研究所的 Tee 等[15]于 2014 年研究了使用不同的微结构弹性体作为电容式触觉传感器微电容中的介质层材料，最后发现金字塔结构是将弹性体的有效机械模量降低 1 个数量级的最佳形状。2015 年，中国浙江大学的 Liang 等[16]进一步提出了一种具有截断金字塔结构的传感器阵列，其原理图如图 6-3 所示（图中 PET 为聚对苯二甲酸乙二醇酯），并由此制作出了相应的电容式触觉传感器，经测试，该传感器具有较高的灵敏度和测量范围。在此基础之上，浙江大学的 Wang 等[17]于 2016年对这个设计进行了改进，缩小了金字塔微弹体结构的尺寸，使弹性体阵列更加

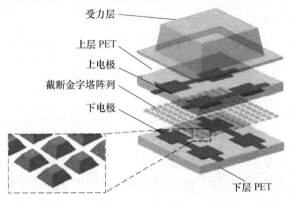

图 6-3 具有截断金字塔结构的传感器阵列

密集，获得了更好的灵活性。台湾清华大学的 Chuang 等[18] 于 2015 年在四电容阵列结构的基础上提出了具有不对称电极结构的电容式触觉传感器，如图 6-4 所示。该传感器能够实现 360°剪切角的检测。

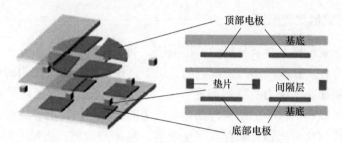

图 6-4　具有不对称电极的电容式触觉传感器

6.1.4　触觉传感器特性比较

表 6-1 列出了不同触觉传感器的特性，在压力作用下输出不同的参数，可见传感器各有优缺点。其中压阻式触觉传感器在小于 30Pa 时，灵敏度为 56～133Ω/kPa，小于 100Pa 时灵敏度为 7～42Ω/kPa。电容式触觉传感器在 45～500Pa 区间，灵敏度为 3F/kPa，在 2.5～4.5kPa 区间为 0.35F/kPa。

表 6-1　不同触觉传感器的特性

传感器	调节参数	优　点	缺　点
压阻式	电阻值	频率响应高、空间分辨率高、噪声干扰小	重复性差、迟滞大、功率消耗高、工艺复杂
压电式	电荷频率	响应高、灵敏度高、可靠性高	动态分辨率差、电路复杂
电容式	电容值	灵敏度高、空间分辨率高	存在寄生电容、噪声敏感、测量电路复杂
光电式	光强度	空间分辨率高、无电气干扰、成本低	整体结构缺乏柔性、响应速度快、对弹性体依赖性强
超声式	超声波	空间分辨率高、不受电磁干扰	布线困难、存在滞后和非线性、易受外部超声干扰

分析发现触觉传感器存在弹性测试困难、分辨率易受干扰、制作工艺复杂等问题。为了解决触觉传感器存在的问题，需要应用新型敏感材料设计触觉传感器件并发展触觉传感理论。

6.2 磁致伸缩触觉传感器的结构设计与工作原理

基于压磁效应，结合人体皮肤触觉仿生学原理，应用铁镓合金可以设计制作磁致伸缩触觉传感器。将设计制作的传感器安装在机械手指上，可以测试机械手的抓取力和抓取物体的刚度。

6.2.1 皮肤机械感受器与物理模型

皮肤主要由表皮区和真皮区组成，如图6-5所示。表皮区由细胞构成，最表面的一层细胞已经被角质化。真皮区的内部排布着胶原纤维和弹性纤维，具有较好的韧性和弹性。在皮肤下面还有一层皮下组织，主要由脂肪细胞构成，连接着真皮、肌肉和骨骼[19]。

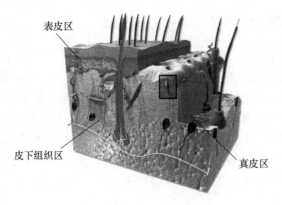

图6-5　皮肤组织结构

在手指皮肤中分布着多种神经末梢，其与触觉感知相关的神经末梢被称为机械感受器。为了研究手指感知的机制，Pawluk研究了皮肤内部皮肤机械感受器的分布，将皮肤机械感受器分为4种：迈斯纳小体、梅克尔触盘、鲁菲尼终末和帕西尼氏小体[20]。迈斯纳小体位于皮肤深度0.5~0.7mm，对3~100Hz的机械刺激比较敏感，特别是低频和中频振动，可以感受物体表面的压痕和凹陷。梅克尔触盘位于皮肤深度1.5mm左右，主要感受2~15Hz的机械刺激，具有0.5mm的空间分辨率。鲁菲尼终末位于真皮区，主要感受100~500Hz的机械刺激，对摩擦信号比较敏感。帕西尼氏小体位于皮下组织区，位于1.5~2mm的皮肤深处，容易受到40~500Hz的机械刺激，对高频振动信号比较敏感。

在了解了机械感受器的特性和机理之后，为了深入地理解手指触觉感知原理，引用了Pawluk等提出的梅克尔触盘和鲁菲尼终末机械感受器力学模型[20]。触觉传感器对力和刚度等触觉信息进项检测，需要分析与力检测相关的梅克尔触盘和鲁菲尼终末机械感受器，其物理模型如图6-6所示。机械感受器上下方皮肤组织等效为两个弹簧 k_{s1} 和 k_{s2}，当皮肤受压变形时，机械感受器通过感受皮肤表面压力及位移，产生动作电位来传递神经信号。当表皮受到外界刺激，机械感受器就会产生动作电位，然后将神经信号传递给大脑。

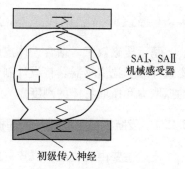

图 6-6　机械感受器物理模型

模型结合了 SA I 和 SA II 机械感受器的生理结构与刺激响应，从动力学角度分析了皮肤触觉机制。虽然模型只能简要地描述机械感受器如何感知外部刺激，不能用于实际刺激参数的测量，但是用弹簧模型描述机械感受器特性对于传感器的设计和刚度检测理论的提出有着重要启发。

6.2.2　磁致伸缩触觉传感器的结构与工作原理

结合手指触觉模型，基于铁镓合金的压磁效应[21~23]，设计了一种磁致伸缩触觉传感器，结构如图 6-7 所示[24]。传感器由硬质触杆、片状铁镓合金、线圈、霍尔元件、骨架、硅胶封装等组成。悬臂梁为铁镓合金的单层结构，其长度 l、宽度 w 和高度 h 分别为 35mm、5mm 和 1mm。线圈通入直流电流，为铁镓悬臂梁提供沿长度方向的偏置磁场 H。硬质触杆为圆柱状结构，作为力的传递元件引起悬臂梁发生形变。霍尔元件为信号的采集单元，放置在靠近悬臂梁固定端的端部。传感器可以使用固定螺栓安装到机械手指上。传感器为圆柱形结构，直径为 20mm，长度为 40mm。

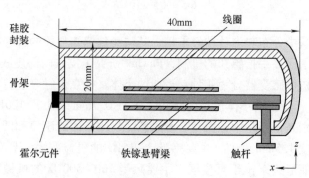

图 6-7　磁致伸缩触觉传感器示意图

传感器的工作原理为：线圈为铁镓悬臂梁提供偏置磁场，铁镓合金被磁化，其初始磁感应强度为 B_0。当硬质触杆接受到竖直方向的力 F 会引起悬臂梁发生形变，由于逆磁致伸缩效应，铁镓合金内部磁畴发生偏转，导致磁感应强度 B_0 发生改变。放置在悬臂梁末端的霍尔元件可以检测磁感应强度的变化量 ΔB，产生的输出电压变化量为 ΔU。利用标准力传感器对磁致伸缩触觉传感器进行校对，可以得出力 F 与电压变化量 ΔU 的对应曲线。传感器工作时，检测传感器输出电压的值后，根据 F 与 ΔU 的对应关系可以获得接触力的大小（图 6-8）。

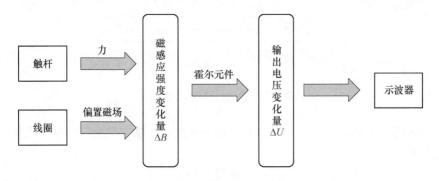

图 6-8　磁致伸缩触觉传感器工作原理框图

6.3　磁致伸缩触觉传感器的输出特性模型

6.3.1　静态力测试模型

基于磁致伸缩逆效应、Jiles-Atherton 模型和 Hertz 接触理论，分析了磁致伸缩触觉传感器的压力（弹性）-磁场-电压信号之间的关系，建立了磁致伸缩触觉传感器的输出特性模型[25~27]。

承受横向荷载并在弯曲模式下工作的结构构件称为梁。欧拉-伯努利假设是梁的经典理论，满足以下基本假设：（1）梁的横截面有一个称为中性面的纵向对称平面；（2）梁的中性面在变形前后不受应变；（3）自然状态下垂直于梁纵轴的平面截面在弯曲后保持水平并垂直于纵轴。

在图 6-9 中，以悬臂梁的长度方向为 x 轴，高度方向为 z 轴，x 轴取在悬臂梁中性面层。由欧拉-伯努利梁结构动力学理论可以得到悬臂梁挠度与受力的关系：

$$\omega(x,F) = -\frac{Fx^2}{6EI}(3l - x) \tag{6-1}$$

式中，x 为距梁的固定端的距离；F 为施加在悬臂梁固定端的力；E 为悬臂梁杨氏模量；I 为截面转矩，其值由式 6-2 计算可得。

$$I = \int_{y=-\frac{w}{2}}^{y=\frac{w}{2}} \int_{z=-\frac{h}{2}}^{z=\frac{h}{2}} z^2 \mathrm{d}z\mathrm{d}y = \frac{1}{12}wh^3 \tag{6-2}$$

根据材料力学可以得出悬臂梁受到压力 F 产生弯曲时，在厚度为 z 处的 x 轴向应变与曲率的关系为

$$\varepsilon_x = \omega''(x, F)z = \frac{F(l - x)}{EI}z \tag{6-3}$$

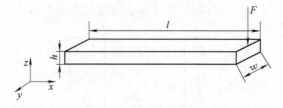

图 6-9　欧拉-伯努利悬臂梁

根据胡克定律，$\sigma_x = E\varepsilon_x$，可知在厚度为 z 处的 x 轴向应力与在受力点所加力 F 的关系为

$$\sigma_x = \frac{F(l - x)}{I}z \tag{6-4}$$

霍尔元件可用于测量悬臂梁受力后的材料外部磁感应强度的变化，检测磁感应强度幅值，与检测线圈不同，灵敏度不受施加力的频率影响。材料表面磁通密度的变化与材料内部变化近似成线性关系，结合电磁学原理，可以得到霍尔元件输出电压 V 与铁镓悬臂梁内磁感应强度 B_{Gal} 的关系

$$V = K_H K_c B_{Gal} \tag{6-5}$$

式中，K_H 为霍尔系数；K_c 为磁感应强度传递系数。

结合压磁方程的磁通密度表达式，传感器的输出电压可以表示为

$$U = V_{ref} - K_H K_c (\mu H + d_{33}^* \sigma) \tag{6-6}$$

式中，V_{ref} 为输出采集电路的参考电压。

式 6-6 中含有参数 σ，根据悬臂梁力学特性，结合式 6-4 可知霍尔元件检测处的悬臂梁平均压应力为

$$\sigma_{x=0} = (2/h)\int_0^{-h/2} F(l - x)z/I = -Flh/(4I) \tag{6-7}$$

当确定了最佳偏置磁场 H，并且将参考电压被设置为 $V_{ref} = K_c K_H \times \mu H$，根据式 6-6、式 6-7，传感器的输出电压可以表示为

$$U = K_c K_H d_{33} lhF/(4I) \tag{6-8}$$

式 6-8 为传感器的测试力模型，该模型可以表示传感器输出电压与力的关系。由式 6-8 可知，传感器的输出电压与施加到传感器上的力成正比。

6.3.2　物体刚度的测试模型

物体的软硬度属性是物体的基本物理属性，在材料工程学中，软硬属性表示为受到单位作用力时，物体表面发生的变形量大小[28]。形容物体软硬属性的物理量包括刚度和硬度。刚度是指物体抵抗弹性变形的能力，硬度是指物体抵抗其

他物体压入其表面的能力。刚度适合度量相对较软的物体，而硬度适合相对较硬的物体。对于触觉感知的研究而言，物体的软硬度指当手指接触到物体后，手指感受到的来自物体的抵抗机械变形和压缩的能力。这里研究对象为相对较软的物体，故使用刚度描述物体的软硬程度。

刚度的物理表示为物体表面产生单位位移所需载荷的大小，常用 K 表示。$K = dF/dL$。其测量方法包括静态刚度测量法和谐振激励测量法。静态刚度测量法是通过测量施加到物体上力和位移的大小，绘制力-位移曲线，然后通过胡克定律计算测量物体的刚度值。谐振激励测量法是对测量物体施加激励，使测量系统发生激励共振，通过测量共振频率并结合相关模型即可以求出待测物体的刚度值。

通过测量物体的力和刚度，机械手获得物体的特性信息。随后，机械手可以确定如何在复杂环境中抓握和处理物体[29,30]。图 6-10 示出当触觉传感器与物体接触时物体刚性的测量模型。通过控制机械手的抓取过程，传感器获得物体的变形信号，并将该变形信号转换为电压信号。

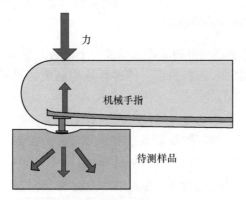

图 6-10　传感器与物体接触时物体刚度的测量模型

假设悬臂梁和检测对象接触时为两个弹簧串联[31]，并且假设检测对象是弹性的，则系统的刚度系数为

$$K = 1/(1/K_o + 1/K_s) \qquad (6\text{-}9)$$

式中，K_o 是被检测物体的刚度系数，$K_o = dF/dL_o$，其中 F 是施加到物体上的力，L_o 是压痕深度，当力较小时，F 和 L_o 之间的关系近似为线性，物体的 K_o 可以认为是常数[31,32]；K_s 为传感器的等效刚度系数。由悬臂梁的挠度公式，可以得到悬臂梁的变形（挠度）与力 F 之间的关系。

$$\omega = -Fl^3/(3EI) \qquad (6\text{-}10)$$

故可以得到悬臂梁等效刚度系数：

$$K_s = |F/\omega| = 3EI/l^3 \qquad (6\text{-}11)$$

当机械手提供夹持深度 L 时，将产生力 F。由于机械手夹持力一般较小，根据 Hooke 定律，传感器的力 F 与变形 L 之间的关系如下：

$$F = KL = K_o K_s L/(K_o + K_s) \tag{6-12}$$

根据式 6-8 和式 6-12 可以得到传感器输出电压与被测物体刚度的关系：

$$U = K_c K_H d_{33} lhLK_o K_s/[4I(K_o + K_s)] \tag{6-13}$$

式 6-13 是传感器的刚度测试模型，由式 6-13 可知，传感器输出电压与待测试物体刚度成非线性关系，输出电压随物体刚度的增加而增加。

人类感知物体刚度的方式不仅取决于被检测物体的压缩阻力，而且与接触力、时间、位移和速度等因素有关[12]。但是，人类感知物体的刚度有很多主观因素。本书采用机械手对不同的物体进行挤压，得到不同的触觉传感器输出信号。在传感器与样品表面接触后，设定机械手的夹持速度 v_t 和夹持深度 L。动态输出电压与被测物体的刚度系数之间的关系可以表示为

$$U = K_c K_H d_{33} lhv_t K_o K_s t/[4I(K_o + K_s)] \tag{6-14}$$

式中，t 为接触时间，其主要由夹持深度和夹持速度决定。

6.3.3　传感器检测刚度的灵敏度

根据式 6-13，传感器和被检测物体构成一个接触力学系统。被测对象的刚度系数和输出电压满足输入输出关系。传感器检测刚度的灵敏度可以表示为 dU/dK_o，将灵敏度定义为 S_m：

$$S_m = [K_s/(K_s + K_o)]^2 \tag{6-15}$$

式 6-15 可用于描述检测刚度的传感器灵敏度。传感器灵敏度和物体刚度之间的关系可以通过式 6-15 得到，如图 6-11 所示。

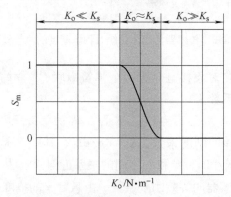

图 6-11　传感器灵敏度与物体刚度的关系

根据图 6-11 所示的结果，触觉传感器灵敏度可分为：

（1）当被测物体的刚度系数远小于触觉传感器的刚度系数时，$K_o \ll K_s$。此时灵敏度 S_m 接近 1。传感器可以测量刚度较小的物体的刚度。

（2）当被测物体的刚度系数约等于触觉传感器的刚度系数时，$K_o \approx K_s$。灵敏度 S_m 从 1 线性降低到 0。这意味着当 K_o 约等于 K_s 时，传感器可以测量物体的刚度，但灵敏度随刚度的增加而降低。

（3）当被测物体的刚度系数远大于触觉传感器的刚度系数，$K_o \gg K_s$。灵敏度 S_m 接近 0。表示传感器不适合测量在此分段的物体的刚度。

6.3.4 输出电压的计算与分析

根据式 6-8 和式 6-13 可以计算磁致伸缩触觉传感器的输出电压与力 F 和物体刚度 K_o 的关系，模型中的各参数参考值见表 6-2[22]。

表 6-2 模型参数参考值

参　数	参　考　值
磁感应强度传递系数 K_c	1.56×10^{-3}
霍尔系数 K_H/mV·mT⁻¹	417
压磁系数/T·GPa⁻¹	12.2
空气磁导率 μ/H·m⁻¹	$4\pi \times 10^{-7}$

由式 6-8，计算得到的输出电压和施加力 F 之间的关系如图 6-12 所示。结果表明传感器的输出电压随施加力 F 线性增加。当力 F 为 5N 时，输出电压可达 595mV。考虑到人手[33]的触觉频率（$f=4Hz$）和触觉力（$F=4N$），将动态的正弦力信号 $F=2+2\times\sin(8\pi t+3\pi/2)$ 施加到传感器，计算可以得到输出电压和时间之间的关系。对正弦输入力负载的响应如图 6-13 所示，模型中的输出电压可以精确地捕获动态力。因此，传感器可用于测试机械手的动态夹持力。

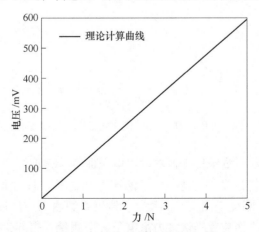

图 6-12 在 0~5N 范围内输出电压与力的关系

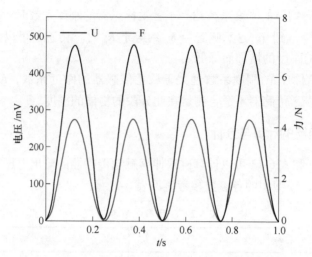

图 6-13 在 0~4N 动态力作用下输出电压与时间的关系

传感器的输出电压与物体的刚度系数之间的关系由式 6-13 计算可得，如图 6-14 所示。设定机械手的闭合速度 $v_t = 1.5 \times 10^{-2}$ m/s，夹持深度 $L = 4$mm。图 6-14 结果表示在相同的闭合速度和夹持深度下，当机械手完全闭合并稳定后，对于抓握不同刚度的物体，传感器的输出电压随刚度系数迅速增加。当刚度系数为 1000N/m 时，输出电压为 320mV。

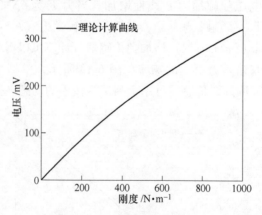

图 6-14 在 0~1000N/m 范围内输出电压与刚度的关系

为了计算在实际测量中传感器的输出电压曲线，选取了具有不同刚度系数 4 种样品，这些样品包括海绵、泡沫 1、泡沫 2 和硅胶，尺寸均为 30mm×30mm× 30mm。其理论计算刚度采用实验测量值，刚度系数由力与压痕深度的比率确定。其中，压痕深度由位移装置确认，力由电子天平测量。表 6-3 中列出了计算模型中样品材料的刚度系数。

表 6-3　样品的刚度系数

样品	刚度系数/N·m^{-1}
海绵	120
泡沫 1	310
硅胶	406
泡沫 2	590

图 6-15 给出了测量实验所选取的 4 种物品时，传感器的输出电压计算曲线。在 0~0.25s 内，输出电压随着时间线性增加；当时间超过 0.25s，输出电压变为常数。对于不同的刚度物体，抓取稳定后的输出电压与抓取过程中的电压斜率 dU/dt 明显不同。海绵、泡沫 1、泡沫 2 和硅胶的稳态输出电压分别为 52mV、124mV、156mV、211mV，抓取过程中的电压斜率 dU/dt 分别为 208mV/s、496mV/s、624mV/s、844mV/s，表明输出电压稳定值和斜率都随着物体的刚度系数而增加。因此传感器可以测试被操纵物体的刚度系数，并相应地确定它们的弹性。

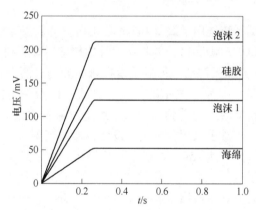

图 6-15　测量 4 种不同刚度物体输出电压与时间的关系

6.4　磁致伸缩触觉传感器的输出特性测试与分析

6.4.1　触觉传感器输出特性测试系统

测试磁致伸缩触觉传感器的输出特性的测试平台如图 6-16 所示。测试平台包括机械手、磁致伸缩触觉传感器、电机驱动电路、机械手控制模块、示波器和计算机。机械手控制部分主要由单片机（STM32F4）、机械手控制模块和电机驱动电路组成，用于控制机械手的抓取操作。机械手主要包括机电结构和电机控制模块。触觉传感器输出的模拟信号，可传输到示波器直观的显示，同时经单片机的 12 位 ADC 模块转换成数字信号，经 CAN 总线传送到计算机进行进一步的显示和分析。

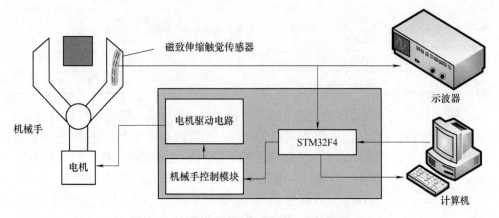

图 6-16 磁致伸缩触觉传感器输出特性测试系统

6.4.1.1 测试系统硬件平台搭建

触觉传感器测试系统选用了武汉 Cobot 公司研发的新型柔性机械手系列产品中的二指灵巧手（COHAND201），并将所设计的传感器安装到手指上，如图 6-17 所示。COHAND201 为绳驱传动，每根手指在弯曲方向有两个自由度，其驱动器数量小于自由度数量，即为"欠驱动"工作方式。机器手夹持物品时，指根关节首先转动，当近指节的运动受到阻力时，远指节随着柔性关节的变形而转动，并自适应物体外形。机械手采用柔性关节设计，抓取范围大，适用于 16~115mm 尺寸的物体，手指握力可达 15N。机械手体积轻巧，质量只有 300g。关节采用伺服电机控制，集成了电流、力矩和位置检测单元。COHAND201 灵巧手可以通过法兰安装固定的支架上。该机械手兼容 Windows、Linux、ROS 等操作系统。

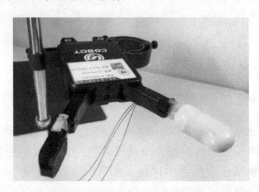

图 6-17 安装磁致伸缩触觉传感器的二指机械手

磁致伸缩触觉传感器测试力的信号是通过霍尔元件测量磁感应强度的变化得到的，所以霍尔元件的选型对传感器的输出性能至关重要。霍尔元件基于霍尔效应测量磁感应强度，当磁场垂直通过通有电流的元件内半导体时，载流子发生偏转，在垂直于电流和磁场的方向产生附加电场，进而使霍尔元件产生电压。通过比较不同霍尔元件的性能参数，采用了美国霍尼韦尔公司研发的 SS491B 型霍尔元件。SS491B 型霍尔元件具有小尺寸、低功耗、电流源线性输出和精确的温度补偿等优点。其尺寸为 4mm×3mm×1mm，额定工作电压为 4.5~10.5V（DC），工作温度为−40~150℃，磁感应强度测量范围为−6~6mT。霍尔元件内部通过双极性晶体管技术集成了高输入阻抗、中等放大倍数、低噪声的差分放大器，也同时集成了温度补偿电路，内部结构框图如图 6-18 所示[34]。

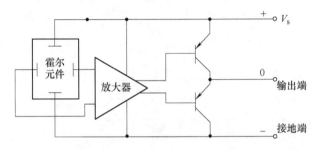

图 6-18　SS491B 内部结构框图

微控制器用于信息采集和数据通信，是平台的核心硬件。系统常用的微控制器包括单片机、DSP 和 FPGA。虽然 DSP 和 FPGA 运算能力强大，且具有并行处理多组总线技术的能力，但是相比于单片机价格较高。本书搭建的触觉传感器测试系统选用意法半导体公司生产的 STM32F4 微控制器，具有高集成度、低功耗和高精度等优点。将 ADC 模块转化后得到的数字信号经总线传输到上位机，并进行下一步处理。

6.4.1.2　测试系统软件设计

搭建触觉传感器测试系统硬件平台后，需要稳定可靠的软件程序进行传感器数据采集和机械手抓握控制。触觉传感器测试系统软件程序包括下位机软件编写和上位机软件编写。下位机软件通过 C 语言编写，主要用于采集传感器数据，并将其向上位机传输，主程序框图如图 6-19 所示。

触觉传感系统的下位机软件设计主要目的是采集传感器输出信号并将数据传输到上位机系统，通过 ARM 微控制器的内部编程配置 ADC 模块和 IO 端口。传感器的下位机程序在 MDK 开发环境中编写，MDK 开发环境包括编译器、调试工具和项目管理器等，具有功能强大、应用简单和使用灵活等特点。主程序中需要首先对微控制器进行初始化，包括对时钟、中断、DMA、ADC 和串口等的初始

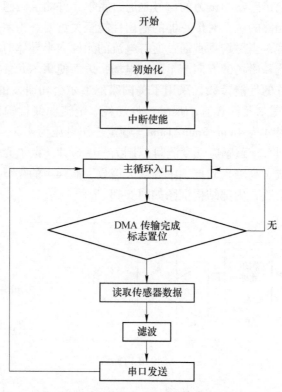

图 6-19　下位机主程序流程图

化，程序的初始化完成后，程序进入主循环[30]。将 ADC 转换信号的存储器地址设置为 DMA 的外设基址，内存基址用于存储数模转换的数据。在循环中如果 DMA 传输完成标志置位，微控制器的 CPU 将读取传感器数据。随后对传感器数据进行滤波，除去随机干扰信号。CAN 总线将滤波后的信号发送到上位机，最后返回主循环等待采集和发送下一次的传感器数据。

控制机械手采集触觉信息需要一个便于操作和显示数据的界面，本书结合 Cobot 公司的库函数，使用 VS2015 软件开发了触觉传感器测试系统的上位机界面，如图 6-20 所示。本系统分为 4 个部分：串口配置区域、指令输入区域、机械手控制区域和动态数据显示区域。在串口配置区域可以配置与机械手连接的串口参数，以实现与机械手的连接。在指令输入区域直接输入用户的控制指令与设备地址，可以实现手指的闭合张开与相应的位置控制，手指的输入范围为 0～100，0 对应着手指完全张开，100 对应着手指完全闭合。机械手控制区域可以设定机械手的抓握速度，并且可以调整输入伺服电机的电流设定机械手的抓握力矩。上位机界面不但可以进行位置控制，在抓取物体的同时可以采集并显示传感器的输出电压随时间的变化数据，同时将传感器数据以 TXT 文档形式存储。

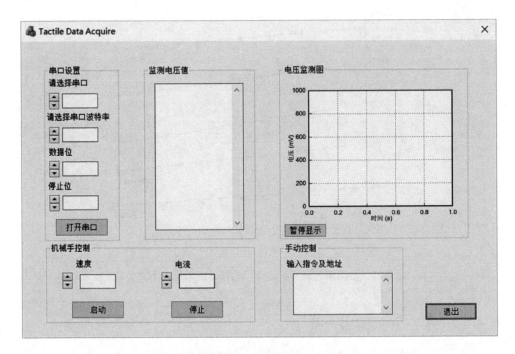

图 6-20　触觉传感器测试系统上位机界面

6.4.2　触觉传感器的输出特性测试与分析

6.4.2.1　偏置磁场对磁致伸缩触觉传感器输出电压的影响

应用测试平台在不同的偏置磁场下测量了触觉传感器输出电压和力的关系。将磁致伸缩触觉传感器安装在一个机械手指上，石英力传感器（灵敏度为 22mV/N）固定在另一机械手指上。石英力传感器用于确定抓取力的大小，并控制机械手的夹持深度和速度。通过控制机械手的夹持深度，测试了传感器在 0~4N 力的作用下输出电压的变化，施加力的大小以 0.33N 依次递增。由于霍尔传感器的量程限制，测试中偏置磁场从 1.1kA/m 增加到 7.9kA/m，进行了 5 组测试。对于每组实验进行 5 次测量，并将测量结果取算数平均值。

实验测试的触觉传感器输出电压 U 与抓取力 F 的关系如图 6-21 所示，通过对机械手指的位置控制，对传感器施加大小不同的力。图中力的数据由石英力传感器输出电压变换得知，输出电压的数据由测试系统测量得到。当抓取力从 0N 增加到 4N 时，触觉传感器的输出电压随力增加而减小。当偏置磁场为 1.1kA/m 和 7.9kA/m 时，电压的变化率较小。当偏置磁场为 4.5kA/m 时，传感器输出电压变化率最大。

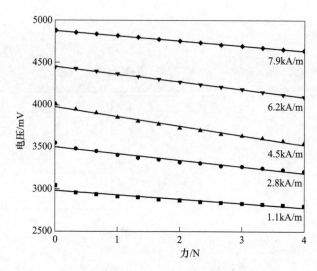

图 6-21 不同偏置磁场下触觉传感器输出电压与力的关系

6.4.2.2 抓取力的测试与分析

确定了传感器工作的最佳偏置磁场后，可以得到偏压电路的基准电压 V_{ref} = 3975mV。通过实验测试传感器输出电压与抓取力之间的关系如图 6-22 所示。在 0~5N 范围内输出电压和力 F 之间的关系基本是线性的，且输出电压随力的增大而增大。实验结果与计算结果基本一致，表明式 6-8 可用于描述传感器输出电压与抓取力的关系。在该范围内，传感器测试力的灵敏度为 114mV/N，分辨率为 0.07N，线性度为 3%[26,35,36]。文献［34］研究了电容式传感器的输出特性，发现传感器的输出电压与压力之间的关系是非线性的[35]。文献［37］中，压阻式

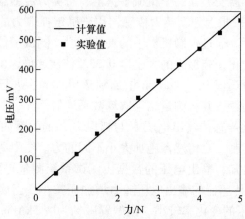

图 6-22 在 0~5N 范围内输出电压与力的关系

传感器的灵敏度（$\Delta r/r$）在 0~1N 范围内可达 0.8，在 1~5N 范围内随力的增大而减小。与这两种触觉传感器相比，磁致伸缩触觉传感器在 0~5N 范围内具有较高的灵敏度和良好的线性度。

为了进一步测试传感器对动态力的响应，采用触觉传感器测试系统设置机械手的夹持深度和夹持速度，用于产生不同频率和振幅的动态抓取力。图 6-23 示出了频率分别为 2Hz 和 4Hz 时传感器测试动态力的输出特性，测试平台采集了石英力传感器和磁致伸缩触觉传感器的输出电压。当动态抓取力的幅值为 4N，频率为 2Hz 时，传感器的输出电压为 470mV（图 6-23c）。保持抓取力不变，将抓取力的频率调整至 4Hz，传感器输出电压变为 468mV（图 6-23d）。当动态力的频率从 2Hz 增加到 4Hz 时，输出电压的幅值几乎不变。比较图 6-23a、b 与图 6-23c、d的结果，磁致伸缩触觉传感器的输出电压明显高于石英力传感器的输出电压，表明磁致伸缩式触觉传感器在 2~4Hz 频率范围内对动态力具有较快的响应和很高的灵敏度[23]。

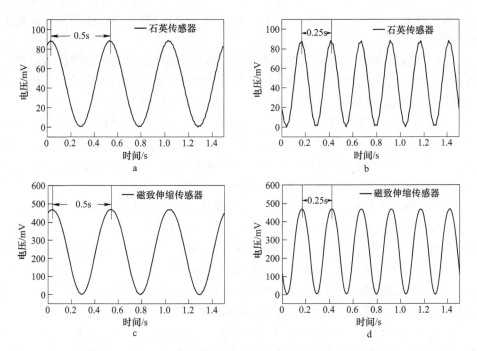

图 6-23 频率为 2Hz 和 4Hz 时传感器测试动态力的输出电压

a，b—石英力传感器；c，d—磁致伸缩传感器

6.4.3 用于机械手的抓取物体感知与识别

触觉传感器可以应用于机械手的抓取物体感知与识别。实验选择 4 种刚度不

同的物品作为样本, 如图 6-24 所示, 从左至右分别为海绵、泡沫 1、硅胶和泡沫 2。为了保证实验的准确性, 选用的海绵、泡沫和硅胶为均匀、各向同性的样品, 外形参数均为 30mm×30mm×30mm。4 个样本的刚度大小为海绵、泡沫 1、硅胶和泡沫 2 依次递增。

图 6-24　不同刚度的实验样本

采取相同的控制方法对上述四种目标样本物体进行抓取, 具体流程如下:

(1) 初始状态下, 设置机械手指的位置参数为 0, 将机械手指调整为完全张开, 将 4 个样本依次放入机械手爪中, 并保证待测样本的左右边缘距两个机械手指接触面的距离相等。

(2) 设置机械手的夹取速度为 $1.5×10^{-2}$m/s, 通过预先实验确定机械手指接触样本表面的位置反馈值。在测试过程中实时检测机械手指的位置反馈, 位置反馈值达到预先设置的接触位置后认定传感器已经与物体接触。

(3) 确认机械手指接触到样本表面后, 控制机械手指对样本继续夹紧 4mm (机械手指的控制范围为 0~1000, 0 对应着手指完全张开, 1000 对应着手指闭合, 从完全张开到闭合的过程中手指闭合距离为 100mm)。在夹取过程中, 始终保证机械手指的运动速度和夹持力矩不变。

图 6-25 记录了抓取 4 个样本的传感器输出电压与时间的关系。对于刚度不同的物体, 传感器输出电压的波形与幅值均不同。海绵、泡沫 1、硅胶、泡沫 2 稳态输出电压分别为 54mV、130mV、165mV、225mV。同时对于刚度越大的物体, 在机械手指接触到样本表面后的夹紧过程中, 输出电压的增长速率也越快, 即斜率越大, 抓取稳定后的输出电压稳定值也越大。因此可以把输出电压上升梯度和稳态电压作为特征值, 选择合适的算法对物体进行感知和识别。

(1) 特征提取。对选取的 4 种目标物体, 每种进行 40 次的抓取实验, 得到 40 组传感器输出数据, 选择其中的 30 组作为训练样本, 剩下的 10 组作为测试样本。通过分析机械手抓取物体的动态过程, 将训练样本数据的梯度值和稳定值作为分类物体的特征值, 得到 4 种物品对应的特征分布, 如图 6-26 所示。

(2) K 最邻近 (KNN) 算法。K 最邻近 (KNN) 算法是一种经典的模式识别统计算法, 是机器学习分类技术中最简单的算法之一[38,39]。KNN 算法的核心思想是计算出待分类样本点 P 的 k 个最邻近样本点, 则待分类样本点 P 属于这 k

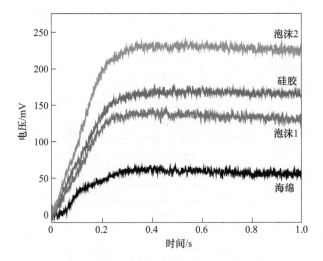

图 6-25　不同目标物体的输出电压与时间的关系

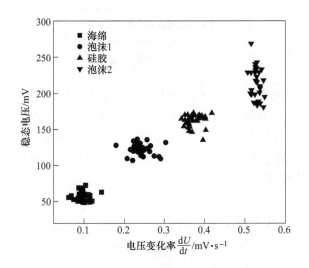

图 6-26　4 种目标物体样本的特征分布

个最邻近样本点中大多数样本所属的某个分类[40]。KNN 算法流程如图 6-27 所示。

　　KNN 算法中 k 值的选择对识别结果的影响较大。如果 k 值的选择过小，所得到的邻近样本数过少，分类精度将会降低，同时也会放大噪声数据的干扰；如果 k 值的选择过大，那么当选择 k 个邻近点的时候，特征空间中并不相似的数据也被包含进来，会造成了噪声数据点的增加，降低分类效果。

　　k 值的选择一般小于训练样本总数的平方根，根据选取的训练样本数，选择

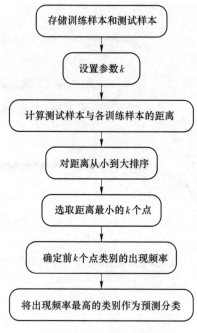

图 6-27   KNN 算法流程

$k=5$。将每组实验中的剩余 10 组数据作为测试样本进行识别，得到的刚度识别结果如图 6-28 所示。对角线上显示的为识别正确的样本，非对角线上显示的为测试样本错误识别为其他类样本。样本 B 有 10% 的概率被识别为样本 C，样本 C 有 10% 的概率被识别为样本 B。总的识别正确率为 95%。表明磁致伸缩触觉传感器可以正确地识别不同刚度的物体。

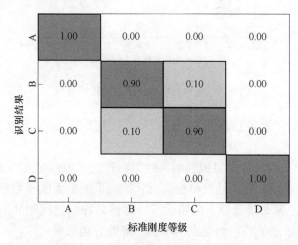

图 6-28   基于刚度的物体识别结果

6.5 磁致伸缩触觉传感器阵列

6.5.1 触觉传感器阵列结构设计

应用热锻、轧制和冷拔相结合制成的铁镓丝状材料，设计了一种新型的磁致伸缩触觉传感器阵列。设计的 1×4 磁致伸缩触觉传感器阵列结构如图 6-29a 所示[41]，触觉传感器阵列主要由铁镓丝状材料、永磁体、霍尔元件、触头、柱体和外壳组成。铁镓丝直径为 0.8mm，长度为 16mm。永磁体为圆环形，圆面与铁镓丝方向垂直，位于铁镓丝中部，为铁镓丝提供偏置磁场。霍尔元件放置于外壳底座外侧，正对铁镓丝固定端，用于探测铁镓丝端部的磁场变化。触头是作用力传递元件，受到接触力时使铁镓丝弯曲变形。柱体高度为 8mm，用于放置环形永磁体。外壳底座用于固定铁镓丝的一端，使其形成悬臂梁结构。触头、柱体和外壳为树脂材料，采用 3D 打印技术制成。图 6-29b 是磁致伸缩触觉传感器阵列的底部视图。由图可知，霍尔传感器的排布和铁镓丝的排布方式相同，分别位于正六边形连续的四个顶点上。柱体和霍尔传感器之间的中心距离为 7.5mm。磁致伸缩触觉传感器的尺寸为 20mm×15mm×22mm，质量为 8g。图 6-29c 为磁致伸缩传感器阵列单元受力的截面图，当置于偏置磁场中的铁镓丝阵列受到外力时，铁镓丝的磁通量将发生变化，霍尔元件检测磁通变化并输出电压。

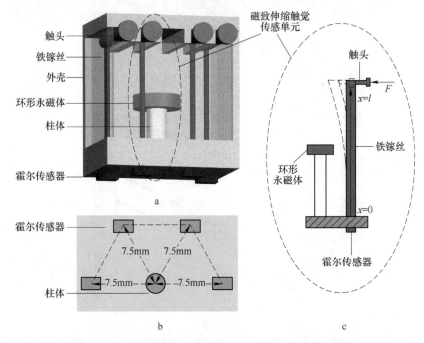

图 6-29 磁致伸缩触觉传感器阵列结构与传感单元受力

a—传感器阵列结构；b—传感器阵列底部视图；c—传感器阵列单元受力截面图

6.5.2　触觉传感器阵列输出特性测试与分析

图 6-30 示出了直径为 0.8mm、不同长度铁镓丝组成的磁致伸缩触觉传感单元的输出电压与作用力的关系。由图可知，输出电压随施加在传感器上的力的增加而增大。在相同的力作用下，随着铁镓丝的长度增加，输出电压增大。对于长度为 16mm 的铁镓丝，当作用力增加到 2N 时，输出电压达到 96.13mV。在 0~2N 的范围内，灵敏度为 48.07mV/N，线性度为 5.85%。

图 6-31 为直径为 0.5mm、不同长度铁镓丝组成的磁致伸缩触觉传感单元的输出电压与作用力的关系。对于长度为 16mm 的铁镓丝，当作用力增加到 0.4N 时，输出电压达到 74.75mV。在 0~2N 的范围内，灵敏度为 185mV/N，线性度为 6.56%。

由图 6-30 和图 6-31 可知，在铁镓丝长度相同时，同样的作用力下，直径越小，输出电压越大，但是测力范围减小。考虑到磁致伸缩触觉传感器的尺寸和与机械手的集成安装，最终选择直径为 0.8mm、长度为 16mm 的铁镓丝作为磁致伸缩触觉传感器阵列的主要组成部件。

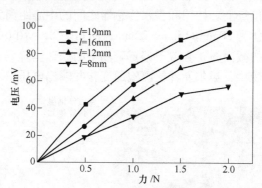

图 6-30　直径为 0.8mm、不同长度铁镓丝组成的触觉传感
单元的输出电压与作用力的关系

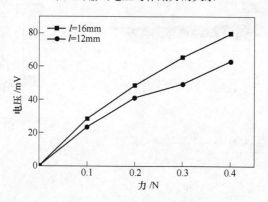

图 6-31　直径为 0.5mm、不同长度铁镓丝组成的触觉传感单元
的输出电压与作用力的关系

6.5.3 触觉传感器阵列的应用

磁致伸缩触觉传感器阵列可以安装到机械手上，用于目标物体的感知与识别。实验使用武汉 Cobot 公司研发的二指灵巧手 COHAND201。在机械手的手指上安装了四个磁致伸缩触觉传感器阵列，每个手指上安装两个，一个在远端指节上，一个在近端指节上，如图 6-32 所示。安装的磁致伸缩触觉传感器仅用于对目标物体识别，不向开环控制提供反馈。

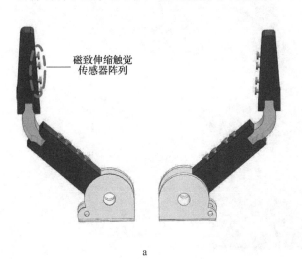
磁致伸缩触觉
传感器阵列

a b

图 6-32　安装磁致伸缩触觉传感器阵列的机械手
a—示意图；b—实物照片

用于感知和识别的四组目标物体是自定义制作的圆柱体和长方体，如图 6-33 所示。第一组和第二组为硬度相同、尺寸不同的长方体和圆柱体，壁厚 4mm，采用树脂材料 3D 打印制成。第三组和第四组为尺寸相同、硬度不同的硅胶和海绵制成的长方体和圆柱体。四组目标物体的参数列于表 6-4。

表 6-4　目标物体的尺寸和硬度

物体	尺寸/mm	硬度（HD）	物体	尺寸/mm	硬度（HA）
A-1	60	79	C-1	45	42
A-2	45	79	C-2	45	72
A-3	30	79	D-1	45	42
B-1	60	79	D-2	45	72
B-2	45	79			
B-3	30	79			

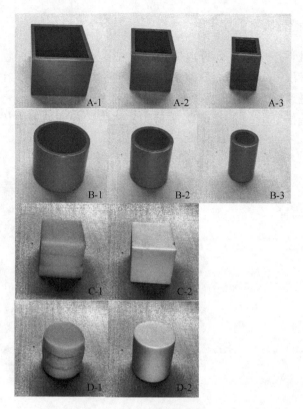

图 6-33　用于识别的目标物体

A，B—树脂材料；C-1，D-1—海绵；C-2，D-2—硅胶

实验的抓取流程为：机械手用法兰安装到工作台上，每个物体抓取 30 次来收集数据。在抓取的过程中，确定两个重要的时间点：机械手指接触到目标物体的时刻 t_0 和机械手手指进一步按下 4mm 后的时刻 t_1。在 t_0 时刻，提取电机编码器手指的位置 p；在 t_1 时刻，提取触觉传感器接触到物体的触点数 c 和触觉传感器阵列的平均接触力 F。表 6-5 列出了提取的这三个重要的特征值。

表 6-5　用于识别所抓取目标物体的特征值

特征值	描　　述
p	t_0 时刻机械手指位置
c	t_1 时刻触觉传感器接触到物体的触点数
F	t_1 时刻触觉传感器阵列的平均接触力

图 6-34 为其中一次抓取中机械手手指位置、两个手指上磁致伸缩触觉传感器阵列每个触点的输出电压和传感器接触到物体的触点个数。在 $0 \sim 0.5\mathrm{s}$ 时，

机械手手指被控制以恒定的速度移动。由于机械手手指没有接触到物体，两个手指传感器的输出电压和触点接触数为0。在0.5s时，手指与物体接触。在0.5～1s的时间段内，控制机械手指以恒定速度进一步按压4mm的距离。两个手指传感器的输出电压和触点数量随机械手手指的位置而发生变化。在1s时，手指停止运动。机械手手指位置、两个手指触觉传感器的输出电压和接触触点数量不变。

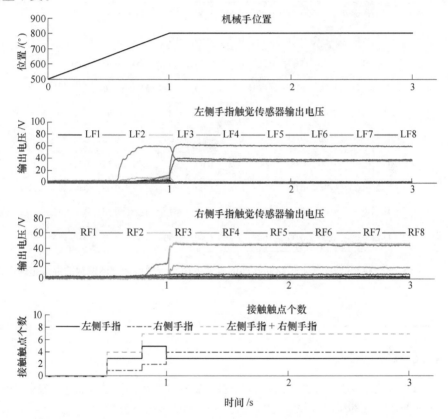

图6-34 一次抓取过程中机械手手指位置、安装在左右手指上的磁致伸缩触觉传感器阵列输出电压和触觉传感器接触触点个数

对于30次抓取的数据中，20次用于培训，剩余的10次用于测试。识别实验采用KNN算法。测试结果显示在如图6-35所示的混淆矩阵中。对角元素代表正确的识别，非对角元素代表错误的识别，识别正确率为89%。由识别结果可以看出，选取的特征值能反映目标物体的特点，机器学习算法在识别目标物体上也非常有效，只有少数目标物体难以区分。具有45mm的矩形硅胶（C-2）被识别为45mm的矩形树脂（A-2），45mm的圆柱形树脂（B-2）被识别为45mm的矩形海绵（C-1）。这些错误的识别是由于抓取过程中传感器与物体接

触时的接触次数相近造成的。45mm 的矩形海绵（C-1）会与45mm 的圆柱形海绵（D-1）混淆，这是由于机械手手指位置和触觉传感器平均接触力值的相似性导致的误识别。这些结果表明，触觉传感系统对不同形状、硬度和尺寸的物体具有较高的识别精度。

	A-1	A-2	A-3	B-1	B-2	B-3	C-1	C-2	D-1	D-2
A-1	1.00	0.00	0.00	0.00	0.00	0.00	0.00	0.00	0.00	0.00
A-2	0.00	1.00	0.00	0.00	0.00	0.00	0.00	0.00	0.00	0.00
A-3	0.00	0.00	1.00	0.00	0.00	0.00	0.00	0.00	0.00	0.00
B-1	0.00	0.00	0.00	1.00	0.00	0.00	0.00	0.00	0.00	0.00
B-2	0.00	0.00	0.00	0.00	1.00	0.00	0.00	0.00	0.00	0.00
B-3	0.00	0.00	0.00	0.00	0.00	1.00	0.00	0.00	0.00	0.00
C-1	0.00	0.00	0.00	0.00	0.20	0.00	0.50	0.00	0.30	0.00
C-2	0.00	0.30	0.00	0.00	0.00	0.00	0.00	0.70	0.00	0.00
D-1	0.00	0.00	0.00	0.00	0.00	0.00	0.30	0.00	0.70	0.00
D-2	0.00	0.00	0.00	0.00	0.00	0.00	0.00	0.00	0.00	1.00

图 6-35　安装磁致伸缩触觉传感器阵列的机械手用于十种目标物体识别的混淆矩阵

参 考 文 献

[1] 宋爱国. 力觉临场感遥操作机器人（1）：技术发展与现状 [J]. 南京信息工程大学学报（自然科学版），2013, 5 (1)：1~19.

[2] Youngdo J, Duck-Gyu L, Jonghwa P, et al. Piezoresistive tactile sensor discriminating multi-directional forces [J]. Sensors, 2015, 15：25463~25473.

[3] Lee M H, Nicholls H R. Tactile sensing for mechatronics—a state of the art survey [J]. Mechatronics, 1999, 9 (1)：1~31.

[4] 李锐琦，黄英，田敏，等. 柔性触觉传感器压力温度敏感交叉效应研究 [J]. 华中科技大学学报（自然科学版），2013, 41 (Sup. 1)：200~203.

[5] Nguyen T V, Nguyen B K, Hidetoshi T, et al. High-sensitivity triaxial tactile sensor with elastic microstructures pressing on piezoresistive cantilevers [J]. Sensors and Actuators A, 2014, 215：167~175.

[6] 潘奇，万舟，易士琳. 基于 PVDF 的三维力机器人触觉传感器的设计 [J]. 传感技术学报，2015, 28 (5)：648~653.

［7］ 谢娜. 基于 PVDF 的三维触觉/热觉传感器的设计与仿真 ［D］. 重庆：重庆大学, 2014.

［8］ Fu J, Li F X. A forefinger-like tactile sensor for elasticity sensing based on piezoelectric cantile-vers ［J］. Sensors and Actuators A, 2015, 234：351~358.

［9］ Cranny A, Cotton D P J, Chappell P H, et al. Thick-film force, slip and temperature sensors for a prosthetic hand ［J］. Measurement Sci. and Tech. , 2005, 16：931~941.

［10］ Cotton D P J, Chappell P H, Cranny A, et al. A novel thick-film piezoelectric slip sensor for a prosthetic hand ［J］. IEEE Sensor J. , 2007, 5 (7)：752~761.

［11］ Choi B J, Chun J, Choi H R. Development of anthropomorphic robot hand with tactile sensor：SKKU Hand Ⅱ ［C］//Rocha J G and Lanceros-Mendez S. Sensors：Focus on tactile force an stress sensors. London：In Tech, 2016：2470.

［12］ Zhang L, Ju F, Cao Y, et al. A tactile sensor for measuring hardness of soft tissue with applica-tions to minimally invasive surgery ［J］. Sensors and Actuators A：Physical, 2017, 266：197~204.

［13］ Wang F, Sun X, Wang Y, et al. Decoupleing research of a three-dimensional force tactile sensor based on raical basis function neural network ［J］. Sensors & Transducers, 2013, 159 (11)：289~298.

［14］ 孙英, 尹泽楠, 许玉杰, 等. 电容式柔性触觉传感器的研究与进展 ［J］. 微纳电子技术, 2017, 54 (10)：684~693.

［15］ Tee B C K, Chortos A, Dunn R, et al. Tunable flexible pressure sensors using microstructured elastomer geometries for intuitive electronics ［J］. Advanced Functional Materials, 2014, 24 (34)：5427~5434.

［16］ Liang G, Wang Y, Mei D, et al. Flexible capacitive tactile sensor array with truncated pyramids as dielectriclayer for three-axis force measurement ［J］. Journal of Micro-electromechanical sys-tems, 2015, 24 (5)：1510~1519.

［17］ Wang Y, Liang G, Mei D, et al. Flexible capacitive tactile sensor array with high scanning spped for distributed contact force measurements ［C］// Proceedings of the 29th IEEE Interna-tional Conference on Micro Electro Mechanical systems. Shanghai, China, 2016：854~857.

［18］ Chuang S T, Chen T Y, Chung Y C, et al. Asymmetric fan-shape-electrode for high-detection accuracy tactile sensor ［C］// Proceedings of the 28th IEEE International Conference on Micro Electro Mechanical systems. Estor il, Portugal, 2015：740~743.

［19］ 邱中一. 基于新型仿生手指传感器的振动触觉系统设计与机制研究 ［D］. 上海：上海交通大学, 2014.

［20］ Pawluk D T V, Howe R D. Aholistic model of human touch ［J］. Computational Neuroscience, 1997, 118：759~764.

［21］ 王博文, 王启龙, 韩建晖, 等. 磁致伸缩压力传感器设计及其输出特性 ［J］. 光学精密工程, 2017, 25 (4)：396~401.

［22］ Zhao R, Wang B W, Lu Q G, et al. Influence of frequency on the resolution of magnetostrictive bio-Inspired whisker sensors ［J］. Journal of Sensors, 2018, 2018：1~7.

［23］ Zheng W D, Wang B W, Liu H P, et al. Structural design and output characteristic analysis of magnetostrictive tactile sensor for robotic applications ［J］. AIP Advances, 2018, 8：056622.

［24］李云开，王博文，张冰. 铁镓合金的压磁效应与力传感器的研究［J］. 电工技术学报, 2019, 34（19）：3615~3621.

［25］张冰，王博文，李云开. 磁致伸缩触觉传感器的输出特性研究［J］. 传感技术学报, 2019, 32（8）：1157~1162.

［26］Li Yunkai, Wang Bowen, Li Yuanyuan, et al. Design and output characteristics of magnetostrictive tactile sensor for detecting force and stiffness of manipulated objects ［J］. IEEE Transactions on Industrial Informatics, 2019, 15（2）：1219~1225.

［27］Zhang B, Wang B W, Li Y K, et al. Detection and identification of object based on a magnetostrictive tactile sensing system ［J］. IEEE Transactions on Magnetics, 2018, 54（11）：4002205.

［28］Atulasimha J, Flatau A B, Chopra I, et al. Effect of stoichiometry on sensing behavior of iron-gallium ［J］. Proceedings of SPIE-The International Society for Optical Engineering, 2004, 5387：487~497.

［29］Li T, Zou J, Xing F, et al. From dual-mode triboelectric nanogenerator to smart tactile sensor：a multiplexing design ［J］. Acs Nano, 2017, 11（4）：3950~3953.

［30］Zheng W D, Wang B W, Liu H P, et al. Bio-inspired magnetostrictive tactile sensor for surface material recognition ［J］. IEEE Transactions on Magnetics, 2019, 55（7）：4002307.

［31］阳昌海，文玉梅，李平，等. 偏置磁场对磁致伸缩/弹性/压电层合材料磁电效应的影响 ［J］. 物理学报, 2008, 57（11）：7292~7297.

［32］Shikida M, Shimizu T, Sato K, et al. Active tactile sensor for detecting contact force and hardness of an object ［J］. Sensors & Actuators A, 2003, 103（1）：213~218.

［33］Zhou H M, Ou X W, Xiao Y, et al. An analytical nonlinear magnetoelectric coupling model of laminated composites under combined pre-stress and magnetic bias loadings ［J］. Smart Materials & Structures, 2013, 22（3）：035018.

［34］Yang T, Xie D, Li Z, et al. Recent advances in wearable tactile sensors：materials, sensing mechanisms, and device performance ［J］. Materials Science & Engineering Reports, 2017, 115：1~37.

［35］高锋，魏金芬. 新型非介入式直流电流传感器 SS491B 的原理与应用 ［J］. 电子器件, 2006, 29（3）：684~687.

［36］Denei S, Maiolino P, Baglini E, et al. Development of an integrated tactile sensor system for clothes manipulation and classification using industrial grippers ［J］. IEEE Sensors Journal, 2017, 17（19）：6385~6396.

［37］Park J, Kim M, Lee Y, et al. Fingertip skin-inspired microstructured ferroelectric skins discriminate static/dynamic pressure and temperature stimuli ［J］. Science Advances, 2015, 1（9）：e1500661.

［38］Wan L L, Wang B W, Wang Q L, et al. The output characteristic of cantilever-like tactile sensor based on the inverse magnetostrictive effect ［J］. AIP Advances, 2017, 7：056805.

［39］Tiwana M I, Redmond S J, Lovell N H. A review of tactile sensing technologies with applications in biomedical engineering［J］. Sensors & Actuators A Physical, 2012, 179（3）：17~31.

［40］张进华，王韬，洪军，等. 软体机械手研究综述［J］. 机械工程学报，2017，53（13）：19~28.

［41］Zhang B, Wang B W, Li Y K, et al. Magnetostrictive tactile sensor array for object recognition ［J］. IEEE Transactions on Magnetics, 2019, 55（7）：4002207.

7 磁致伸缩纹理检测传感器与识别技术

7.1 纹理检测传感器与识别技术简介

机器人可以通过纹理信息来辨识不同的物体，因而准确检测物体的纹理信息对于机器人进行正确的操作具有重要意义。设计与制作纹理检测传感器，首先要了解生物检测物体纹理的过程和机制。生物学家研究表明，人体依靠不同的机械感受器来识别不同的纹理[1]：依靠皮肤中的慢适应机械感受器，感知力的分布信息来识别稀疏纹理；依靠快适应机械感受器来识别细密纹理[2~4]。这些研究结果为设计纹理检测传感器提供了一些思路与指导。

7.1.1 纹理检测传感器

啮齿类动物老鼠利用触须不仅能够巧妙地躲避障碍物，穿越路面上的一些缺口和缝隙，而且能够确定周围物体的位置、轮廓和纹理。有关老鼠行为方式的研究，揭示了其触须系统对于物体表面纹理的识别能力，就如同人类使用手指感受纹理般的灵敏。机器人利用触须传感器扫描待测物体表面，实时获取物体的位置、轮廓和纹理信息。通过对这些信号的提取、分析，可以对物体表面纹理特征进行识别。文献［5］基于老鼠的触须设计了纹理检测传感器，它主要由触须、位置敏感探测器（PSD）、遮光片、弹性元件、底座和发光元件构成，其结构如图 7-1 所示。

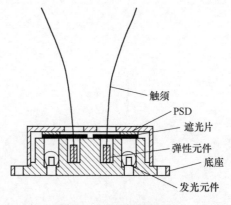

图 7-1　触须传感器结构

测试过程中将具有触须的纹理检测传感器安装在运动控制的平台上，传感器随运动平台的运动而移动，实现对物体纹理的扫描，分析接触物体表面的纹理特征。测试对象为不同间距的锯齿状纹理表面，运动平台以 2mm/s 的速度移动，移动方向如图 7-2 所示方向，固定在运动平台上的触须传感器以相同速度扫过锯齿纹理表面。由于采集的是被测对象的纹理信息，故在测试中保持触

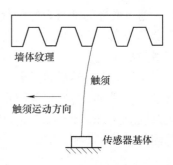

图 7-2 纹理检测过程示意图

须顶端与被测对象表面纹理棱边相接触，触须与纹理棱接触部分长度约为 1mm。在测试开始阶段，调整工作平台和纹理检测对象的位置，使得触须顶端部分与对象初始纹理棱足够接近，以便于触须能够在实验开始后很快接触到纹理棱，以提高测试效率。

文献[6]基于视觉研制了纹理检测传感器，它主要由反射金属膜、弹性体、照明电路和摄像头组成，结构示意图如图 7-3a 所示。反射金属膜处于传感器的上部，其下边为透明的弹性体块，LED 照明板放置在弹性体下方并将其环绕，摄像头与弹性体的中心处于一条直线，型号为 MT9F002，图 7-3b 为研制的纹理检测传感器的实物图。弹性体块尺寸为 13mm×13mm×5mm，由透明的 PDMS（Polydimethylsiloxane）制成，它具有很强的弹性，可以将物体的纹理清晰地呈现出来，同时其透明性确保摄像头可以拍摄到纹理图像。应用基于视觉的纹理检测传感器拍摄到的纹理图像如图 7-3c 所示。基于视觉的纹理检测传感器，可以直接处理拍摄到的纹理图像，并对它们进行分类，比其他方法更方便快捷。

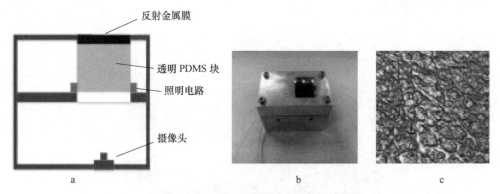

图 7-3 纹理检测传感器结构、实物和拍摄到的皮革纹理
a—传感器结构；b—传感器实物；c—拍摄到的皮革纹理

宋爱国等[7]研制了用于测试织物纹理的指尖型传感器，它主要由基座、力传感器、铝框、硅橡胶和压电 PVDF 膜构成，具体结构如图 7-4 所示。基座为圆柱

体，通过底部的轴与力传感器连接在一起。硅橡胶作为填充物填充到基座、力传感器和压电 PVDF 膜之间的空隙中，由于具有类似人体组织的柔软特性，可以将接触力从压电 PVDF 膜处传递到力传感器处。采用乳胶膜作为保护层盖住硅橡胶的半球形表面，然后将压电 PVDF 膜黏结到乳胶膜表面。压电 PVDF 薄膜的作用就是当纹理检测传感器与织物表面产生相对运动时，测试随着表面纹理变化引起的薄膜应变的变化。图 7-5 为宽 10mm、长 30mm 的具有压电 PVDF 薄膜的纹理检测传感器实物照片。

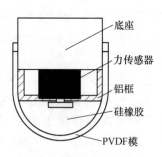

图 7-4　具有 PVDF 薄膜的
纹理检测传感器结构

图 7-5　具有 PVDF 薄膜的
纹理检测传感器照片

　　参考人类检测物体纹理的过程，文献［7］还应用压电 PVDF 膜设计了纹理检测传感器系统，系统主要由支架、纹理检测传感器、力调节机构、带有编码器的 DC 电机、与 DC 电机轴相连接的旋转盘和电路板。图 7-6 为研制的纹理检测传感器系统实物照片。

图 7-6　织物纹理传感器系统实物照片

7.1.2 纹理识别技术

2006 年，Maheshwari 等学者设计了一种以光学为传导机制的触觉传感器，应用传感器可以对物体表面的纹理信息进行提取并进行识别[8]。2013 年麻省理工学院的研究人员通过对不同纹理表面拍照的方式制作了基于光学传导机制的触觉传感器[9]，利用该传感器将不同的物体表面纹理信息转化为可以表征的图像，利用相应的算法对图像特征进行处理，进而对不同的表面纹理进行特征描述。利用这种纹理识别技术对不同材料的 40 多种表面纹理进行识别，准确率可以达到99.79%，如图 7-7 所示。这种纹理识别技术需要具有很高的空间分辨率，一般只能采用比较笨重的光学传感器，这样对于纹理比较透明的物体就很难采集到纹理面的信息。

图 7-7　纹理照片（a~c）与捕捉到的图像（d~f）

为了能够得到更简单、实用的检测纹理信息，研究人员选择利用动态力信息进行纹理识别。基于动态力信息的纹理识别技术就是利用纹理检测传感器在物体表面滑动获得振动信号，然后对获得的振动信号进行处理，找到可以表征不同纹理的特征参数[10,11]，利用特征参数并结合不同的分类算法进行的表面纹理识别技术。

关于利用动态力信息来进行纹理识别的技术，具有代表性的是 Oddo 等提出的一种物体表面纹理识别技术[12]。他们设计了硅基三维纹理检测传感器，测试过程中传感器与样本表面相接触，并保持相对滑动速度不变，测试得到的振动信号如图 7-8 所示。通过振动信号的滤波处理和特征提取，确定可以表征纹理信息

的特征参数，利用得到的特征参数识别不同物体的纹理。Oddo 等应用这种纹理
识别技术识别了空间间距在 2.6~4.1mm 范围内的样本纹理，识别结果与真实样
本对比表明，最大误差仅为 1.7%。

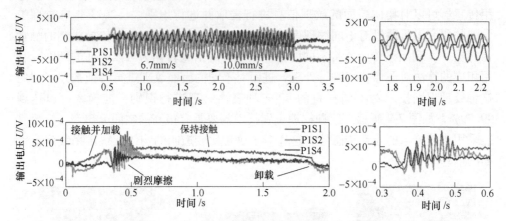

图 7-8　基于硅基三维纹理检测传感器获得的振动信号

Fishel 等[13] 设计的提取纹理信号装置如图 7-9 所示，他们将液体式触觉手指
BioTac 固定在可以上下移动的长臂上，将纹理样本固定在线性移动平台上。测试
时触觉手指以一定的压力接触纹理表面，控制移动平台使纹理样本与触觉手指之
间产生相对运动，触觉手指就会输出振动电压信号。同样，振动信号通过滤波处
理、快速傅里叶变换及频谱分析，提取特征值，基于贝叶斯法进行纹理识别。利
用这种技术识别了常见的 117 种物体表面纹理，识别的准确率可以达到 95.4%。

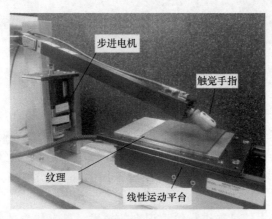

图 7-9　提取纹理信号装置

基于动态力的纹理识别技术是通过提取特征参数来表征纹理，可以达到很高
的准确率。但提取动态力信息的纹理检测传感器的频率响应偏慢，不能准确测试

物体表面纹理，因而很有必要设计一种频率响应快、灵敏度高的纹理检测传感器，结合特征参数提取方法识别物体表面纹理。

7.2　基于仿生原理的磁致伸缩纹理检测传感器的设计

7.2.1　手指触觉感知过程与机理

生物神经信号的传入主要靠机械感受器来实现，因此在人体的感知系统中机械感受器具有重要的作用。机械感受器的神经末梢对于外部的刺激非常敏感，不同的刺激会产生相应的信号传递给大脑。皮肤的机械感受器主要分为四种：包括梅克尔触盘（Merkel's Disk）、鲁菲尼终末（Ruffini Ending）、迈斯纳小体（Meissner's Corpuscle）和帕西尼氏小体（Pacinian Corpuscle），如图 7-10 所示。

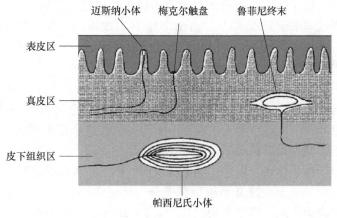

图 7-10　机械感受器示意图

由图 7-10 可以发现每种机械感受器的大小、形状和在皮肤组织中所处的位置不同，据此可以将四种机械感受器分为两类。梅克尔触盘和迈斯纳小体相对其他两种机械感受器较小，处于皮肤表皮区和真皮区的交界区，将这两种机械感受器定义为Ⅰ型感受器。鲁菲尼终末位于真皮的深层区，帕西尼氏小体位于皮下组织区，这两种机械感受器都距皮肤表层较深，被称为Ⅱ型感受器。机械感受器对于所处的位置可以分为Ⅰ型和Ⅱ型，机械感受器对于外部刺激的响应程度不同也可以分为快适应性感受器（Rapidly Adapting Mechanoreceptor，简称 RA）和慢适应性感受器（Slowly Adapting Mechanoreceptor，简称 SA）[14]。快适应性感受器包括迈斯纳小体和帕西尼氏小体，这种类型的感受器对于外部的振动刺激十分敏感。慢适应性感受器包括梅克尔触盘和鲁菲尼终末这两种机械感受器，它们对皮肤的形变十分地敏感。总的来说，四种机械感受器分别对应着 SAⅠ、SAⅡ、FAⅠ、FAⅡ四种类型。四种机械感受器对于外部刺激的响应和特征参数见表 7-1。

表 7-1　机械感受器的特征参数

机械感受器	类　型	频率范围/Hz	触觉特性
梅克尔触盘	SA I	5~15	按压
鲁菲尼终末	SA II	100~500	拉伸
迈斯纳小体	FA I	3~100	震颤
帕西尼氏小体	FA II	40~500	振动

梅克尔触盘属于慢速 I 型机械感受器，距离皮肤表层大约 1.5mm，对低频的机械刺激十分敏感[15]。梅克尔触盘对于机械刺激为压力或者物体的表面结构刺激十分敏感，可以分辨空间 0.5mm 左右，分辨物体时在物体表面滑动的速度要低于 80mm/s，否则在空间分辨率上会产生很大的误差。

鲁菲尼终末属于慢速 II 型机械感受器，位于真皮区，距离皮肤表层比较深。对于高频的机械刺激十分敏感[16]。由图 7-10 可以发现，鲁菲尼终末的结构与皮肤的表层接近平行，因此在手指产生横向变形时能够更大地刺激到鲁菲尼终末感受器，比如手指在纹理表面的滑动或者摩擦。

迈斯纳小体属于快速 I 型机械感受器，由图 7-10 可以看出迈斯纳小体距离皮肤表面的距离最小，在 0.5 ~ 0.7mm 处。对外界的刺激敏感范围为 3 ~ 100Hz[17]。迈斯纳小体对于低频的或者中频的振动信息非常地敏感，可以将振动的感觉传递给大脑。迈斯纳小体对于手指皮肤短暂、微小的变形能够产生很大的反应，因此迈斯纳小体还可以感受到纹理表面的凹陷、压痕等信息。

帕西尼氏小体属于快速 II 型机械感受器，从图 7-10 中可以看出，帕西尼氏小体距离皮肤表面最远，位于皮肤深处的 1.5 ~ 2mm 处，体积在四种机械感受器中最大。对外部刺激的敏感范围为 40~500Hz[18]，在外界刺激频率为 250Hz 时帕西尼氏小体能够产生较强的响应能力，所以帕西尼氏小体对低频的刺激具有一定的滤波作用。

机械感受器是体表或组织内的一些专门感受周围环境或者受力变化的结构，从本质上说机械感受器属于一种传感器。它将外部的刺激信号转变为一种能够在神经纤维上传递的电信号。

当外界的刺激对皮肤产生作用时，皮肤内的机械感受器就会受到力的作用而使内部的囊结构发生形变，发生形变后就会产生微弱的电流，从而产生感受器电位。如果外界的刺激足够强烈就会使机械感受器产生动作电位[19]。产生动作电位之后就会通过神经系统传播给大脑，大脑就会对不同的刺激产生感觉。将能够使机械感受器产生动作电位的最小感受器电位称为阈值，阈值的大小与每个机械感受器的属性相关，与外界的刺激无关，外界的刺激只会影响感受器电位，如图 7-11 所示。当外部的刺激太小时，虽然也能够是感受器产生电位，但是这种情况下的感受器电位太小，没有达到阈值，所以并不能够产生动作电位。当外部的刺激逐渐增大，感受器的电位随着外界刺激的增大逐渐增大，达到可以形成动作电位的阈值后，机械感受器就会产生动作电位，但是外界刺激导致的感受器电位没有大范围地超过阈值，所以动作电位就不密集，人体感受到的外界刺激程度就不强烈。随着外界刺激的进一步增强，感受器的电位越来越大，超过阈值的感受器电位也会增多，动作电位会越来越密集，密集的刺激信号传递给大脑使人感觉到强烈的感觉。

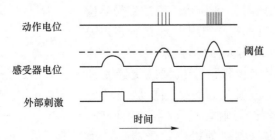

图 7-11　动作电位、感受器电位和外部刺激之间的关系

　　不同种类的机械感受器的结构和属性不同，所以不同机械感受器的阈值也不一样。感受器电位的阈值与外部刺激的阈值有关，外部刺激的阈值与外部振动的振幅有关。研究人员对外部刺激与产生感受器电位阈值之间的关系进行了研究，并且通过大量的生理学实验分析了阈值在不同机械感受器下的变化趋势，得到了如图 7-12 所示的结果[20]。图中给出了默克尔触盘、迈斯纳小体和帕西尼氏小体三种机械感受器对于外部机械刺激之间的关系，可以发现，帕西尼氏小体的阈值较小，外部的刺激最容易引起动作电位。默克尔触盘的阈值较高，需要很大的外界刺激才能激发其动作电位。每种机械感受器的阈值与频率的变化关系不一样，因此不同的频率对于机械感受器的响应是不一样的。机械感受器除了受频率的影响外还受到很多方面的影响，比如接触面积的大小、物体的空间轮廓等。

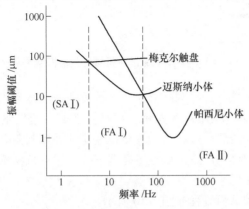

图 7-12　机械感受器与外界刺激的关系

7.2.2　手指触觉感知模型

哈佛大学的研究学者在考虑了皮肤的相关属性后提出了两种对皮肤触觉感知机理进行简化的模型[21]。这两种简化的模型所针对的机械感受器不同。其中一种模型主要是对梅克尔触盘和鲁菲尼终末两种对外界刺激响应较慢的机械感受器进行感知机理简化，其模型示意图如图 7-13 所示。机械感受器位于皮肤的内部，上部的皮肤组织用 k_{s1} 的弹簧来表示，下部的皮肤组织用 k_{s2} 的弹簧来表示。用弹簧阻尼的形式可以来模拟两个机械感受器受到外界刺激时产生响应时的过程。当皮肤受到外界的应力刺激或者振动刺激时，就会产生形变，通过皮肤就会使皮肤深层的机械感受器也产生形变位移。就是这种形变的差异会导致动作点

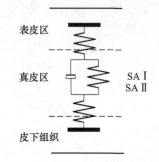

图 7-13　SA I 和 SA II 慢适应机械感受器的模型

位的产生。外部的应力或者振动的刺激越强烈，内部机械感受器产生的动作电位就会越大。通过 Hodgkin-Huxley 方程组可以计算出动作电位，求解流程如图 7-14 所示。

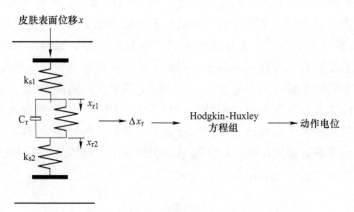

图 7-14　SA I 和 SA II 慢适应机械感受器模型求解流程

另一种模型主要是对外界刺激响应较快的迈斯纳小体和帕西尼氏小体两种机械感受器的结构模型，如图 7-15 所示。根据图 7-10，迈斯纳小体和帕西尼氏小体两种机械感受器的内部是层状结构，使得在受到外界刺激时产生的响应机理与之前的梅克尔触盘和鲁菲尼终末机械感受器不同，这种机械感受器的中心是初级的传入神经，所以使用两组串联的弹簧阻尼系统来代表机械感受器的结构模型。快适应机械感受器的求解流程如图 7-16 所示。

应用建立的机械感受器模型，可为研发新型的触觉传感器提供思路与指导。

但皮肤触觉系统结构复杂，这两个模型只能简单地
描述机械感受器的力学模型，还有很多结构因素没
有考虑。如将手指的结构特性和机械感受器的感知
原理相结合，可以得到一种新的触觉感知模型[22]，
如图 7-17 所示。当手指在主动地感知外界的刺激
时，比如纹理或者压力等信息，手指的皮肤会发生
形变或者移动，所以在研究手指触觉模型时要将指
骨的作用考虑进去。这种模型是考虑了手指结构，
并结合前两种模型所得到的简化模型。弹簧与阻尼
器并联的结构通常被称作 Kelvin 模型，这种模型

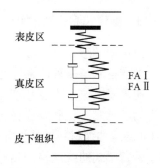

图 7-15 FA I 和 FA II 快适应
机械感受器的结构模型

可以体现缓冲作用以及黏弹性。模型在一定程度上参考了 Dinner 等研究人员在解
剖学上所建立的手指麦克斯韦-开尔文模型。

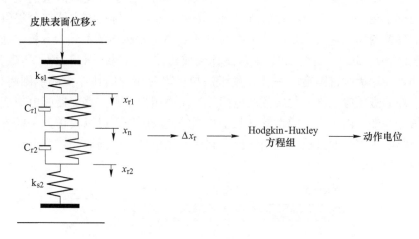

图 7-16 快适应机械感受器模型求解流程

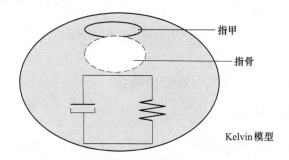

图 7-17 考虑手指结构的触觉感知模型

7.2.3 磁致伸缩纹理检测传感器设计

由仿生学感知过程可知，手指与外界物体接触时，皮肤发生形变或者产生振动，形变信息与振动信息传递给机械感受器，机械感受器由于挤压或者频率的变化，使得膜电位发生变化产生电信号，电信号通过神经系统传达给大脑[23]。基于生物学感知过程和触觉感知模型，可以设计多种纹理检测传感器[24~26]。考虑Fe-Ga 磁致伸缩材料的特性和逆磁致伸缩效应，设计了外观上和人的手指基本相同、悬臂梁式的纹理检测传感器，结构如图 7-18 所示。纹理检测传感器主要由Fe-Ga 磁致伸缩片状材料、刚性触头、永磁体、检测线圈、外壳等组成，核心元件为 Fe-Ga 磁致伸缩片状材料。Fe-Ga 磁致伸缩片状材料一端固定在非导磁材料的外壳上，另一端与刚性触头连接。刚性触头在纹理表面滑动引起 Fe-Ga 片状材料发生振动，导致 Fe-Ga 片状材料中的磁畴发生偏转，使得 Fe-Ga 片状材料内部的磁感应强度发生变化，触头与 Fe-Ga 片状材料相当于手指皮肤深层的机械感受器。两个永磁体位于 Fe-Ga 片状材料上，为 Fe-Ga 片状材料的主体部分提供均匀分布的偏置磁场。左边的永磁体下端为 N 极，右边永磁体的下端为 S 极，通过左边永磁体、Fe-Ga 片状材料和右端永磁体构成磁路。检测线圈长为 l、匝数为 N，靠近 Fe-Ga 片状材料固定端一侧，基于法拉第电磁感应定律，检测线圈将Fe-Ga 材料内部的磁感应强度变化转变成电信号，作用相当于机械感受器膜电位变化产生电信号。外壳由与人手弹性特征几乎相同的硅胶制作，可以模仿人手的皮肤特性。检测电压信号通过放大电路输出，利用电压信号可以提取物体表面纹理的特征参数。

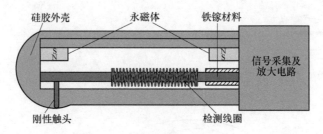

图 7-18 纹理检测传感器结构

7.3 磁致伸缩纹理检测传感器输出特性

7.3.1 纹理检测传感器输出特性模型

设计的纹理检测传感器为悬臂梁结构，当悬臂梁自由端受力或发生振动时，会导致梁体内部产生应力。以 Fe-Ga 片状材料为悬臂梁主体时，悬臂梁的长宽比与长厚比都为 8~10 以上，可以认为是欧拉-伯努利梁（Euler-Bernoulli Beam）。

当悬臂梁受到沿 z 轴方向的力作用时，自由端会绕着固定端沿力的方向旋转，如图 7-19 所示。

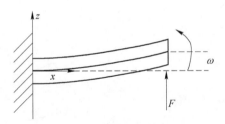

图 7-19 悬臂梁自由端受力

当悬臂梁自由端受到横向负载时，使悬臂梁发生弯曲，梁的内部就会产生应力，力的分布如图 7-20 所示。将整个梁分为上下两个部分，上部分产生压应力，下部分产生拉应力，在同一个位置所产生拉应力与压应力是大小和方向对称的。并且压应力从中性界面到边缘越来越大。在梁受到拉伸的一侧，内部会产生拉应力，同样拉应力从中性截面到边缘呈现增大趋势。

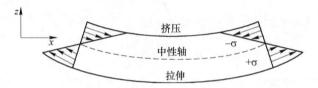

图 7-20 梁弯曲时内部力的分布

由几何知识可知曲率与半径的关系为

$$k = \frac{1}{\rho} = \frac{\mathrm{d}\theta}{\mathrm{d}s} \tag{7-1}$$

由于悬臂梁弯曲变形的整个过程为小变形，如图 7-21 所示。则 $\mathrm{d}s \approx \mathrm{d}x$，得：

$$k = \frac{1}{\rho} = \frac{\mathrm{d}\theta}{\mathrm{d}s} \approx \frac{\mathrm{d}\theta}{\mathrm{d}x} \tag{7-2}$$

悬臂梁具有一定的厚度，所以在考虑弯曲应变时，应该考虑悬臂梁的几何尺寸。如图 7-22 所示的截面 mn 和 pq 始终保持在一个平面，线段 ef 为距离中性截面为 z 的线段，线段 ef 在没有发生形变时的长度为 $\mathrm{d}x$，发生形变后长度变为

$$ef = (\rho - z)\mathrm{d}\theta = \mathrm{d}s - \frac{z}{\rho}\mathrm{d}s \tag{7-3}$$

发生的是小形变，可得：

$$ef = \mathrm{d}x - \frac{z}{\rho}\mathrm{d}x \tag{7-4}$$

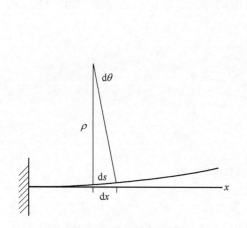

图 7-21　悬臂梁弯曲示意图

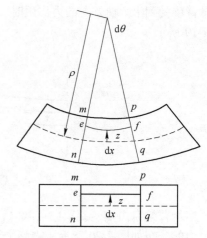

图 7-22　弯曲悬臂梁的应变

对比式 7-4 与 *ef* 初始的长度 d*x* 可得，发生形变时的弯曲应变为

$$\varepsilon = -\frac{z}{\rho} = -kz \tag{7-5}$$

又小的旋转角 θ 约为悬臂梁的斜率，即

$$\theta \approx \tan\theta = \frac{\mathrm{d}\omega}{\mathrm{d}x} \tag{7-6}$$

式中，ω 为悬臂梁的挠度。结合式 7-2、式 7-5、式 7-6 得悬臂梁 *z* 方向任意处的轴向应变

$$\varepsilon = -\frac{\mathrm{d}^2\omega}{\mathrm{d}x^2}z \tag{7-7}$$

图 7-18 所示的传感器结构，悬臂梁的 *x* 轴方向为梁的长度方向，*z* 轴方向为梁的竖直方向，梁的固定端 *x* = 0。当悬臂梁自由端受到力的作用时，悬臂梁的内部会产生应力作用，靠近梁的固定端处材料内部的应力更大，磁致伸缩逆效应更显著，为此将检测线圈放置在靠近梁的固定端一侧。

基于法拉第电磁感应定律，检测线圈将 Fe-Ga 磁致伸缩片状材料上磁感应强度变化转变成电压信号，在 Fe-Ga 磁致伸缩片状材料轴向 *x* 上，长为 Δ*l* 的线圈产生的感应电压 Δ*u*(*t*) 可表示为

$$\Delta u(t) = -\Delta l\frac{NS}{l} \times \frac{\mathrm{d}B}{\mathrm{d}t} \tag{7-8}$$

式中，*N* 为线圈的匝数；*S* 为线圈的横截面积；*l* 为线圈长度。基于 Fe-Ga 材料的线性本构方程：

$$B = d\sigma_{\mathrm{m}} + \mu H \tag{7-9}$$

$$\varepsilon = \frac{\sigma_\mathrm{m}}{E_\mathrm{m}} + dH \tag{7-10}$$

式中，σ_m、d、E_m 和 μ 分别为 Fe-Ga 材料的 x 轴向的应力、磁机耦合压磁系数、杨氏模量和磁导率。结合式 7-9 和式 7-10，Fe-Ga 材料的磁感应强度为[24]

$$B = dE_\mathrm{m}\varepsilon + (\mu - d^2 E_\mathrm{m}) H_\mathrm{b} \tag{7-11}$$

式中，H_b 为 Fe-Ga 材料上方的两个永磁体产生的偏置磁场。传感器工作时 Fe-Ga 片状材料振幅较小，可以认为偏置磁场为常数。

将式 7-11 代入式 7-8，令 $\Delta u(t) \to \mathrm{d}u(t)$ 和 $\Delta l \to \mathrm{d}x$，并对方程进行关于 x 轴向积分，可得线圈两端输出的总电压为

$$u(t) = -\frac{NdE_\mathrm{m}S}{l} \int_0^l \frac{\mathrm{d}\varepsilon}{\mathrm{d}t} \mathrm{d}x \tag{7-12}$$

由式 7-7 可得悬臂梁在距离中性截面距离为 z 处的 x 轴向应变为 $\varepsilon = -\dfrac{\mathrm{d}^2\omega}{\mathrm{d}x^2}z$，由于纹理检测传感器工作时在纹理表面滑动，悬臂梁自由端处的挠度是随时间变化的函数，故位置为 x 处的挠度也是随时间变化的函数。也就是说位置为 x，距离中性截面为 z 处的沿 x 轴向的应变为 $\varepsilon = -z\dfrac{\partial^2\omega(x,t)}{\partial x^2}$，将 $\varepsilon = -z\dfrac{\partial^2\omega(x,t)}{\partial x^2}$ 代入式 7-12，得线圈的输出电压为[26,27]：

$$u(t) = G \int_0^l \frac{\partial^3\omega(x,t)}{\partial x^2 \partial t} \mathrm{d}x \tag{7-13}$$

式中，$G = \dfrac{NdE_\mathrm{m}Sz}{l}$ 为悬臂梁的机电耦合系数，该系数由传感器的结构参数决定。

由式 7-13 可以看出，传感器检测线圈的输出电压与线圈所处位置的悬臂梁的挠度有关，挠度反映了悬臂梁不同位置的振动大小，而振动大小由被测物体的纹理决定，即传感器的输出电压与物体表面纹理相关。

不同表面的纹理具有不同的微观结构，为了表征不同表面的纹理微观特征，基于特定的数学模型和几何约束条件可以建立表面纹理的数学表达式[28]。纹理检测传感器触头在探测过程中跟踪的表面纹理剖面如图 7-23 所示。表面纹理的波动使传感器触头在探测过程中产生振动。

图 7-23　表面纹理的剖面图

图 7-23 中实线为不同表面纹理的近似波动曲线，传感器触头在表面纹理滑

动时所形成的波动曲线可近似为正弦曲线，如图 7-23 中虚线所示，正弦曲线可表达为

$$y_s = A\sin\left(\frac{2\pi}{\tau}t\right) = A\sin\left(\frac{2\pi v}{\lambda}t\right) \tag{7-14}$$

式中，A 为正弦曲线的振幅，表征不同物体表面的纹理单元高度；λ 为波长，表征物体表面相邻纹理单元的间距。虽然 A 和 λ 与纹理面的真实数值不一定相同，但触头在不同表面纹理滑动时一定会产生不同的 A 和 λ，也就是说可以表征不同表面的纹理特征。v 为传感器触头在表面纹理滑动的速度。

　　传感器触头的振动使悬臂梁自由端振动，所以式 7-14 即近似为悬臂梁自由端点处的挠度，悬臂梁任意一点的挠度为

$$\omega(x,\ t) = \frac{y_s x^2}{2L^3}(3L - x) \tag{7-15}$$

将式 7-15 代入式 7-13 可得：

$$u(t) = \frac{G2\pi vA}{\lambda}\left(\frac{3l}{L^2} - \frac{3l^2}{2L^3}\right)\cos\left(\frac{2\pi v}{\lambda}t\right) \tag{7-16}$$

　　式 7-16 给出了纹理检测传感器输出信号与被测物体表面纹理特征之间的关系。可见输出电压的信号是余弦信号，这与表面纹理的特征相吻合。传感器输出电压信号的最大值与表面纹理的自身因素 A 和 λ 有关，还与传感器触头滑动的速度有关。在传感器触头与纹理面滑动的相对速度不变的情况下，物体表面的纹理单元高度越高，相邻纹理单元的间距越小，输出电压信号的峰值越大。同样在表面纹理均匀且确定的条件下，传感器触头与表面纹理的相对滑动速度越大，得到的输出电压信号峰值越大。

7.3.2　纹理检测传感器的输出特性测试

　　基于设计的磁致伸缩纹理检测传感器，制作了纹理检测传感器样机。传感器包括 Fe-Ga 片状材料、检测线圈、永磁体、刚性触头、外壳、信号采集与放大装置和保护装置。Fe-Ga 片状材料长 40mm、宽 8mm、高 1mm，Fe-Ga 片一端固定在传感器外壳上，自由端与刚性触头相连。检测线圈缠绕在 Fe-Ga 材料外部，线圈长 25mm，宽 11mm，高 8mm，绕线为直径 0.15mm 的漆包铜导线，分四层紧密绕制，共绕制 300 匝。线圈与 Fe-Ga 材料间留有一定的气隙，在传感器触头滑动时可使线圈与 Fe-Ga 材料保持相对静止，减小测量时产生的误差。永磁体为钕铁硼磁体，位于 Fe-Ga 材料上方，形状为圆柱体，半径 2.5mm，高 2.5mm。刚性触头和外壳是采用硬塑材料利用 3D 打印技术打印而成。

　　测试时在纹理检测传感器触头一侧施加正弦接触力。考虑到手指对轻微震颤

敏感的迈斯纳小体，迈斯纳小体对低频的刺激更为敏感，施加低频 5Hz 的正弦接触力 $F = F_m\sin(10\pi t)$ 进行测试，得到的输出电压的峰值 U_m 与接触力的峰值 F_m 关系如图 7-24 所示。应用式 7-16 并考虑应力与挠度的关系，可以计算输出电压的峰值 U_m 与接触力的峰值 F_m 关系，计算结果一并示于图 7-24。可以看出输出电压峰值 U_m 的实验值与计算值符合较好，表明可以应用式 7-16 描述纹理检测传感器的输出特性。由图 7-24 可以发现，正弦接触力的峰值由 0 增加到 4N 时，纹理检测传感器的输出电压峰值线性增加。

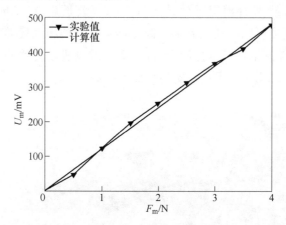

图 7-24　输出电压峰值 U_m 与接触力峰值 F_m 之间的关系

　　研究表明，手指在触摸物体感受纹理时，施加的接触力大约为 2N。因此对纹理检测传感器触头施加接触力 $F = 2\sin(10\pi t)$ 测试传感器的输出特性。测试得到的输出电压与施加接触力的波形如图 7-25 所示。测试结果表明，在低频下对传感器输入震荡信号时，设计的传感器能够很好地输出反应信号，应用传感器可以检测物体表面纹理特征。当施加的接触力为正弦力时，得到的输出电压信号也为正弦信号，但受传感器结构、检测线圈参数等影响，两者之间相差一定的响应时间。

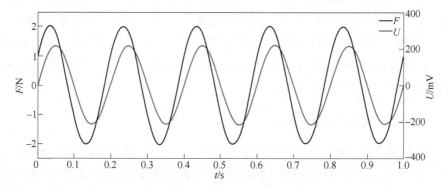

图 7-25　输出电压与施加接触力的波形

7.4　物体表面纹理检测

7.4.1　纹理检测系统

实验所搭建的纹理探测系统由磁致伸缩纹理检测传感器、机械手、滑台、电机控制组件、示波器等组成。机械手选用的是实用性与灵活性较高的 COBOT 机械手，该机械手由双指组成，具有易安装、灵活、小巧的特点。滑台选用的是 ST 型丝杆电动直线滑台模组导轨，此滑台的有效长度为 500mm，速度在 0 ~ 20mm/s 可调，精度可以达到 0.1mm，高于样本自身的粗糙度等级，可以满足实验的要求。电机控制组件可以控制滑台的 42 步进电机。磁致伸缩纹理检测传感器装配在 COBOT 二指机械手上，实物图如图 7-26 所示。

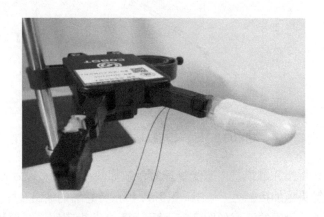

图 7-26　装配在机械手上的磁致伸缩纹理检测传感器

将被测物体固定在滑台上，通过控制电机的运转速度来调节物体的运动速度。将纹理检测传感器搭载到库柏特机械手上，通过电脑编程来控制机械手指的位置，进而调节传感器触头与表面纹理的接触力，既能很好地使传感器触头与表面纹理接触，又不会使接触力过大以致传感器触头滑动时产生跳跃。将检测线圈检测到的振动信号通过放大电路，用示波器来采集电压信号。纹理探测系统框图与实物图如图 7-27 和图 7-28 所示。

7.4.2　样本的选取与主观评定

实验选取了差别较大的五种织物作为实验样本，五种织物的相关属性如表 7-2 所示。将五种织物样本裁剪成 15cm×1.5cm 的矩形，便于固定在滑台上进行实验。

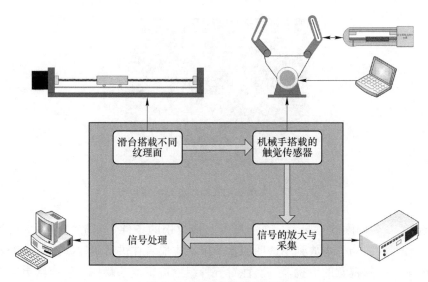

图 7-27 纹理探测系统框图

图 7-28 纹理探测系统实物图

表 7-2 织物样本的各种属性

样本编号	名 称	纤维成分	纱线支数	经纬密度	面密度
1	尼龙丝带	90%棉，10%氨纶	18.2	96 × 75	180
2	牛仔布	棉	72.9	103 × 54	340
3	粗布	棉	14.6	153 × 80	126
4	薄纱	竹纤维	14.8	140 × 96	112
5	纱布	棉	14.6	65 × 52	62

　　采取主观触觉感知评定方法对选取的织物样本进行实验。典型的触觉感知评定方法是通过手指在不同织物表面的抚摸或按压等方式（图 7-29），将织物的表面形貌特征和力学性能通过神经系统反映给大脑，大脑感知后的心理反应即为织物的特征感觉。

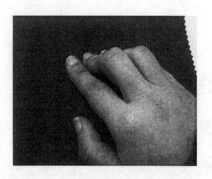

图 7-29　主观触觉感知评定方法实物图

选择 10 名健康的志愿者，在志愿者心情放松的条件下对五种织物进行触摸实验。将五种织物样本放到不透明的盒子里，志愿者在进行触摸实验时不能看到织物样本，排除视觉的干扰。一次性对五种织物进行全部触摸，触摸结束对五种样本的粗糙-光滑、稀疏-细密度进行打分，分数范围从 1 到 10，分数高代表着织物表面粗糙和细密。在进行完一次触摸实验结束，将五种织物样本打乱顺序，志愿者再进行一次相同的实验过程，实验过程每个志愿者重复进行 5 次，将所有的实验评分取平均值，触摸实验评分结果如表 7-3 所示。

选择粗糙-光滑、稀疏-细密维度来进行评定，主要是因实验样本被裁剪成规定形状的织物薄片，所以不能感知到每种样本的软硬程度，再排除掉温度的影响，所以选择粗糙-光滑、稀疏-细密两种常见维度来表征织物表面纹理特征。

表 7-3　织物样本表面粗糙-光滑、稀疏-细密度的分值

样本编号	名　称	粗糙度	细密度
1	尼龙丝带	8.56±0.9	8.1±1.3
2	牛仔布	7.4±1.0	6.5±1.0
3	粗布	6.55±0.9	4.9±0.7
4	薄纱	6.05±0.5	7.3±1.3
5	纱布	5.35±0.9	4.0±0.5

7.4.3　物体表面纹理检测

应用纹理探测系统对表 7-3 中样本进行检测，得到不同纹理的振动输出信号。为了消除空载时的噪声和实验环境产生的干扰，在对输出信号进行特征提取之前进行滤波处理。经过低频的滤波处理得到的传感器输出信号如图 7-30 所示，不同表面的纹理采集到的信号不同，反映了表征纹理特征的物理量不同。

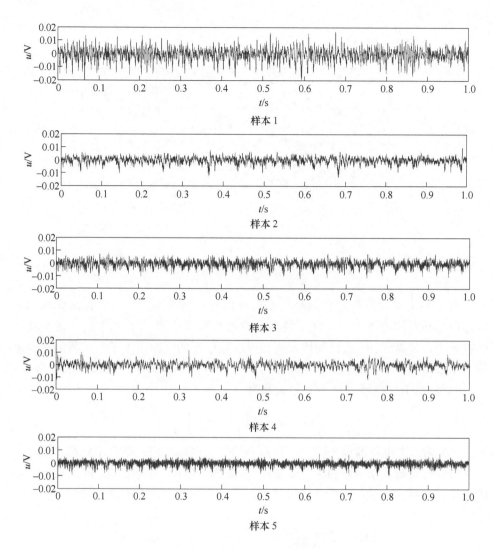

图 7-30 不同表面纹理样本的输出信号

　　每种样本在相同条件下进行 6 次测试，取测试数据的平均值。在每种测试结果的输出信号中选取均匀的 12500 个样点，分成 500×25 矩阵，在矩阵的每一列提取最大值，得到的输出信号峰值与采样序号的关系如图 7-31 所示。

　　可见样本 1 到样本 5 的峰值逐渐减小，说明从样本 1 到样本 5 的粗糙程度依次减小。并且在相同时间周期内采集到的样本信号峰值数量不相同，在相同的时间内样本峰值较大的被采集到的信号峰值数量较少，反之，样本峰值较小的被采集到的信号峰值数量较多。从图 7-31 还可以发现相邻样本的峰值分布不均匀，说明每种样本的粗糙程度相差不均匀。

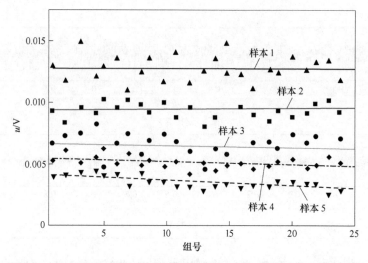

图 7-31　输出信号峰值与采样序号的关系

　　由式 7-16 可以得到输出信号与表面纹理特征的关系，纹理单元高度与相邻纹理单元间距的比值 A/λ 反映了物体自身的粗糙程度[29~31]，式中的 A 表征物体的纹理单元的高度，λ 表征物体表面相邻纹理单元的间距。为了使信号能更清晰地在示波器上显示，实验中在输出信号的末端连接了放大电路，放大倍数为 $K = 7$，所以输出信号的峰值与 A/λ 的关系为

$$u'(t) = 2K\pi vG\left(\frac{3l}{L^2} - \frac{3l^2}{2L^3}\right)\frac{A}{\lambda} \tag{7-17}$$

式中，K 为放大电路的放大倍数。从输出信号中提取峰值，结合不同样本的 A/λ 值，可以得到输出信号峰值与 A/λ 的关系曲线，如图 7-32 所示。可见纹理表面的粗糙程度越大，输出电压的峰值越大，并且实验值与计算值符合较好。

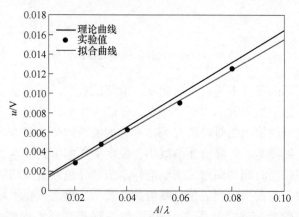

图 7-32　输出信号峰值与 A/λ 的关系曲线

7.5 物体表面纹理识别

7.5.1 粗糙度识别

由图 7-30 可以发现，样本 1 到样本 5 的纹理特征各不相同，纹理稀疏-细密程度不同，信号的尖峰大小不同，周期性信号的周期大小也各不相同。为了更加准确地描述表面的纹理特征，需要根据输出信号确定表面纹理的特征值。

基于输出信号可以提取 4 个特征值来表征不同纹理的粗糙-光滑、稀疏-细密度，包括峰值均值（Peak Average）、平均功率（Average Power）、主频率（Dominant Frequency）和功率谱重心（Spectral Centroid）。这四个特征值分别对应主观实验中不同的维度，峰值均值（Peak Average）和平均功率（Average Power）对应于粗糙-光滑维度，主频率（Dominant Frequency）和功率谱重心（Spectral Centroid）对应于稀疏-细密维度。

其中峰值均值与表面纹理的颗粒感程度有关，在颗粒感程度重的表面纹理滑动时会产生更大的振动，对应着振动信号的尖峰更大。峰值均值的表达式为

$$PA = \frac{1}{n} \sum_{i=1}^{n} y_{\max i} \tag{7-18}$$

平均功率描述的是纹理面与传感器触头滑动时的能量传递，对应着粗糙感越强烈的表面纹理，能量传递得越多，平均功率值也越大。平均功率的表达式为

$$P = \frac{1}{n} \sum_{i=1}^{n} (y_i)^2 \tag{7-19}$$

对五种振动信号提取的平均功率和峰值均值如图 7-33 和图 7-34 所示。

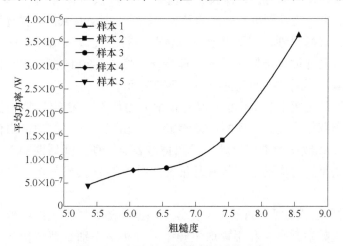

图 7-33　提取的不同样本的平均功率

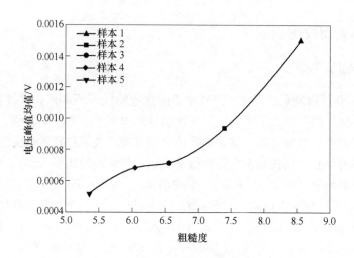

图 7-34　提取的不同样本的电压峰值均值

由图 7-33 和图 7-34 可以看出，峰值均值和平均功率随着粗糙度的升高而升高。并且峰值均值和平均功率随着粗糙度的变化趋势基本相同，说明通过提取峰值均值和平均功率特征值可以描述表面纹理的特征，进而描述不同纹理的粗糙程度。在粗糙程度人于 6.5 时，峰值均值和平均功率随粗糙度的增加而快速增加，表明设计的传感器可准确区分粗糙程度较大的物体表面纹理，对粗糙程度较大的表面纹理灵敏度更高。

7.5.2　细密度识别

人在触摸物体表面时，物体表面纹理单元的高度、间距、排列都会影响主观感觉的辨别，即纹理识别具有一定的复杂性。基于振动时域信号描述物体表面纹理的特征也具有局限性，需要基于频域信号分析表面纹理信号的谐波组成和特征，才能更准确地描述物体表面的纹理特征。将图 7-30 的振动输出信号进行频谱变换，提取的不同样本的频谱图如图 7-35 所示。

采用提取的主频率和功率谱密度特征值来表征不同表面纹理的稀疏-细密程度，用空间周期作为表面纹理的特征参数[32]。由式 7-16，振动输出信号的频率为 (v/λ)，所以频率的不同反映了不同物体表面纹理空间周期的差异。频率越高空间周期越小，对应的表面纹理越细密。由图 7-35 的频谱图提取的主频率图如图 7-36 所示。

由图 7-36 可以发现不同的样本主频率不同，随着样本表面纹理细密度的升高，提取的主频率升高。利用提取主频率的方法来识别纹理的稀疏-细密特征，在细密度较低时对表面纹理的识别灵敏度相对较低，尤其在细密度6~7.5 之间

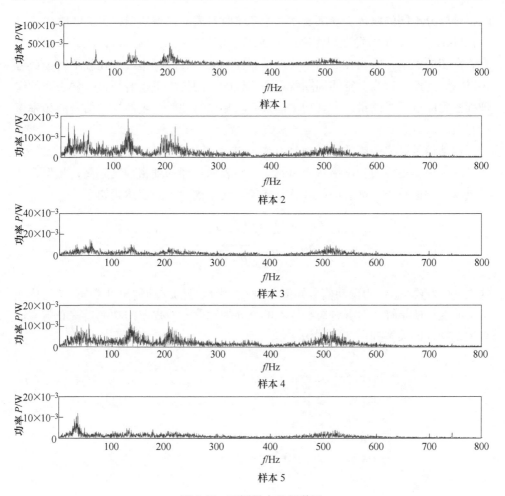

图 7-35 不同样本的频谱图

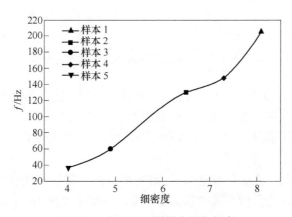

图 7-36 提取的不同样本的主频率

时很难区分不同的纹理。在细密度大于 7.5 时对表面纹理的识别灵敏度增高。

　　Fishel 和 Loeb[13] 发现织物表面的纹理分布与功率谱重心（Spectral Centroid）有着密切的关系，因为在对样本纹理进行探测时，有的样本纹理比较细密，或者相对滑动的速度过高，空间周期就不是线性的。用仿生手指对一百多种表面的纹理细密程度进行了测量，发现功率谱重心与触摸纹理时产生的振动信号的频率密切相关。

　　振动信号频率越高的纹理面经纬密度越大，对应着功率谱重心的值也越大。从另一个角度也说明功率谱重心值越大，则表面纹理的细密程度越高；相反，功率谱重心的值越小，则表面纹理就越稀疏。功率谱重心的表达式如下：

$$SC = \frac{\sum_i (fft(y_i)^2 f_i)}{\sum_i fft(y_i)^2} \tag{7-20}$$

式中，f_i 为频率；y_i 为振动信号幅值；$fft(y_i)$ 为信号的快速傅里叶变换；i 为快速傅里叶变换的指针。对五种织物样本的表面振动信号所提取的功率谱重心与表面纹理细密度的关系如图 7-37 所示。

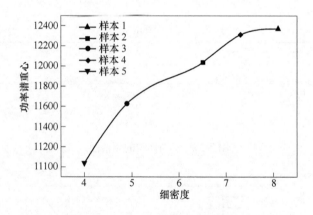

图 7-37　提取的不同样本功率谱重心

　　由图 7-37 可以发现不同样本的功率谱重心不同，随着细密度的升高功率谱重心随之升高。在细密度 6 以下，功率谱重心对表面纹理的识别灵敏度较高，细密度较高时，功率谱重心对样本的识别灵敏度较小，细密度在 7.5 以上时，很难区分样本表面的纹理特征。

　　结合利用主频率来表征纹理稀疏-细密的特点，在细密度较大时利用信号的主频率可以更准确地分辨不同的物体细密度。在细密度很小时，利用功率谱重心可以更准确地区分不同物体细密度。

7.6 基于极限学习机的物体的分类辨识

7.6.1 极限学习机原理

极限学习机是一种针对单隐含层前馈神经网络（Single-hidden Layer Feed Forward Neural Network，SLFN）的新算法[12]。相对于传统的前馈神经网络训练速度慢，容易陷入局部极小值点，学习率的选择敏感等缺点，极限学习机算法主要体现在输入层和隐含层的连接权值、隐含层的阈值可以随机设定[33]，且设定完后不用再调整，并且隐含层和输入层之间的连接权值 β 不需要迭代调整，而是通过解方程组方式一次性确定。与传统的训练方法相比，极限学习机方法具有学习速度快、泛化性能好等优点。

极限学习机是一种新型的快速学习算法，对于单隐层神经网络，极限学习机可以随机初始化输入权重和偏置并得到相应的输出权重。图 7-38 示出了一个单隐层神经网络，假设有 N 个样本 (X_i, t_i)，其中 $X_i = [x_{i1}, x_{i2}, \cdots, x_{in}]^T \in R^n$，$t_i = [t_{i1}, t_{i2}, \cdots, t_{im}]^T \in R^m$。对于一个有 L 个隐层节点的单隐层神经网络可以表示为

$$\sum_{i=1}^{L} \beta_i g(W_i \cdot X_j + b_i) = o_j, \quad j = 1, \cdots, N \tag{7-21}$$

式中，g 为 x 的激活函数；$W_i = [w_{i,1}, w_{i,2}, \cdots, w_{i,n}]^T$ 为输入权重；β_i 为输出权重；b_i 是第 i 个隐层单元的偏置。$W_i \cdot X_j$ 表示 W_i 和 X_j 的内积[36]。单隐层神经网络

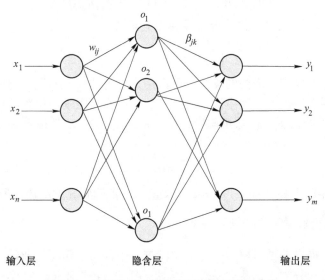

图 7-38 极限学习机算法应用于材料表面分类

学习的目标是使得输出的误差最小，可表示为

$$\sum_{j=1}^{N} \| o_j - t_j \| = 0 \tag{7-22}$$

即存在 β_i、W_i 和 b_i，使得

$$\sum_{i=1}^{N} \beta_i g(W_i \cdot X_j + b_i) = t_j, \quad j = 1, \cdots, N \tag{7-23}$$

可以矩阵表示为

$$H\beta = T \tag{7-24}$$

式中，H 为隐层节点输出；β 为输出权重；T 为期望输出。

$$H(W_1, \cdots, W_L, b_1, \cdots, b_L, X_1, \cdots, X_L)$$
$$= \begin{bmatrix} g(W_1 \cdot X_1 + b_1), & \cdots, & g(W_L \cdot X_L + b_L) \\ & \vdots & \\ g(W_1 \cdot X_N + b_1), & \cdots, & g(W_L \cdot X_N + b_L) \end{bmatrix}_{N \times L} \tag{7-25}$$

$$\beta = \begin{bmatrix} \beta_1^T \\ \vdots \\ \beta_L^T \end{bmatrix}_{L \times m} \tag{7-26}$$

$$T = \begin{bmatrix} T_1^T \\ \vdots \\ T_L^T \end{bmatrix}_{N \times m} \tag{7-27}$$

为了能够训练单隐层神经网络，希望得到 $\hat{W}_i$、$\hat{b}_i$ 和 $\hat{\beta}_i$ 使得

$$\| H(\hat{W}_i, \hat{b}_i)\hat{\beta}_i - T \| = \min_{W, b, \beta} \| H(W_i, b_i)\beta_i - T \|$$

其中，$i = 1, \cdots, L$，这等价于最小损失函数

$$E = \sum_{j=1}^{N} \left[\sum_{i=1}^{L} \beta_i g(W_i \cdot X_j + b_i) - t_j \right]^2 \tag{7-28}$$

传统的基于梯度下降法的算法，可以用来求解这样的问题，但是基于梯度的学习算法需要在迭代的过程中调整所有参数。而在极限学习机算法中，一旦输入权重 W_i 和隐层的偏置 b_i 被随机确定，隐层的输出矩阵 H 就被唯一确定。训练单隐层

$$\hat{\beta} = H^+ T \tag{7-29}$$

式中，H^+ 是矩阵 H 的 Moore-Penrose 广义逆。可证明解 $\hat{\beta}$ 的范数是最小并且唯一。

7.6.2　基于极限学习机的物体分类

为了验证提出的学习模型，对尼龙丝带、牛仔布、粗布、薄纱、纱布五种样本进行了测量和分类。这些样品表面相似，但材料特性不同。在实验中，通过控制器控制纹理检测传感器的滑动速度为 2cm/s，通过控制机械手的手臂角度使传

感器与表面纹理的接触力为 1N 左右。对每一种样本重复进行 10 次实验,五种样本得到 50 组关于时间的序列样本。将每一种样本的 10 组数据随机分出 6 个作为训练数据,4 个作为测试数据。为了避免较大的估计误差,将分裂过程重复 200 次,最后用测试精度的平均值来估计分类模型。

图 7-39 示出了五种测试样本表面纹理的功率谱密度(Power Spectral Density,

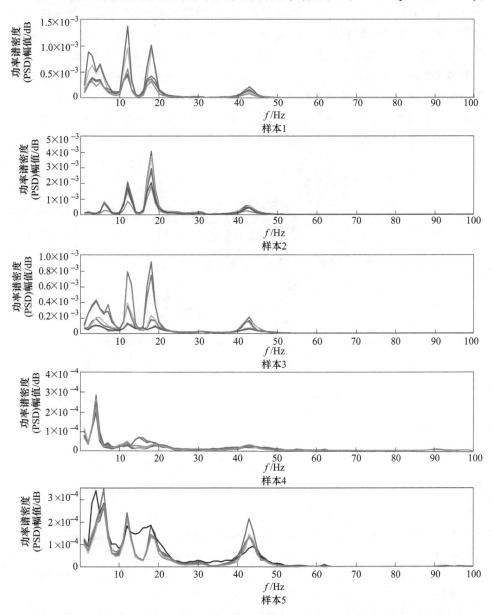

图 7-39　五种样本表面纹理的 PSD 图

PSD）曲线。不同样本曲线表示不同的特征组。虽然在同一类型表面纹理采集的时域信号有差异，但它们在频域上有相似的 PSD 包络。同时，不同表面纹理的样本显示不同的 PSD 包络。

　　为了消除噪声成分，提高学习模型的效率，利用主成分分析方法提取 PSD 特征的不相关成分。可以有效地将特征维数降至 39 维，从而保持 99% 以上的累积贡献率。在分类方面，每种样本的输入向量的维数为 39。然后，利用极限学习机对 5 个具有 39 维特征的自然表面纹理样本进行分类，并针对这一类任务建立了分类器。基于提取的特征，使用极限学习机算法对五个相似样本进行分类，分类的平均准确度达到 93%。图 7-40 中示出了使用极限学习机分类器的混淆矩阵。由于样本 2 的表面纹理和样本 4 的表面纹理具有非常相似的频域特征，它们有时会出现分类错误，导致分类结果的准确率相对较低。从整体上看，所设计的纹理检测传感器和提出的分类方法对表面纹理的识别是有效的。

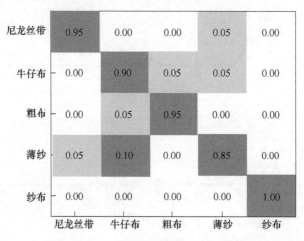

图 7-40　五种样本分类结果的混淆矩阵

参 考 文 献

[1] Katz D. The world of touch［M］. London：Psychology Press，2013.

[2] Hollins M，Bensmaïa S J，Washburn S. Vibrotactile adaptation impairs discrimination of fine，but not coarse，textures［J］. Somatosensory & Motor Research，2001，18（4）：253~262.

[3] Hollins M，Bensmaïa S J. The coding of roughness［J］. Canadian Journal of Experimental Psychology，2007，61（3）：184~195.

[4] Srinivasan M A，Whitehouse J M，Lamotte R H. Tactile detection of slip：surface microgeometry and peripheral neural codes［J］. Journal of Neurophysiology，1990，63（6）：1323~1332.

［5］ 谷安，方志军，杨忠.基于触须传感器的移动机器人纹理识别［J］.传感器与微系统，
2008，27（10）：76~78.

［6］ 闫岩，谢文遨，张远航，等.纹理识别触觉传感器的设计与实现［J］.微电子学与计算
机，2017，34（12）：59~62.

［7］ Song A G，Han Y Z，Hu H H，et al.A novel texture sensor for fabric texture measurement and
classification［J］.IEEE Trans.Instrumention and Measurement，2014，63（7）：1739~1747.

［8］ Maheshwari V.High-resolution thin-film device to sense texture by touch［J］.Science，2006，
312（5779）：1501~1504.

［9］ Li R，Adelson E H.Sensing and recognizing surface textures using a gelsight sensor［C］//Pro-
ceedings of the IEEE Conference on Computer Vision and Pattern Recognition，2013：1241~
1247.

［10］ Oddo C M，Beccai L，Felder M，et al.Artificial roughness encoding with a bio-inspired
MEMS-based tactile sensor array［J］.Sensors，2009，9（5）：3161~3183.

［11］ Mukaibo Y，Shirado H，Konyo M，et al.Development of a texture sensor emulating the tissue
structure and perceptual mechanism of human fingers［C］//Proceedings of the 2005 IEEE in-
ternational conference on robotics and automation.IEEE，2005：2565~2570.

［12］ Oddo C M，Calogero M，Beccai L，et al.Roughness encoding for discrimination of surfaces in
artificial active-touch［J］.IEEE Transactions on Robotics，2011，27（3）：522~533.

［13］ Fishel J A，Loeb G E.Bayesian exploration for intelligent identification of textures［J］.
Frontiers in neurorobotics，2012，6：4~11.

［14］ Mahadevan A.Force and torque sensing with galfenol alloys［D］.United States of America：The
Ohio State University，2009.

［15］ Parsons M J，Datta S，Mudivarthi C，et al.Torque sensing using rolled galfenol patches
［C］//International Society for Optics and Photonics：Smart Sensor Phenomena，Technology，
Networks，and Systems，2008，6933~6937.

［16］ Johnson K O.The roles and functions of cutaneous mechanoreceptors［J］.Current Opinion in
Neurobiology，2001，11（4）：455~461.

［17］ Jenmalm P，Birznieks I，Goodwin A W，et al.Influence of object shape on responses of human
tactile afferents under conditions characteristic of manipulation［J］.European Journal of Neuro-
science，2015，18（1）：164~176.

［18］ Bolanowski S J，Gescheider G A，Verrillo R T，et al.Four channels mediate the mechanical as-
pects of touch［J］.The Journal of the Acoustical Society of America，1988，84（5）：1680~
1694.

［19］ Brisben A J.Detection of vibration transmitted through an object grasped in the hand［J］.J
Neurophysiol，1999，81（4）：1548~1553.

［20］ Lang C E，Schieber M H.Human finger independence：limitations due to passive mechanical
coupling versus active neuromuscular control［J］.Journal of Neurophysiology，2004，92（5）：
2802~2810.

［21］ El-Saddik A.The potential of haptics technologies［J］.Instrumentation & Measurement

Magazine IEEE, 2007, 10 (1): 10~17.

[22] Verrillo R T. Effect of contactor area on the vibrotactile threshold [J]. J. acoust. soc. am, 1963, 35 (12): 1962~1966.

[23] Pawluk D T V, Howe R D. A holistic model of human touch [C] //Computational Neuroscience. Boston, MA: Springer, 1997: 759~764.

[24] 王博文, 黄淑瑛, 黄文美. 磁致伸缩材料与器件 [M]. 北京: 冶金工业出版社, 2008.

[25] Wan L L, Wang B W, Wang Q L, et al. The output characteristic of cantilever-like tactile sensor based on the inverse magnetostrictive effect [J]. AIP Advances, 2017, 7: 056805.

[26] Zheng W D, Wang B W, Liu H P, et al. Bio-inspired magnetostrictive tactile sensor for surface material recognition magnetostrictive tactile sensor array for object recognition [J]. IEEE Transactions on Magnetics, 2019, 55 (7): 4002307.

[27] 王博文, 王晓东, 李云开, 等. 用于纹理探测的磁致伸缩触觉传感器 [J]. 光学精密工程, 2018, 26 (12): 2991~2997.

[28] Wan L L, Wang B W, Wang X D, et al. The perceptually-inspired model of tactile texture sensor based on the inverse-magnetostrictive effect [J]. Industrial Robot, 2019, 46 (3): 345~350.

[29] 李秀娟, 许湘剑. 一种采用光波导的触觉传感器 [J]. 仪器仪表学报, 2002, 23 (S1): 127~129.

[30] Johnson K O, Yoshioka T, Vega-Bermudez F. Tactile functions of mechanoreceptive afferents innervating the hand [J]. Journal of Clinical Neurophysiology, 2000, 17 (6): 539~558.

[31] Zheng W D, Liu H P, Wang B W, et al. Cross-Modal Surface Material Retrieval Using Discriminant Adversarial Learning [J]. IEEE Transactions on Industrial Informatics, 2019, 15 (9): 4978~4987.

[32] Zheng W D, Liu H P, Wang B W, et al. Online weakly paired similarity learning for surface material retrieval [J]. Industrial Robot, 2019, 46 (3): 396~403.

[33] Otaduy M A, Lin M C. A perceptually-inspired force model for haptic texture rendering [C] // ACM: Symposium on Applied Perception in Graphics and Visualization, 2004: 123~126.

[34] 李洋, 谢国栋, 官金安. 基于极限学习机的 "模拟阅读" 脑-机接口异步化研究 [J]. 计算机与数字工程, 2018, 46 (3): 479~484.

8 磁致伸缩微重量传感器

8.1 微重量传感器简介

微重量传感器是能够探测微小重量变化的传感器。根据检测机理可分为谐振式、超声式、热流式、电容式、光纤式、红外式等[1~4]。基于机械谐振方法的微重量传感器因为高精确性和可靠性得到广泛应用[5]。磁致伸缩微重量传感器是一种谐振式传感器，采用磁致伸缩材料作为探头，由于磁致伸缩效应探头在磁场驱动下发生谐振，当有微量物质覆盖在探头表面时，探头的等效谐振频率发生偏移，通过检测谐振频率偏移量即可间接测量微重量。

磁致伸缩微重量传感器探头系统简化图如图 8-1a 所示，主要结构件有探头、激励线圈和信号检测线圈。通过激励线圈对探头施加直流偏置电流和交流激励电流，在探头中产生交变磁场，在交变磁场的作用下探头进行反复伸长与缩短，对外宏观表现为轴向振动。探管内磁感应强度随着磁场的变化而变化，从而在检测线圈上产生感应电压，通过检测线圈拾取感应电压的变化。从机械振动的角度分析，由于施加了频率可变的交变磁场，探头在轴向发生机械振动并且频率与交变磁场一致，此时探头谐振频率为 f_0，当有微重量附在探头表面上时，由于探头质

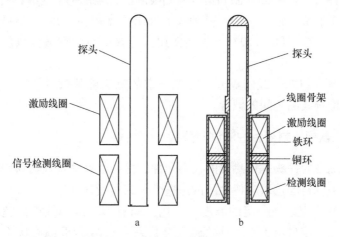

图 8-1 微重量传感器探头系统
a—结构简图；b—剖面图

量发生变化，探头系统的谐振频率会发生变化，即谐振频率点发生偏移，此时的谐振频率为f_0'，通过信号检测线圈产生的感应电动势确定变化后的谐振频率点，可求出谐振频率偏移量 Δf，即可确定微重量的大小。

其表达式可以表示为

$$\Delta f = f_0 - f_0' \tag{8-1}$$

式中，f_0 为探头轴向固有频率；f_0' 为探头施加微重量后的轴向固有频率。

8.2　微重量传感器结构设计

传感器探头系统是整个传感器的核心部件，该部分的设计直接影响整个传感器的工作性能，因此本节重点介绍探头系统的设计。传感器探头系统的剖面图如图 8-1b 所示，主要有以下几个部分：

（1）探头。采用铁磁性磁致伸缩材料[6~8]，探头使激励线圈产生的磁场能转换为自身振动的机械能，并经过磁致伸缩逆效应[9]，将电能传递给信号检测线圈，因此探头是传感器能量交换的核心。

（2）激励线圈。主要作用是向整个系统施加直流偏置磁场和交流驱动磁场，使探头经过交变磁场的驱动发生振动。

（3）信号检测线圈。拾取探头材料由于磁致伸缩逆效应产生的感应电动势。

（4）铁环。由两个具有较高磁导率的铁磁材料组成。其中激励线圈外部的铁环起导磁作用，把激励线圈产生的磁力线尽可能地约束到探头壁上；信号检测线圈外的铁环起屏蔽作用，隔离外部磁场对线圈的干扰。两个铁环还具有固定线圈的作用。

（5）线圈骨架。激励线圈和信号检测线圈的骨架都是由聚砜材料（简称 PSF 或 PSU）加工制成，该材料的机械硬度和冲击强度较高，并且耐热性、耐寒性、耐老化性好，可在-100~170℃下长期使用，能够提高微重量传感器在恶劣环境下的使用寿命。

（6）铜环。将两个线圈隔开，起到一定的隔磁屏蔽效果，进一步抑制激励线圈与信号检测线圈之间的耦合。

8.2.1　传感器探头材料特性测试与分析

探头系统中的探头是传感器的核心元件，探头的振动特性与材料特性密切相关，因此探头材料的选取和特性测试是整个传感器设计的重点。探头可以选用铁磁性恒弹合金[10,11]，在一定的温度范围内，固有频率或弹性模量随温度的变化几乎保持恒定。该材料也是一种软磁合金材料[12]，在较弱的磁场中具有较高磁导率和较低矫顽力，并且能够快速地响应外部磁场变化，容易磁化和退磁。同时要求材料具有较小的磁滞损耗，以保证探头振动的重复性。通过以上分析，可总结出对探头材料选取的几点要求：（1）高起始磁导率 μ_i 和最大磁导率 μ_{max}。较大的起始磁导率 μ_i 能使材料在较小电流下达到饱和。（2）高饱和磁感应强度 M_s。较高的饱和磁化强度 M_s 可以获得较大的起始磁导率，实现传感器的小型化。（3）小矫顽力 H_c。由于探头工作在较高频率的交变磁场环境下，所以较小的矫顽力 H_c 能使探头更迅速地响应外磁场变化，对于软磁材料提高起始磁导率 μ_i 的同时也可以达到降低矫顽力 H_c 的目的。（4）低功率损耗 P。功率损耗 P 越小，则能源利用率就越高[13]。（5）材料要有稳定的固有频率。微重量传感器长期工作在较恶劣环境条件下，探头材料还需具有一定的耐腐蚀性。

根据对探头材料要求的分析，选择牌号为 3J58 的铁磁性 Fe-Ni-Cr 系恒弹性合金作为传感器探头材料。该合金材料的化学成分和物理性能如表 8-1、表 8-2 所示。

表 8-1 探头材料化学成分表 （%）

合 金 牌 号	3J58
碳（C）	≤0.05
硅（Si）	≤0.8
锰（Mn）	≤0.8
硫（S）	≤0.02
磷（P）	≤0.02
镍（Ni）	43.0~43.6
铬（Cr）	5.20~5.60
钛（Ti）	2.30~2.70
铝（Al）	0.50~0.80
铁（Fe）	剩余

表 8-2 合金材料的物理性能

合 金 牌 号	3J58
使用温度范围/℃	$-40 \sim +80$
频率温度系数/℃	$\pm 40 \times 10^{-6}$
机械品质因数 Q	≥10000
弹性模量 $E/N \cdot mm^{-2}$	176400~191100
切边模量 $G/N \cdot mm^{-2}$	63700~73500
密度 $\rho/g \cdot cm^{-3}$	8.0
居里温度 T_c/℃	130
电阻率 $\rho/\Omega \cdot m$	1.1
抗拉强度 $R_m/N \cdot mm^{-2}$	1470
断后伸长率 A/%	10
维氏硬度 HV	400

　　传感器探头通过棒状原材料以冷加工方式加工成型。材料加工过程中晶粒组织遭到破坏或者加工应力的存在会引起材料导磁性能下降，因此加工成型的零件，必须进行退火处理，使材料重新获得有规则的等轴晶粒组织，并降低材料中的杂质含量，恢复并提高材料的磁性能，同时消除加工应力，稳定零件尺寸[14]。通过 NIM-2000S 软磁材料直流磁性自动测量系统分别对热处理前后的材料进行测试，得到材料磁化曲线如图 8-2、图 8-3 所示。对比以上磁化曲线，经过热处理之后材料自身磁特性发生显著提升[15]，材料的起始磁导率 μ_i 和最大磁导率 μ_{max} 明显增大，矫顽力 H_c 降低，同时材料的磁滞损耗明显减小。

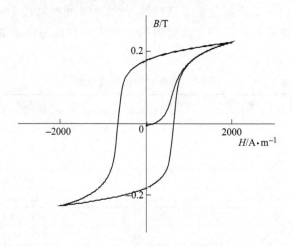

图 8-2　材料热处理前磁滞曲线

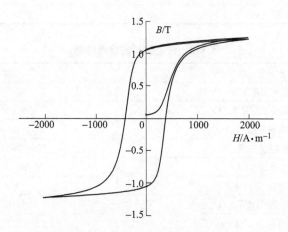

图 8-3　材料热处理后磁滞曲线

　　传感器探头是由具有磁致伸缩效应的恒弹合金材料加工而成，在交变磁场的作用下发生应变，进而反复的伸张与收缩，对外宏观表现为轴向振动。为了使探头处于一个较为稳定的振动环境，施加的交变磁场应该在磁致伸缩材料的线性工作区，即材料应变未达到饱和的工作状态。经测试发现，当磁场为 $0 \sim \pm 4.084 \mathrm{kA/m}$ 时，3J58 的磁致伸缩系数为 10×10^{-6}，在施加的磁场范围内有较好的线性度，因此该探头材料能满足传感器的设计要求。

8.2.2 探头系统磁路计算与分析

8.2.2.1 探头系统的磁路计算

铁磁材料的磁导率很大，能使磁通量尽可能集中到材料内部，磁通像电流一样在回路中流动，可采用磁路定理进行磁路的计算和分析。

$$\xi_{\mathrm{m}} = \sum_i H_i l_i = \Phi_B \sum_i R_{\mathrm{m}i} \tag{8-2}$$

上式为磁路定理，其含义为闭合磁路的磁动势等于各段磁路上磁势降落之和。通过磁阻计算公式可知磁阻与对应磁路长度成正比，与材料的相对磁导率 μ_{r} 和横截面积 S 成反比。

就传感器探头系统而言，磁路主要由激励线圈外部导磁铁壳、探头以及空气隙（其他部件导磁较少，并且在以下的计算中忽略漏磁）组成的闭合回路，线圈采用 QA-1/155 型漆包圆铜线，线径 0.15mm，500 匝。该计算主要针对激励线圈附近磁路[16]，其简化图如图 8-4 所示。

图 8-4 中，$R_{\mathrm{m}1}$ 为探头磁阻，此时忽略探头上凸起部分影响，$R_{\mathrm{m}2}$、$R_{\mathrm{m}6}$ 分别为线圈外部导磁外壳与探头之间气隙磁阻，$R_{\mathrm{m}3}$、$R_{\mathrm{m}5}$ 分别为线圈导磁外壳顶端与底端的磁阻，$R_{\mathrm{m}4}$ 为线圈导磁外壳侧壁的磁阻。根据磁路结构及欧姆定律，上述磁路可简化为图 8-5 的等效串联磁路。

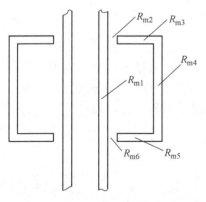

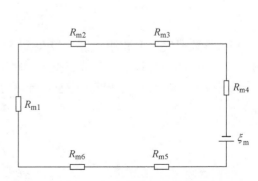

图 8-4　探头系统磁路简化图　　　　图 8-5　探头系统磁路等效图

由此可得磁路的总磁阻 R_m 为

$$R_m = \sum_i R_{mi} = R_{m1} + R_{m2} + R_{m3} + R_{m4} + R_{m5} + R_{m6} \qquad (8-3)$$

其中探头磁阻为

$$R_{m1} = \frac{l_1}{\mu_1\mu_0 S_1} = \frac{l_1}{\mu_1\mu_0\pi(r_2^2 - r_1^2)} \qquad (8-4)$$

空气隙的磁阻为

$$R_{m2} = R_{m6} = \frac{l_2}{\mu_0 S_2} = \int_{r_2}^{r_3} \frac{dr}{\mu_0 \times 2\pi r h_2} = \frac{1}{2\pi\mu_0 h_2}\ln\frac{r_3}{r_2} \qquad (8-5)$$

导磁外壳上部和下部磁阻为

$$R_{m3} = R_{m5} = \frac{l_3}{\mu_2\mu_0 S_3} = \int_{r_3}^{r_4} \frac{dr}{\mu_2\mu_0 \times 2\pi r h_3} = \frac{1}{2\pi\mu_2\mu_0 h_3}\ln\frac{r_4}{r_3} \qquad (8-6)$$

导磁外壳侧壁磁阻为

$$R_{m4} = \frac{l_4}{\mu_2\mu_0 S_4} = \frac{l_4}{\mu_2\mu_0 \times 2\pi(r_5^2 - r_4^2)} \qquad (8-7)$$

参数取值为：$\mu_0 = 4\pi \times 10^{-7}$ Wb/（A·m）、$\mu_1 = \mu_2 = 2000$、$l_1 = 51.9$mm、$l_4 = 12.77$mm、$r_1 = 2.6$mm、$r_2 = 3.1$mm、$r_3 = 3.6$mm、$r_4 = 5.77$mm、$r_5 = 6.27$mm、$h_3 = 0.5$mm，实际上在气隙处的磁感应稍有膨胀（漏磁），该处的磁路截面积稍大，此时取 $h_3 = 3.0$mm 进行计算。代入上述参数所得到的各部分磁阻值如表 8-3 所示。

表 8-3　各磁阻计算结果

磁　阻	R_{m1}	R_{m2}	R_{m3}	R_{m4}	R_{m5}	R_{m6}
磁阻值/H^{-1}	2.31×10^6	6.34×10^6	0.06×10^6	0.27×10^6	0.06×10^6	6.34×10^6

由公式 8-3 及以上计算结果可以得到磁路中的总磁阻 $R_m = 1.538\times10^7 H^{-1}$，通过整理可以得到磁通量：

$$\Phi_B = \frac{\xi_m}{\sum_i R_{mi}} = \frac{NI}{R_m} \qquad (8-8)$$

将所得数据代入上式中，经计算得到磁路中的磁通量 $\Phi_B \approx 9.75\times10^{-6}$ Wb，根据公式 $\Phi_{Bi} = B_i S_i$ 可以分别计算出整个磁路中各个部分的磁感应强度，通过该公式分别对探头及线圈外壳侧壁上磁感应强度分别进行计算，计算表达式如下：

$$B_1 = \frac{\Phi_B}{S_1} = \frac{\Phi_B}{\pi(r_2^2 - r_1^2)} \qquad (8-9)$$

$$B_4 = \frac{\Phi_B}{S_4} = \frac{\Phi_B}{\pi(r_5^2 - r_4^2)} \qquad (8-10)$$

经计算探头壁上磁感应强度 $B_1 \approx 1.09$T，线圈导磁外壳侧壁上的磁感应强度

$B_4 \approx 0.52\text{T}$。说明磁感应强度由激励线圈产生，并主要经过激励线圈外部铁环将磁感应强度集中在传感器探头壁上。

8.2.2.2 磁路结构的有限元分析

通过有限元软件对传感器探头系统进行有限元仿真分析，磁路系统中电磁场的约束方程即麦克斯韦方程组积分形式如下所示：

$$\begin{cases} \oint_l H \cdot \mathrm{d}l = \int_\Gamma \left(J_s + J + \dfrac{\partial D}{\partial t} \right) \mathrm{d}\Gamma \\ \oint_\Gamma E \cdot \mathrm{d}l = -\int_\Gamma \dfrac{\partial B}{\partial t} \cdot \mathrm{d}\Gamma \\ \oint_S E \cdot \mathrm{d}S = 0 \\ \oint_S D \cdot \mathrm{d}S = -\int_v \rho \cdot \mathrm{d}V \end{cases} \tag{8-11}$$

式中，l 为曲面 Γ 的边界；S 为区域 V 的闭合曲面；H 为磁场强度；B 为磁感应强度；E 为电场强度，V/m；D 为电位移，C/m^2；J_s 为外源的电流密度；J 为导电介质中电流密度，A/m^2；t 为时间；ρ 为电荷体密度，C/m^3。线性媒质方程关系为

$$\begin{cases} D = \varepsilon E \\ B = \mu H \\ J = \sigma E \end{cases} \tag{8-12}$$

式中，ε 为介电常数；μ 为磁导率；σ 为电导率。如果介质是均匀线性及各向同性，那么这三个参数都是恒定常数，式 8-12 与式 8-11 联立，即可构成一个完备方程组，可对电磁场进行解析。

通过有限元软件对整个探头系统进行仿真。采用二维轴对称平面电磁场进行仿真，仿真中选取四边形单元进行网格划分。设定输入大小为 0.3A 的恒定电流，线圈匝数为 500 匝，与磁路计算参数保持一致。得到探头系统磁感应强度分布云图、磁力线分布图分别如图 8-6、图 8-7 所示。

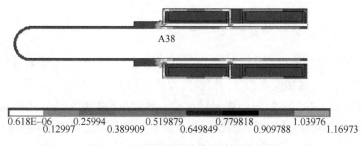

图 8-6 探头系统磁感应强度分布云图

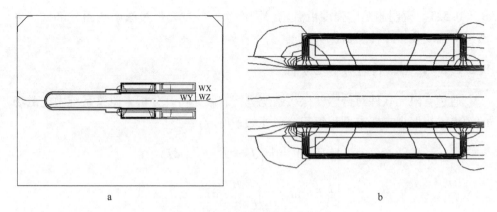

图 8-7　探头系统磁力线分布图

a—整体图；b—局部放大图

从图 8-6 可见，磁感应强度基本集中在激励线圈内部探头壁和激励线圈外铁环上，探头壁上磁感应强度最大能达到 1.17T，激励线圈导磁外壳侧壁磁感应强度分布主要在 0.5~0.6T 之间，与之前计算结果 1.09T 和 0.52T 较为接近，而探头壁上的磁感应强度相对较大，表明整个探头发生振动的原因主要是由激励线圈内部探头壁发生磁致伸缩而引起的，说明该磁路设计较为合理。从图 8-7 中看出磁力线主要分布在激励线圈周围，离线圈越近，磁力线越密，则磁通越大。对探头系统磁力线图信号激励线圈附近进行局部放大，说明该磁路漏磁较少，并能证明磁路计算时对其他磁路的忽略是可行的。

8.3　微重量传感器的动态特性分析

8.3.1　探头的振动特性分析

本节主要对探头的振动特性进行分析，分别通过波动方程计算、有限元软件仿真得到探头的理论轴向谐振频率。该谐振频率点的确定对于传感器设计十分必要，因为需在该频率点附近设置交流激励频带以达到通过扫频快速确定探头谐振频率点的目的。

8.3.1.1　探头振动方程的建立及分析

首先对探头模型进行简化，简化为空心圆柱型振管，假设振管质量均匀，其长度为 h，密度为 ρ，横截面积为 A，材料的弹性模量为 E；并且认为振管在轴向振动时始终保持等截面并且各截面始终保持水平，同时忽略振管振动时的横向形变。

取振管的轴向为 x 轴，其微元位移如图 8-8 所示。振管轴向振动时，各横截面的轴向位移是位置 x 和时间 t 的函数，并记为 $u(x,t)$。

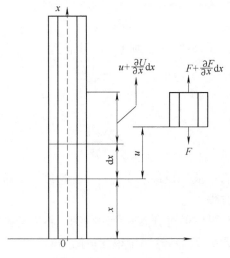

图 8-8 微元位移示意图

在振管 x 处取微元 $\mathrm{d}x$，设断面 x 的沿轴向位移为 $u(x,t)$，则断面 $x+\mathrm{d}x$ 的位移为

$$u + \frac{\partial u}{\partial x}\mathrm{d}x \tag{8-13}$$

其中振管微元长度增量为 $\dfrac{\partial u}{\partial x}\mathrm{d}x$。设 F 是断面 x 处轴的内力，则在断面 $x+\mathrm{d}x$ 处的轴应力为 $F + \dfrac{\partial F}{\partial x}\mathrm{d}x$。

因此 x 处的轴向应变为

$$\varepsilon_x = \frac{\text{长度增量}}{\text{微元的原长度}} = \frac{\dfrac{\partial u}{\partial x}\mathrm{d}x}{\mathrm{d}x} = \frac{\partial u}{\partial x} \tag{8-14}$$

由胡克定律，轴向应力 $\sigma_x = E\varepsilon_x$。根据应力定义可得 $\sigma_x = F/A$。由上述关系可得到：

$$F = A\sigma_x = AE\varepsilon_x = AE\,\frac{\partial u}{\partial x} \tag{8-15}$$

对振管微元 $\mathrm{d}x$ 进行单独受力分析，其质量为 $\rho A\mathrm{d}x$，根据牛顿第二定律可得到如下等式：

$$\rho A\mathrm{d}x\,\frac{\partial^2 u}{\partial t^2} = F + \frac{\partial F}{\partial x}\mathrm{d}x - F \tag{8-16}$$

经简化得到：

$$\rho A \frac{\partial^2 u}{\partial t^2} = \frac{\partial F}{\partial x} \tag{8-17}$$

将公式 8-15 代入公式 8-17 中，则上式整理得到：

$$\rho \frac{\partial^2 u}{\partial t^2} = E \frac{\partial^2 u}{\partial x^2} \tag{8-18}$$

即

$$\frac{\partial^2 u}{\partial t^2} = c^2 \frac{\partial^2 u}{\partial x^2} \tag{8-19}$$

式中，$c = \sqrt{E/\rho}$ 为振管中波形位移或应力的传播速度。二阶偏微分方程为振管发生轴向振动时的波动方程[17]。

该波动方程的通解可以通过分离变量法得到。将振动函数 $u(x, t)$ 分解为位置函数 $U(x)$ 与时间函数 $T(t)$ 这两个单变量函数的乘积：

$$u(x, t) = U(x) T(t) \tag{8-20}$$

式中，$U(x)$ 称为各点振型函数；$T(t)$ 表示各点的轴向振动规律。将公式 8-20 代入公式 8-19 中，得到

$$\frac{1}{T(t)} \times \frac{d^2 T(t)}{dt^2} = c^2 \frac{1}{U(x)} \times \frac{d^2 U(x)}{dx^2} \tag{8-21}$$

可以看到上式的左端只包含时间变量 t，右端只包含位置变量 x，要使上式对任意的 x 和 t 都成立，则等式两边都应等于同一个常数，设此常数为 $-\omega^2$，由公式 8-21 可得到如下方程组：

$$\begin{cases} \dfrac{d^2 U(x)}{dx^2} + \left(\dfrac{\omega}{c}\right)^2 U(x) = 0 \\ \dfrac{d^2 T(t)}{dt^2} + \omega^2 T(t) = 0 \end{cases} \tag{8-22}$$

于是，公式 8-21 转化为两个二阶常微分方程。由理论力学可知以上方程组的解都是简谐函数，通解如下：

$$\begin{cases} T(t) = A'\cos\omega t + B'\sin\omega t \\ U(x) = C'\cos\dfrac{\omega}{c}x + D'\sin\dfrac{\omega}{c}x \end{cases} \tag{8-23}$$

将上式代入公式 8-20，可得到波动方程的通解为

$$u(x,t) = \left(C'\cos\frac{\omega}{c}x + D'\sin\frac{\omega}{c}x\right)(A'\cos\omega t + B'\sin\omega t) \tag{8-24}$$

上式为探头振管主振动的一般形式。由于振管是无穷多个自由度系统，其振型是一条连续曲线，称为振型函数，用 $U(x)$ 表示；而探头上各点的振动规律则以 $T(t)$ 表示。

当 $U(x)$ 具有非零解，并且符合振管两端边界条件的情况下，求解 c^2 值以及振型函数 $U(x)$ 称为振管做轴向振动的特征值问题。其中 c^2 为特征值，$U(x)$ 又称为特征函数或主振型。

公式 8-24 中的 A'、B'、C' 和 D' 可由定解条件（初始条件和边界条件）确定。因此可以通过传感器探头结构简化模型和定解条件去求解波动方程的定解。

由图 8-8 可知，振管两端部位的应力为零，因为振管轴向应力 $\sigma_x = E\varepsilon_x = E\dfrac{\partial u}{\partial x}$，所以振管顶端的形变为零，即在 $x=0$ 和 $x=h$ 处，应变 $\dfrac{\partial u}{\partial x}=0$。可得到如下等式：

$$\frac{\partial u}{\partial x}\bigg|_{x=0} = \left(D'\frac{\omega}{c}\cos\frac{\omega}{c}x - C'\frac{\omega}{c}\sin\frac{\omega}{c}x \right) T(t)\bigg|_{x=0}$$

即

$$\frac{\partial u}{\partial x}\bigg|_{x=0} = D'\frac{\omega}{c}T(t) = 0 \qquad (8\text{-}25)$$

若要使上式恒成立，必须有 $D'=0$ 成立。由 $D'=0$ 可知：

$$\frac{\partial u}{\partial x}\bigg|_{x=h} = -C'\frac{\omega}{c}\sin\frac{\omega}{c}x \cdot T(t)\bigg|_{x=h} = 0 \qquad (8\text{-}26)$$

同样，要使上式在任意时间 t 下都成立，则必须有 $-C'\dfrac{\omega}{c}\sin\dfrac{\omega}{c}h = 0$ 成立，即

$$\sin\frac{\omega}{c}h = 0 \qquad (8\text{-}27)$$

上式为振管振动的频率方程，整理可得到振管发生轴向振动时固有圆频率的简化解，其形式如下：

$$\omega_i = \frac{i\pi}{h} \times c = \frac{i\pi}{h} \times \sqrt{\frac{E}{\rho}} \qquad (i=0,\ 1,\ 2,\ \cdots) \qquad (8\text{-}28)$$

经上式变换并整理得到振管轴向振动的固有频率为：

$$f_i = \frac{i}{2h} \times \sqrt{\frac{E}{\rho}} \qquad (i=1,\ 2,\ \cdots) \qquad (8\text{-}29)$$

参考设计所选材料属性如表 8-2 所示，可知材料弹性模量 $E = 1.80\times10^{11}\,\text{N/m}^2$、材料密度 $\rho = 8000\,\text{kg/m}^3$、探头长度 $h = 57.925\,\text{mm}$，将以上参数带入公式 8-29 中，令 $i=1$，则振管轴向振动基频 $f_1 = 40.944\,\text{kHz}$。

8.3.1.2 探头振动有限元分析

通过有限元仿真软件对微重量传感器探头进行模态分析，得到探头轴向振动的谐振频率[18]。软件仿真时设置的参数与波动方程求解设置参数一致。通过建立探头模型，网格划分以及分析求解，即可得到探头的各个振型及其对应频率。

在软件动态图上可以清晰看到当探头轴向振动在第 20 阶时，此时振动频率为 40.898kHz。仿真数据如表 8-4 所示。

表 8-4 探头振动有限元分析结果

阶　　数	频率/Hz
1	0
2	0
3	0.0078592
4	0.014400
5	0.021922
6	0.031466
7	9674.0
8	9674.0
9	24107.0
10	24107.0
11	25393.0
12	36740.0
13	36746.0
14	36861.0
15	36868.0
16	37521.0
17	37532.0
18	39330.0
19	39340.0
20	40898.0
21	42022.0
22	42023.0
23	43024.0
24	43033.0
25	49093.0

　　该表反映了探头振管在不同阶数振动的不同频率，由于边界设置，前六阶为滚动状态，所以对应振动频率几乎为零。在第 20 阶时该振管达到轴向谐振频率，探头达到其轴向振动的谐振频率，并始终在其轴向上振动。图 8-9 和图 8-10 为有限元仿真探头振动时，探头伸长和缩短两个状态的截图，从动态仿真结果可以看到探头在该谐振点能够发生明显的轴向振动。

图 8-9　探头振动处于缩短状态　　　　图 8-10　探头振动处于伸长状态

通过波动方程解出的探头轴向振动频率为 40.944kHz，仿真结果与理论结果吻合，经计算得到两者的误差仅为 0.1%，可以确定该传感器探头的轴向谐振频率在 40.944kHz 附近。

8.3.2　传感器输出特性数学模型

简化探头系统模型，假设探头为均匀管状，设激励线圈和信号检测线圈的长度为 l，两线圈之间的间距为 $d-l$，建立如图 8-11 所示坐标系[19]。

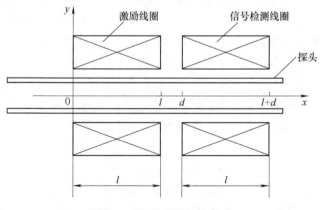

图 8-11　探头系统简化模型

传感器利用探头材料的磁致伸缩正逆效应来实现磁场能和机械能的相互转

换。材料的正逆效应可用线性压磁方程来描述：

$$\begin{cases} \varepsilon = \sigma/E^H + \lambda H \\ B = d^* \sigma + \mu^\sigma H \end{cases} \tag{8-30}$$

式中，ε 为应变；σ 为总应力；H 为磁场强度；E^H 为磁场是 H 时的弹性模量；B 为磁感应强度；μ^σ 为应力是 σ 时的磁导率；$\lambda = \mathrm{d}\varepsilon/\mathrm{d}H|_\sigma$ 为磁致伸缩系数；$d^* = \mathrm{d}B/\mathrm{d}\sigma|_H$ 为逆磁致伸缩系数。方程组 8-30 忽略了温度和涡流效应的影响，且其应变和应力的方向以及磁场的方向都是沿着振管轴向方向。

给激励线圈施加偏置电流 I_0，为探头材料提供恒定的偏置磁场以消除倍频效应。同时输入频率为 f 交流激励 $u_i = U_\mathrm{m}\cos 2\pi f t$。忽略匹配电路中的阻值，只需考虑激励线圈的内阻 R，则驱动电流 $I_\mathrm{ac} = u_i/R$，可表示为

$$I_\mathrm{ac} = I_\mathrm{m}\cos\omega t \tag{8-31}$$

式中，I_m 为激励电流幅值，$I_\mathrm{m} = U_\mathrm{m}/R$；$\omega$ 为激励电流角频率，$\omega = 2\pi f$。

由该激励电流产生的驱动磁场 H 可设为 $H(x, t) = H(x)\mathrm{e}^{j\omega t}$，可以看出激励磁场为检测线圈位置 x 和时间 t 的函数，其中 $H(x)$ 为磁场强度位置函数，可表示为

$$H(x) = \eta \times \begin{cases} f(x) & (0 < x < l) \\ 0 & (其他) \end{cases} \tag{8-32}$$

式中，η 为激励线圈产生磁场的影响因子，其中包含了激励电流和线圈匝数等信息；$f(x)$ 为激励线圈所产生磁场的空间分布函数[20]。

信号检测线圈上拾取的感应电动势分为两部分：（1）由信号检测线圈与激励线圈耦合磁场所产生的电动势；（2）由材料自身磁致伸缩逆效应产生而被信号检测线圈感应产生的电动势。第二部分产生的电动势对微重量传感器具有实际意义。

激励线圈所产生的磁场主要分布在线圈周围，所以发生应变的部分主要集中在激励线圈内部探头壁上，由该段材料发生应变而引起整个探头的轴向振动。在位于激励线圈内部探头壁上任取一体单元 $\rho\mathrm{d}x\mathrm{d}y\mathrm{d}z$，$\rho$ 为材料密度。当施加交流激励时，将产生交变磁场，参考公式 8-17，可得到该体积元的运动方程[21]为

$$\rho \frac{\partial^2 u}{\partial t^2} = \frac{\partial \sigma}{\partial x} \tag{8-33}$$

式中，u 为位移；σ 为作用在体积元上的总应力（包括探头体积元上的总内力和外加磁场引起的应力）。总应力和磁场强度方程可表示为

$$\sigma = E^* \partial u/\partial x - \lambda B \tag{8-34}$$

$$H = B/\mu_\mathrm{r} - 4\pi\lambda \partial u/\partial x \tag{8-35}$$

式中，E^* 为恒定磁感应强度下的弹性模量，为常量；$\partial u/\partial x$ 为应变；λ 为磁致伸缩系数；μ_r 为可逆磁导率。经过对比，公式 8-34、公式 8-35 与压磁方程 8-30 所表示的意义相同。

通过以上分析，首先建立位移 u 与磁场强度 H 之间的数学关系，将公式 8-35

整理得到：

$$B = \mu_r H + 4\pi\lambda\mu_r \partial u/\partial x \tag{8-36}$$

将上式代入公式 8-34 中，整理可以得到：

$$\sigma = E^*(1 - 4\pi\mu_r\lambda^2/E^*)(\partial u/\partial x) - \mu_r\lambda H \tag{8-37}$$

设 $E = E^*(1 - 4\pi\mu_r\lambda^2/E^*)$，$E$ 为恒磁场强度下的弹性模量，因为公式 8-37 中的 $4\pi\mu_r\lambda^2/E^*$ 通常很小，所以忽略该部分即可得到 $E = E^*$，可近似认为材料弹性模量 E 为定值，该结论与恒弹性合金材料弹性模量基本恒定的特性一致，那么公式 8-37 可写为

$$\sigma = E\frac{\partial u}{\partial x} - \mu_r\lambda H \tag{8-38}$$

将上式代入到公式 8-33 中，整理得到：

$$\frac{\partial^2 u}{\partial x^2} - \frac{1}{c^2} \times \frac{\partial^2 u}{\partial t^2} = \frac{\mu_r\lambda}{E} \times \frac{\partial H}{\partial x} \tag{8-39}$$

与公式 8-19 中的含义一致，式中 $c = (E/\rho)^{1/2}$ 为探头材料中体单元的位移或应力的速度。

忽略探头振动时的谐波影响，可设 $u(x, t) = U(x)U(t) = u(x)e^{j\omega t}$，将其代入公式 8-39 中，可得一般解为

$$u(x) = ae^{-jx} + be^{jx} + [\lambda\mu_r/(2jE)] \int_0^x \frac{dH}{d\xi}[e^{j(x-\xi)}] d\xi \tag{8-40}$$

式中，a 和 b 为系数。

假设探头管状材料两端无限延长，公式 8-40 可以改写为

$$u(x, t) = e^{-j(x-ct)}\left(a - \frac{\lambda\mu_r}{2jE}\int_0^l \frac{dH}{d\xi}e^{j\xi}d\xi\right) + e^{j(x+\omega t)}\left(b + \frac{\lambda\mu_r}{2jE}\int_0^l \frac{dH}{d\xi}e^{-j\xi}d\xi\right) \tag{8-41}$$

从探头系统模型图 8-11 上可以看到整个模型应分段处理，对上式进行分步积分，其中必须包含 $H(\xi)$ 项，当 $\xi < 0$ 和 $\xi > l$ 时，则 $H(\xi) = 0$。经过分析讨论，对公式 8-41 进行简化处理，可得到该单元对于任意分布的磁场强度的磁致伸缩效应，可以表示为

$$u(x, t) = \frac{\lambda\mu_r}{2E}\int_0^l H(\xi)e^{j(\xi-x+ct)}d\xi \tag{8-42}$$

由于检测线圈产生感应电动势的磁感应强度主要由探头材料磁致伸缩逆效应引起，所以忽略公式 8-36 等号右边的由激励磁场耦合产生的第一部分，得到信号检测线圈上感应的有效磁感应强度为

$$B = 4\pi\lambda\mu_r(\partial u/\partial x) \tag{8-43}$$

上式表示信号检测线圈处于开路情况下，并感应探头逆磁致伸缩所产生磁感

应强度的微分表达式。设信号检测线圈的横截面积为 s，单位长度线圈匝数为 n，则该线圈的磁通变化量为

$$\mathrm{d}\varphi = nsB\mathrm{d}x \tag{8-44}$$

将公式 8-43 代入上式，得到：

$$\mathrm{d}\phi = 4\pi\mu_r\lambda ns(\partial u/\partial x)\mathrm{d}x \tag{8-45}$$

在理想状态下，忽略激励线圈和信号检测线圈之间的边缘效应，即轴向弹性导波离开激励线圈并且没有衰减地进入信号检测线圈。根据磁致伸缩正逆效应，由探头应变产生的磁感应强度全部被信号检测线圈拾取。但是在实际中，由于信号检测线圈接收信号时磁通量转换成电压信号的转换效率低于 100%，而且线圈两端均存在磁通量泄漏等现象。因此将这些影响因数集中记为影响因子 θ，由于该模型为固定装置，磁场分布状态较为单一，所以该因子可近似认为是一个固定值。将 θ 代入到公式 8-45 中，并对信号检测线圈长度进行积分，则通过信号检测线圈的有效磁通量为

$$\phi = 4\pi\mu_r\lambda ns\theta \int_d^{d+l} \frac{\partial u}{\partial x}\mathrm{d}x \tag{8-46}$$

根据法拉第电磁感应定律可知，信号检测线圈两端的感应电动势可表示为

$$V(t) = -\frac{\mathrm{d}\phi}{\mathrm{d}t} - -4\pi\mu_r\lambda ns\theta \int_d^{d+l} \frac{\partial^2 u}{\partial x\partial t}\mathrm{d}x \tag{8-47}$$

将公式 8-42 代入上式中，整理得到：

$$V(t) = -(2\pi c\mu_r^2\lambda^2 ns\theta/E) \int_d^{d+l}\int_0^l H(\xi)\mathrm{e}^{\mathrm{j}(\xi-x+ct)}\mathrm{d}\xi\mathrm{d}x \tag{8-48}$$

若 $H(x) = \eta f(x)$，代入上式，则有

$$V(t) = -(2\pi c\mu_r^2\lambda^2 ns\eta\theta\mathrm{e}^{\mathrm{j}ct}/E)\left[\int_d^{d+l}\mathrm{e}^{-\mathrm{j}x}\mathrm{d}x \int_0^l f(\xi)\mathrm{e}^{\mathrm{j}\xi}\mathrm{d}\xi\right] \tag{8-49}$$

对上式左边第一个积分量进行求解，则上式可整理为

$$V(t) = -\left[2\pi c\mu_r^2\lambda^2 ns\theta\eta \cdot \mathrm{j}\mathrm{e}^{\mathrm{j}(ct-d)}(\mathrm{e}^{-\mathrm{j}l}-1)/E\right]\int_0^l f(\xi)\mathrm{e}^{\mathrm{j}\xi}\mathrm{d}\xi \tag{8-50}$$

公式 8-50 为信号检测线圈两端所产生感应电动势的表达式，当式中的各个参数及激励线圈磁场分布函数给定，就可计算出该时刻下信号检测线圈两端感应电动势。可见输出感应电动势由以下三个因素决定：（1）探头材料特性参数，如密度 ρ、弹性模量 E、相对磁导率 μ_r、磁致伸缩系数 λ 等；（2）线圈参数，如单位长度匝数 n、横截面积 s、长度 l、效率转换影响因子 θ、磁场影响因子等 η 等；（3）磁场分布函数 $f(x)$。

公式 8-50 在一定程度能够反映信号检测线圈两端感应电动势与探头材料参数、线圈参数和输入激励磁场之间的数学关系。根据分析过程可以看到，当频率到达探头谐振频率时，探头应变将发生突变，由公式 8-46 可知应变突变引起磁

通量的突变，导致信号检测线圈两端的感应电动势也将会发生突变，通过电动势发生突变点确定探头系统谐振频率点。从以上的数学模型可以得出，输出电压与探头材料自身的物理特性和输入交流激励都有关系。该模型对后续传感器实验测试具有一定的指导意义。

8.4 微重量传感器实验研究

8.4.1 传感器实验系统

图 8-12a 为探头实物图，图 8-12b 为微重量传感器实验系统框图[22,23]。通过

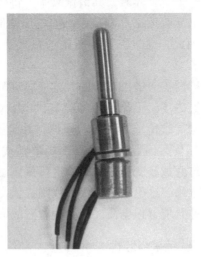

a

b

图 8-12 实验系统框图
a—探头实物图；b—实验系统框图

直接数字式频率合成器（Direct Digital Synthesizer，简称 DDS）输出固定频率的正弦波，经过放大电路后，和直流偏置经过匹配电路直接输入到激励线圈中，产生的偏置磁场和交流激励磁场同时作用于探头，信号检测线圈拾取探头磁致伸缩逆效应从而产生感应电动势，信号检测线圈检测到该感应电动势后，经过信号处理电路进行信号处理后，将数据传递给 Cortex-M4 处理器，经处理器传递给上位机软件，在上位机上，可显示出谐振点的幅值，并显示出对应的波形。

根据前述理论分析可知，当探头振动达到谐振频率 f_0 时，其宏观表现输出电压发生突变。由于振动频率高而且幅值十分微小，通过触摸探头也无法感知探头发生振动。当探头上有物体时，其谐振频率点将会发生偏移，到达新的谐振频率点 f_0'，此时感应电压幅值比 f_0 对应的感应电压幅值稍小，但也明显高于非谐振点对应电压幅值。因此，通过采集电压幅值最大点，即可确定新的谐振频率的大小 f_0'。

对微重量传感器探头提供偏置的方式一般有两种，即永磁铁和直流电流，采用永磁铁提供偏置磁场，不需要外加直流供电系统，线圈发热量少，结构简单，易于维护，但是会导致传感器的体积增加，并且提供的偏置磁场大小不能改变；采用直流电流则相反，偏置线圈可以使用单独线圈，也可以和激励共用一个线圈，这样能够通过直接改变直流的大小进行偏置磁场大小的调节，同样可以起到消除倍频效应的效果。这里采用同一个线圈提供交流激励和直流偏置，大大减小了传感器的体积并且能够根据需要设置偏置磁场大小。

8.4.2　传感器实验结果与分析

搭建实验平台，进行传感器动态特性实验。首先，根据输出感应电动势幅值的变化趋势确定探头轴向振动的谐振频率 f_0，根据该频率值设置频带宽度；然后，分别施加不同的直流偏置，选择合适的偏置电流并进行输入电压与输出电压的关系测试；最后，对传感器进行灵敏度测试，分析传感器特性。本实验中所涉及的输入激励电压 u_i 和输出电压 u_0 均为信号检测线圈输出电压波形的峰值。

8.4.2.1　输出电压与频率关系

前面根据理论分析确定了探头振动谐振频率，现通过实验来验证该谐振频率值。搭建实验平台，设置偏置电流为 0.1A，输入激励电压幅值为 20V，扫频步长为 5Hz。通过多次试验，最终确定设置频段宽度为 38.5～39.7kHz，在该频率段范围内寻找谐振频率点。在 38.50～39.70kHz 频率段内各频率对应的实验结果进行处理可得到如图 8-13 所示曲线[22,23]。图中横轴为激励扫频频率，纵轴为检测线圈两端感应电压，曲线中可以清楚地看到，该频率段各个频率点所对应的输出电压有明显变化。在 39.10～39.13kHz 频率段范围内，输出电压幅值有明显增强趋势，且当频率在 39.19kHz 时，对应的输出电压幅值达到最大，表明该频率即为探头振动的轴向谐振频率。谐振点所对应的输出电压幅值为非谐振频率点对应电压幅值的 5 倍以上，所以现象十分明显。通过多组实验验证，该谐振点始终保持不变，说明实验的重复性较高，因此 39.19kHz 即为传感器探头谐振频率的真实值。

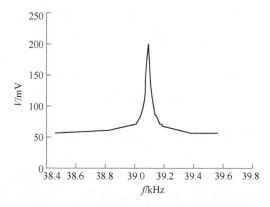

图 8-13　频率 f 和感应电压 u_0 的关系曲线

当探头振动频率达到 39.19kHz 时，材料的应变量将迅速达到最大，导致磁通量发生突变，从而引起检测线圈两端的感应电动势发生突变，实验结果数据包络线呈现一个明显峰值。所以建立的理论模型能够在一定程度上说明微重量传感器的基本工作原理。

由实验数据可知探头轴向振动的谐振频率实验值为 $f_s = 39.19\text{kHz}$，该数值与建立波动方程求解得到的理论值为 $f_t = 40.944\text{kHz}$ 有一定差距，其误差百分比 δ 为

$$\delta = \frac{f_t - f_s}{f_t} = \frac{40.944 - 39.19}{40.944} = 4.28\% \tag{8-51}$$

造成这种差距的原因主要有以下两个方面：一是在进行理论分析计算时对探头模型进行了简化；二是在计算和仿真时，没有考虑探头和固定底座之间的结合影响。另外在理论分析时，整个探头是在理想的环境下进行分析和计算的，而在实验过程中外界的噪声环境等都会对探头轴向谐振频率造成影响。

8.4.2.2　输出电压与偏置电流关系

为了防止倍频效应的发生，通过直流电源向探头施加直流偏置磁场。采用 DF1731SB2A 型直流电源进行直流供电，偏置直流范围从 0A 增大到 0.25A，步长为 0.01A，将此时的激励频率设置为探头振动的谐振频率 39.19kHz，激励电压的幅值为 20V，图 8-14 为不同偏置电流情况下的输出感应电压实验结果曲线图[22]。

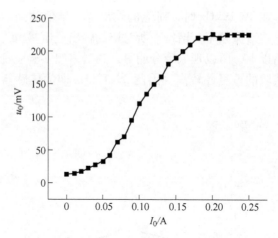

图 8-14　偏置电流 I_0 和感应电压 u_0 的关系曲线

　　图 8-14 中横轴为偏置电流，纵轴为检测线圈输出感应电压，可见，输出感应电压在一定范围内随着偏置电流的增大而增大，其中在 0～0.05A 之间增长比较缓慢，在 0.05～0.17A 之间变化较快，并且接近线性，0.17～0.25A 之间趋于缓和，随后不再变化。

　　当偏置电流较小时，此时的输出感应电压很小，但是倍频现象不太明显。主要原因在于此时信号检测线圈受激励磁场影响较大，产生的感应电动势为线圈耦合磁场产生的。根据公式 8-50 所述，磁场分布函数的积分与输出电压成正比，所以当偏置电流增加，偏置磁场随之升高，引起磁场分布函数增大，所以输出电压幅值也相应增大。当偏置电流增大到 0.17A 时并继续增大，此时感应电压变化较小，并最后保持稳定不变，其原因为此时探头材料的磁场已经达到饱和，所以继续增加偏置电流，输出感应电压则不会再发生变化。

　　本实验所选择的偏置电流 I_0 大小为 0.1A，因为在该偏置电流下，实验现象已经十分明显，由于该传感器在生产成品之后将会工作在野外，并且采用独立电源进行供电，另外考虑到探头系统散热问题，所以在使传感器能够正常工作的前提下选择适当的偏置电流。

8.4.2.3　输出电压与输入激励电压关系

　　当探头在其轴向谐振频率点振动时，输出感应电压明显增大，由公式 8-50 可知，输入激励电压的大小会影响磁场分布函数的大小，从而引起输出电压幅值的变化。本实验设置偏置电流大小为 0.1A，由于实验条件限制，输入电压幅值范围为 0～20V，步长为 1V，频率为探头谐振频率 39.19kHz，图 8-15 为实验结果处理后所得到的输入电压幅值 U_M 和输出感应电压 u_0 的关系曲线[22]。

　　图 8-15 中横轴为输入电压幅值，纵轴为检测线圈两端感应电压，可以看到

在 0~20V 范围内输入激励电压 U_M 和输出感应电压 u_0 之间总体上呈线性关系。随着输入电压的增大输出感应电压也随之增大，由于实验条件的限制，电压幅值无法继续增大。

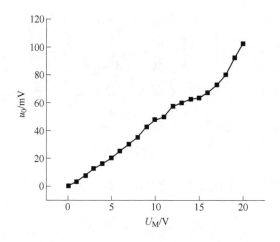

图 8-15　输入电压 U_M 和感应 u_0 的关系曲线

　　根据图 8-15 结果可以推测当输入电压增大到一定值时，探头壁材料内磁场将达到饱和，在该点之后输出感应电压变化将会变缓直至趋于某一定值。但是该部分对于微重量传感器的研究意义不大，因为输入大幅值电压将会产生大量的热量，造成不必要的能量损耗，而且电压幅值在 20V 时实验现象已经足够明显，因此没有进行较高幅值电压的实验。

8.4.2.4　传感器灵敏度测试

　　从以上实验结果可以看出，微重量传感器的设计较为合理。为了验证传感器对微重量的灵敏度，设置频率宽度为 38.50~39.70kHz、幅值为 12V 的正弦交流电压作为输入电压，偏置电流为 0.25A。由于微重量传感器的典型应用是探测冻雨是否发生，而在实验室现有条件下难以模拟冻雨环境，所以灵敏度测试是通过滴蜡实验完成的。因为蜡烛滴在探头表面时能够迅速凝结并且附着在探头表面，该特性和冻雨十分相似，所以使用蜡烛滴替代冻雨具有一定的参考价值。但是在滴蜡的过程中每滴蜡烛的量较难控制，所以进行多组实验，经测量蜡滴的平均质量为 10mg，记录每增加一滴蜡烛时探头谐振频率值，并求平均值。通过上位机软件上的波形显示图，可以明显地观察到冻雨传感器探头固有频率的偏移，上位机显示波形图如图 8-16 所示[23]。

　　实验结果整理后，可得到图 8-17 所示蜡滴滴数 K 和谐振频率 f_0' 之间的曲线关系。图 8-17 中横坐标为蜡滴滴数 K，纵坐标为对应滴数的谐振频率 f_0'，可以

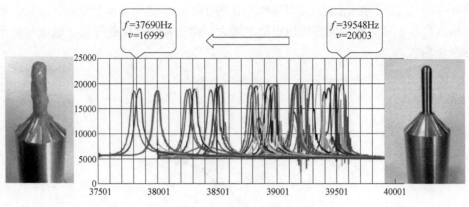

图 8-16　频率偏移波形显示图

看到，蜡滴滴数和探头谐振频率变化基本呈线性关系，其数学关系可以近似表示为

$$f = -0.06K + 39.19 \tag{8-52}$$

可以得到：

$$\Delta f = 0.06K \tag{8-53}$$

以上公式频率单位为 kHz，每增加一滴蜡烛，探头的谐振频率将偏移 60Hz，所以该样机比较灵敏。公式 8-52 能够较清晰反映蜡滴数和谐振频率变化关系，在一定范围内随着蜡滴数的增加，探头的谐振频率线性减小。

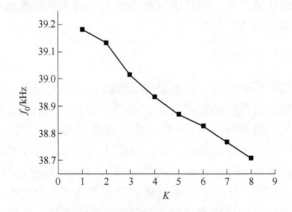

图 8-17　传感器灵敏度实验曲线

当探头上有物体（冻雨或者冰）存在时，相当于改变了探头材料的自身特性，尤其是材料本身的弹性模量，根据公式 8-29，因此探头的等效谐振频率发生变化。并且在实验过程中，随着蜡滴滴数的增加，输出电压幅值将出现较小幅度的降低，由公式 8-50 可知材料属性的变化也将导致输出电压的变化。

参 考 文 献

［1］ Ruiz-Pérez V I, Basurto-Pensado M A, Likamwa P, et al. Fiber optic pressure sensor using multimode interference ［J］. Journal of Physics Conference Series, 2011, 274（1）：012025.

［2］ Wei L, Jie Z, Lin Y, et al. Modelling and experimental study on the fiber-optic ice sensor ［C］//International Conference on Information & Automation, 2009.

［3］ Zou J, Ye L, Ge J, et al. Novel fiber optic sensor for ice type detection ［J］. Measurement, 2013, 46（2）：881~886.

［4］ Owusu K P, Kuhn D C S, Bibeau E L. Capacitive probe for ice detection and accretion rate measurement：Proof of concept ［J］. Renewable Energy, 2013, 50：196~205.

［5］ 王颖. 压电谐振式结冰传感器数学模型研究 ［D］. 武汉：华中科技大学, 2006.

［6］ Mathieu D, Eric B, Nicolas G, et al. Characterization of giant magnetostrictive materials under static stress：influence of loading boundary conditions ［J］. Smart Materialsand Structures, 2019, 28（9）：095012.

［7］ 王博文. 超磁致伸缩材料制备与器件设计 ［M］. 北京：冶金工业出版社, 2003.

［8］ Zhang T L, Jiang C B, Zhang H, et. al. Giant magnetostrictive actuators for active vibration control ［J］. Smart materials and Structures, 2004, 13：473~477.

［9］ Bai G, He Z, Zhou J, et al. Modeling of giant magnetostrictive vibration energy harvesting ［J］. IOP Conference Series Earth and Environmental Science, 2019, 242：022053.

［10］ 苑德福, 马兴隆. 磁性物理学 ［M］. 北京：电子工业出版社, 1999.

［11］ 朱亚辉, 于一鹏. 谐振传感器用新型恒弹性合金研究 ［J］. 金属功能材料, 2018, 25（4）：50~53.

［12］ 杨庆新, 李永建. 先进电工磁性材料特性与应用发展研究综述 ［J］. 电工技术学报, 2016, 31（20）：1~11.

［13］ 张长庚, 杨庆新, 李永建. 电工软磁材料旋转磁滞损耗测量及建模 ［J］. 电工技术学报, 2017, 32（11）：208~216.

［14］ 胡勇, 高峰, 郑庆强. 磁性材料的真空热处理工艺及设备 ［J］. 热处理技术与装备, 2007, 28（03）：35~38.

［15］ 冯本珍. 铁磁材料磁滞回线的研究 ［J］. 中国科技信息, 2006（22）：306~311.

［16］ 余森, 夏永强, 王四棋, 等. 磁流变弹性体的隔振缓冲器磁路分析 ［J］. 振动与冲击, 2011, 30（4）：47~50.

［17］ 高庆坤. 振动法测冰技术的研究及应用 ［D］. 哈尔滨：哈尔滨工程大学, 2005.

［18］ 丁立勋, 何立涛. 振管式传感器的模态实验与仿真 ［J］. 大连海事大学学报, 2007, 33（1）：131~134.

［19］ 王悦民, 康宜华, 武新军. 磁致伸缩效应在圆管中激励纵向导波的理论和试验研究 ［J］. 机械工程学报, 2005, 41（10）：174~179.

［20］ 王悦民, 孙丰瑞, 康宜华, 等. 基于磁致伸缩效应的管道检测纵向导波模型 ［J］. 华中

科技大学学报，2006，34（12）：65~67.

[21] 刘习军，贾启芬．工程振动理论与测试技术［M］．北京：高等教育出版社，2006.

[22] 吴焕丽，周飞，翁玲，等．磁致伸缩冻雨传感器的动态特性分析与实验研究［C］//第八届全国电工理论与新技术学术年会论文集，重庆，2015：397~400.

[23] 翁玲，周飞，吴焕丽，等．磁致伸缩冻雨传感器驱动检测系统设计与实验［J］．仪表技术与传感器，2016（5）：6~8.

9 超声磁致伸缩换能器

9.1 超声换能器简介

超声换能器是一种将输入的电磁功率转换成机械功率（声功率）的装置。超声换能器的应用十分广泛，按应用的行业分为工业、农业、交通运输、医疗及军事等，按功能分为超声加工、超声清洗、超声探测等，按性质分为功率超声波、检测超声波、超声波成像等[1~3]。

超声换能器可分为两种：一种是以压电材料为主要部件的压电换能器，另一种是以磁致伸缩材料为主要部件的磁致伸缩换能器。1880 年，居里兄弟首先发现石英等具有压电效应的材料，1917 年，法国郎之万利用石英压电晶体发明了用于探测潜艇的夹心式换能器[4]。20 世纪 30 年代，伴随着发现磁致伸缩材料，出现了第一代以镍铁合金为换能材料的磁致伸缩换能器，它在当时取代了第一代压电换能器。20 世纪 50 年代，美国和日本先后成功研制锆钛酸铅和银镁酸铅陶瓷系列[5]，于是，第二代以 PZT 等压电陶瓷为换能材料的压电换能器诞生。20 世纪 70 年代，美国 Clark 博士首先发现 $TbFe_2$ 和 $DyFe_2$ 等稀土化合物具有很大的磁致伸缩系数，这种材料随后被称为稀土超磁致伸缩材料（Terfenol-D），并由此引出第二代磁致伸缩换能器[6]。

9.1.1 压电换能器

压电换能器是利用石英、压电陶瓷以及压电复合材料的压电效应来工作的，其典型结构如图 9-1 所示，主要由压电陶瓷片、电极、绝缘片、前盖板、后盖板和紧固螺母等组成。压电换能器的工作原理是利用压电晶体的逆压电效应，即电极通电后产生电场，压电陶瓷片在电场的作用下产生形变，带动前盖板产生机械振动[7]。压电换能器由于结构简单，成本较低，因此被广泛应用。但是由于压电陶瓷的形变量很小，换能器产生的振幅也很小，使它的应用受限。此外，压电材料的导热性能很差，即便是利用水冷却，其内部最高温度仍能达到 100℃ 以上，持续高温会引起材料的致动性下降[8~10]；现有的压电换能器的功率通常在几十到几百瓦。

压电换能器在超声波清洗领域得到广泛应用。超声清洗的机理是利用超声波

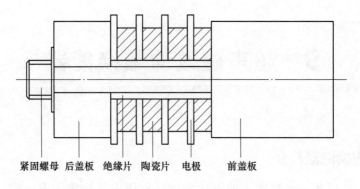

紧固螺母　后盖板　绝缘片　陶瓷片　电极　　前盖板

图 9-1　夹心式压电换能器结构

在清洗液中传播时的空化、辐射压、声流等物理效应，对清洗件上的污物产生的机械剥落作用，同时能促进清洗液与污物发生化学反应，达到清洗物件的目的[11]。超声波清洗机所用的频率根据清洗物的大小和目的可选用 10~500kHz，一般多为 20~50kHz。随着超声换能器频率的增加，可采用郎之万振子、纵向振子、厚度振子等。在小型化方面，也有采用圆片振子的径向振动和弯曲振动的。超声波清洗在家用设备、电子、汽车等行业得到广泛的应用。

9.1.2　磁致伸缩换能器

　　磁致伸缩换能器的结构如图 9-2 所示[12]，主要由磁致伸缩（Terfenol-D）棒、激磁线圈、永磁铁、碟簧、预紧螺栓等组成。磁致伸缩换能器的工作原理为：在换能器的激磁线圈中通入交流电流，产生交变磁场，引起磁致伸缩棒内磁畴的转动；从微观上来看，会导致晶格的变形和磁化过程改变，在宏观上则体现为 Ter-fenol-D 棒在驱动磁场作用下发生沿轴向的伸缩变化，完成电磁能到机械能的转换，以振动的形式来推动尾端运动，实现位移和力的输出。图 9-2 中，尾部配重

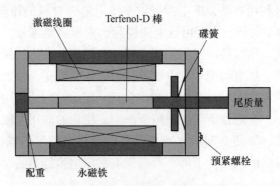

激磁线圈　　Terfenol-D 棒　　碟簧

尾质量

配重　　永磁铁　　预紧螺栓

图 9-2　超磁致伸缩换能器结构示意图

的作用是确保 Terfenol-D 棒有单方向的位移输出。施加预紧螺栓和碟簧的目的是通过它们为 Terfenol-D 棒提供所需要的相应的轴向预压应力，原因是 Terfenol-D 棒在压应力的作用下会有更大的磁致伸缩应变。给 Terfenol-D 棒提供偏置磁场有两种方法，一种是由永磁铁提供，另一种是由直流线圈提供。提供偏置磁场的目的是让 Terfenol-D 棒的机械频率等于驱动磁场的频率，从而避免"倍频"现象。

表 9-1 列出了稀土磁致伸缩材料和压电陶瓷材料的物理性能[13]。通过对比可知，稀土磁致伸缩材料的优点为：磁致伸缩应变量大、机电耦合系数和能量转换效率高。

表 9-1　稀土磁致伸缩材料和压电陶瓷材料的相关物理性能参数对比

材料特性	稀土磁致伸缩材料	压电陶瓷材料
驱动机理	磁场	电场
磁致伸缩应变	$(1600 \sim 2400) \times 10^{-6}$	1000×10^{-6}
弹性模量/GPa	$25 \sim 35$	60
抗拉强度/MPa	28	27.6
声速/m·s^{-1}	1720	3130
机电耦合系数	$0.7 \sim 0.75$	$0.5 \sim 0.6$
能量转换效率/%	$49 \sim 56$	$23 \sim 52$
响应速度	小于 1μs	约 10μs
线性度	非线性	线性
磁滞特性	适中磁滞	较小磁滞

磁致伸缩换能器结构简单，直接驱动，无制动机构，无轴承机构，这些优点有益于装置的小型化[14]，可应用于光学仪器、激光、半导体微电子工艺、精密机械与仪器、机器人、医学与生物工程领域。

9.1.3　换能器的应用

水声换能器（图 9-3a）在水下通信过程中起到了无可替代的作用，一般用于避碰声呐（图 9-3b）、三维成像声呐、多波束测深声呐等要求频率高、分辨力高的水声设备。水声换能器根据用途可分为发射器和接收器。原理为从母船或平台计算机操作界面发出指令数据，将数字信号经由 modem 转换调制成模拟信号，经过功率放大匹配电路，送至水声换能器，转换成声信号。作为工程水声领域的重要研究方向，水声换能器是学科之间的综合利用，涉及水声学、物理学、电子学、机械学、材料学和化学的有关知识。它的研究为解决水下信息的可靠传输和交换提供了重要的技术保障[15]。

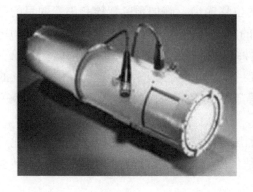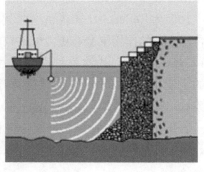

a   b

图 9-3   水声换能器及其应用

a—换能器；b—用于避碰声呐

磁致伸缩换能器可用于超精密加工、焊接和纳米定位[16]。图 9-4a 为磁致伸缩换能器结构的示意图，磁致伸缩棒外部缠绕线圈，并与外壳形成磁路。图 9-4b 为一种超声波加工装置，内部核心元件为磁致伸缩换能器。它可以驱动超声波加工工具实现精准的动态移动。图 9-4c 为可用于超声焊接的磁致伸缩换能器。超声焊接有超声金属焊接和超声塑料焊接两大类。其中超声塑料焊接技术已获得较为普遍的应用。它是利用换能器产生的超声振动，通过上焊件把超声振动能量传送到焊区。因为焊区的声阻大，所以会产生局部高温使塑料熔化，在接触压力的作用下完成焊接工作。超声塑料焊接可方便焊接其他焊接法无法焊接的部位。另外，还节约了塑料制品昂贵的模具费，缩短了加工时间，提高了生产效率，有经济、快速和可靠等特点。

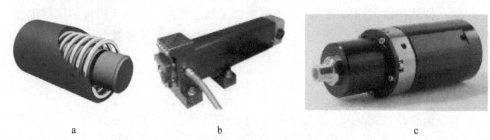

a   b   c

图 9-4   磁致伸缩换能器内部结构与超精密加工应用

a—换能器的结构；b—超声波加工工具；c—用于超声焊接的换能器

磁致伸缩换能器可用于液压驱动系统中的动态伺服阀中（图 9-5）[17]。在液压驱动系统中，伺服阀是液压装置与电气装置之间的接口，是伺服阀的重要组成部分。液压系统的动态性能取决于伺服阀的动态特性。需要高功率密度、高动态性能、鲁棒性和过载能力。将磁致伸缩换能器应用于伺服系统的优点是伺服阀的带宽增加。此外，换能器不会暴露在带有双晶片执行器的油状阀门中。因为磁致伸缩换能器没有运动部件，在机械上比传统的转矩电机要简单。因此可靠性高于传统伺服阀。

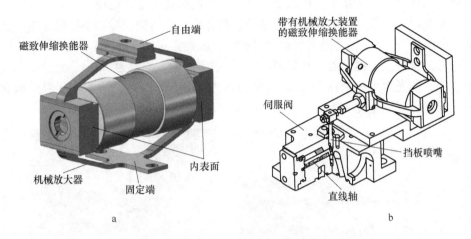

图 9-5　磁致伸缩换能器应用于液压驱动系统

a—换能器的放大系统；b—用于液压驱动系统的换能器

磁致伸缩贴片换能器（MPT）主要应用于管道、平板等波导的无损超声检测（图 9-6）。MPT 由永磁体和线圈组成的磁路和一个薄的磁致伸缩片组成，磁致伸缩片作为传感和执行元件，连接在测试波导管上或与之耦合。因此，电路和磁致伸缩贴片的结构对 MPT 的性能以及波导中激发和测量的波模式有至关重要的影响[18]。

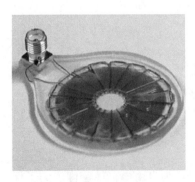

图 9-6　磁致伸缩贴片换能器应用于无损检测

a—贴片换能器结构；b—用于管道无损检测的换能器

磁致伸缩换能器可应用于精密抛光系统。文献［19］研制了一种小型铁镓合金球形电机。电机的最大输出位移为 2.2μm。球形转子由磁力固定在磁致伸缩棒上，通过棒的形变实现电机的三维旋转。该电机具有结构简单、电路简单、驱动电压低等优点。适用于医用镊子的机械手或内窥镜的透镜运动。

文献［20］设计了一种磁致伸缩振动抛光器，它由振动器和小型抛光工具组成，如图 9-7 所示。振动抛光器通过平衡调节机构固定在 5 轴（X、Y、Z、B、C）控制的工作台上。抛光器以 9.2kHz 的谐振频率振动，振幅为 30μm。通过平衡调节机构，抛光力可控制在 2~200mN 的范围内，分辨率为 2mN。采用无黏结碳化钨模具进行基础抛光实验，将表面粗糙度（R_z）从 30nm 提高到 10nm。

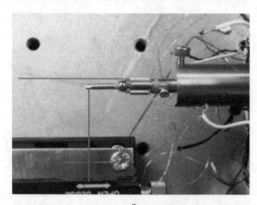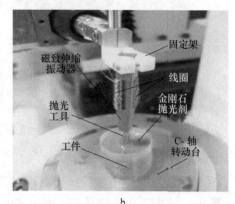

图 9-7　磁致伸缩换能器应用于精密抛光系统
a—固定在工作台上的抛光器；b—抛光器加工工件

9.2　超声磁致伸缩换能器的磁路设计与分析

9.2.1　换能器的电磁场建模

基于麦克斯韦方程组，对超声磁致伸缩换能器中电磁场问题建模：

$$\nabla \times H = J + \partial D/\partial t$$
$$\nabla \times E = -\partial B/\partial t$$
$$\nabla \cdot D = \rho_e$$
$$\nabla \cdot B = 0$$

$$(9-1)$$

式中，J 为传导电流密度；$\partial D/\partial t$ 为位移电流密度；ρ_e 为自由电荷体密度。为了保证麦克斯韦方程组有确定解，必须引入电磁的本构关系：$B=\mu H$，$J=\kappa E$，$D=\varepsilon E$。其中，μ 为磁导率，σ 为电导率，ε 为介电常数。为了方便计算，引入磁矢势 A 和电标量势 V：

$$B = \nabla \times A \qquad E = -\nabla V - \partial A/\partial t$$

$$(9-2)$$

根据麦克斯韦方程组 9-1 可知，虽然激励磁场随时间变化，但是 $\partial B/\partial t$ 的作用远大于$\partial D/\partial t$，因此可以忽略$\partial D/\partial t$，将公式化简为

$$\nabla \times H = J_s - \kappa \cdot \frac{\partial A}{\partial t} \tag{9-3}$$

式中，J_s代表外部电流密度，$J_s = -\kappa \nabla U$。公式 9-3 为换能器的电磁场的控制方程。根据 Galerkin 加权余量法求得电磁场控制方程的弱形式过程如下：将公式 9-3 两端同时乘以加权量 δA，并在整个场域内积分：

$$\int_V \left[\nabla \times H - \left(J_s - \kappa \cdot \frac{\partial A}{\partial t} \right) \right] \cdot \delta A dV = 0 \tag{9-4}$$

其中，第一项$\int_V (\nabla \times H) \cdot \delta A dV = \int_V \nabla \cdot (H \times \delta A) dV + \int_V H \cdot (\nabla \times \delta A) dV$，而其中的 $\int_V \nabla \cdot (H \times \delta A) dV = \int_{\partial V} (H \times \delta A) \cdot n dS$。$n$ 是边界表面的法向量。通过化简得到电磁场控制方程的弱形式表达式为

$$\int_V H \cdot (\nabla \times \delta A) dV + \int_V \kappa \frac{\partial A}{\partial t} \cdot \delta A dV = \int_V J_s \cdot \delta A dV + \int_{\partial V} (H \times n) \cdot \delta A dS \tag{9-5}$$

基于磁致伸缩换能器的电磁场控制方程，用 COMSOL Multiphysics 有限元软件对换能器进行磁场仿真分析，它的优点是可以方便快速地完成多个物理场的耦合分析，具有完全开放的架构和便捷丰富的前后处理方式，使得其在工程计算与科学研究等方面得到广泛应用。采用 COMSOL 进行分析计算的步骤如图 9-8 所

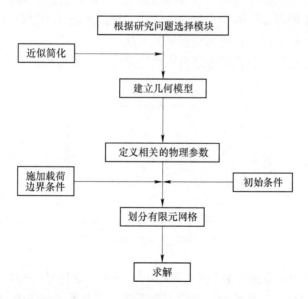

图 9-8　COMSOL 有限元分析步骤

示，过程如下：

（1）依据实际研究的具体问题，分析确定相关的物理场组合，并在软件中施加所需的物理模块。

（2）在得到相应的物理模型后对换能器进行进一步的简化，建立几何图形。几何建模的过程可以在 COMSOL 中直接进行，也可以导入其他绘图软件中的图形。在几何建模过程中为简化计算可以建立二维模型，有时为得到更为精确的计算结果也可以进行三维图形建模。

（3）施加材料的属性参数。COMSOL 中自带有丰富的材料库，用户可以从中选择所需的材料进行添加，也可以根据自己的实际需求，定义所需的材料参数，完成新材料的定义。

（4）进行网格剖分并计算。从理论上讲，单元越小则离散结构对实际情况的表示越准确，但这会延长计算时间。因此，在工程实际中，根据实际情况选择合适的单元数满足需求即可。

（5）分别在各个物理场中施加必要的条件及其数值，完成单场的分析计算后，再对各个场之间的耦合结果进行仿真分析，确保计算结果的正确性。

9.2.2　换能器的磁路设计

磁致伸缩换能器的磁路系统主要包括磁致伸缩棒、驱动线圈、棒与线圈之间的间隙、磁轭组成的导磁回路部分。合理选择与设计磁路将会直接影响到换能器的转换效率和器件的整体性能[21]。换能器的磁路设计包括磁通量穿过的所有结构部分，要尽量使驱动线圈所产生的磁通最大程度地施加于磁致伸缩棒中，即尽量减小其他部分处的磁场，使驱动磁场最大化。

经过简化处理后，装置的磁路由磁致伸缩棒与导磁磁轭组成，此时的磁路如图 9-9 所示。

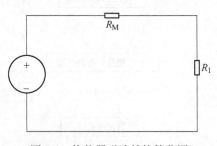

图 9-9　换能器磁路结构简化图

图 9-9 中电源为总激磁磁势 F，R_M 和 R_1 分别代表磁致伸缩棒中的磁阻与磁轭的磁阻数值大小。依据磁通连续性定理可知磁路中各部分磁通的数值相等，即 $\phi_1 = \phi_2 = \phi$。总磁势由激磁线圈提供，所以 $F = NI = \phi(R_M + R_1)$。其中，磁阻的计

算表达式为 $R = l/\mu A$。可知磁致伸缩棒磁势为

$$F_{M} = \frac{FR_{M}}{R_{M} + R_1} \tag{9-6}$$

由磁路的基本定律，磁动势又可由磁场大小与磁路长度表示：

$$F = Hl = \phi R \tag{9-7}$$

因此，磁致伸缩棒中的磁场强度为

$$H_{M} = \frac{F_{M}}{l_{M}} = \frac{\dfrac{NI}{l_{M}}}{1 + \dfrac{l_1\mu_{M}A_{M}}{\mu_1 A_1 l_{M}}} \tag{9-8}$$

由公式 9-8 可以得到磁致伸缩棒中的磁场强度大小与线圈匝数、电流大小、磁致伸缩棒的长度、横截面积，以及磁轭的相对磁导率等因素有关。为使磁致伸缩棒中的磁场强度增大，需分别考虑这些因素对磁场强度大小的影响情况，进而为合理选择装置结构尺寸大小提供依据。

9.2.3 换能器的磁场分析

设计磁致伸缩换能器磁路结构的目的是在相同激励条件下提高 Terfenol-D 棒的磁通密度和磁通密度的均匀性，减少漏磁，进而减小磁路的损耗。因为漏磁会引起磁致伸缩换能器激励电流的严重畸变，导致驱动线圈不能给磁致伸缩换能器提供所需要的磁场。

图 9-10 为磁致伸缩换能器核心元件为单棒结构和磁致伸缩换能器核心元件为双棒结构的磁路结构。磁路结构主要由磁轭和 Terfenol-D 棒组成。在磁轭和 Terfenol-D 棒的截线位置处选取磁通密度数据进行磁场分析。对磁致伸缩换能器

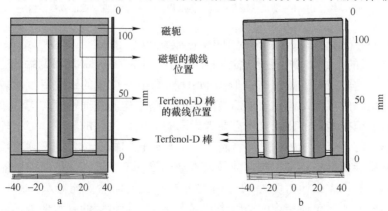

图 9-10 磁致伸缩换能器的磁路结构

a—磁致伸缩换能器单棒结构；b—磁致伸缩换能器双棒结构

双棒结构的两个激励线圈进行并联连接和串联连接的磁路进行磁场分析，确定最佳连接方式。

图 9-11a~c 分别为磁致伸缩换能器单棒结构、磁致伸缩换能器双棒结构驱动线圈并联连接和磁致伸缩换能器双棒结构驱动线圈串联连接三种磁路结构的磁通密度分布云图。图中箭头代表了磁通密度的方向。在 20kHz 频率和 2A 励磁电流下，磁致伸缩换能器单棒结构的平均磁通密度为 0.827T，驱动线圈并联的双棒结构磁致伸缩换能器的平均磁通密度为 0.863T，驱动线圈串联的双棒结构磁致伸缩换能器的平均磁通密度为 0.879T，由此可知，驱动线圈为串联的双棒结构的平均磁通密度更高。

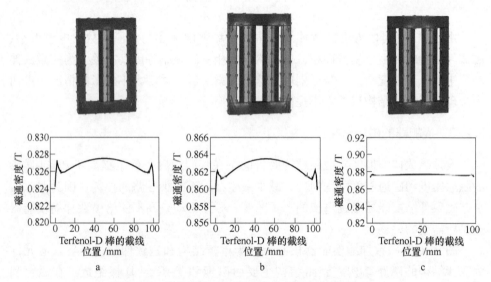

图 9-11　换能器的磁通密度分布和磁通密度均匀度
a—单棒结构；b—驱动线圈并联的双棒结构；c—驱动线圈串联的双棒结构

图 9-11 分别计算了 Terfenol-D 棒的截线位置的磁通密度。结果表明在 Terfenol-D 棒的中心位置处磁通密度分布均匀，但是 Terfenol-D 棒两端的磁通密度较不均匀。通过三种磁路结构中 Terfenol-D 棒的中心位置的磁通密度比较，发现驱动线圈串联的双棒结构磁致伸缩换能器的磁路结构的磁通密度均匀性最高。此外对磁致伸缩换能器的磁场分析需要考虑漏磁对整体磁路的影响。当磁轭中的磁通密度越大时，空气中的漏磁通就越小。计算磁轭的截线位置的磁通密度，得到磁致伸缩换能器单棒结构中磁轭的最大磁通密度为 0.75T，磁致伸缩换能器双棒结构中磁轭的最大磁通密度为 1T。由此可知，磁致伸缩换能器双棒结构的漏磁比磁致伸缩换能器单棒结构的漏磁小。综上所述，与传统的磁致伸缩换能器单棒结构相比，驱动线圈串联连接的磁致伸缩换能器双棒结构的磁路结构更适合于具有高频激励、大输出力和大输出功率需求的换能器。

在磁致伸缩换能器磁路结构设计中，磁轭的材料和结构会影响 Terfenol-D 棒的磁通密度。因为不同材料的磁轭具有不同的相对磁导率，影响磁力线的分布。磁轭的材料通常为镍铁（相对磁导率 $u_r = 2000$）、Q235 钢（$u_r = 4000 \sim 5000$）和硅钢片（$u_r = 7000 \sim 10000$）等。图 9-12 分析了不同相对磁导率的磁轭和磁轭的不同结构对 Terfenol-D 棒磁通密度的影响。当磁轭的相对磁导率分别为 2000、5000、8000 和 10000 时，Terfenol-D 棒的磁通密度分别为 0.42T、0.61T、0.69T 和 0.72T。其原因是磁轭的磁阻随相对磁导率的增加而减小。因此，磁致伸缩换能器选用相对磁导率较高的硅钢片作为磁轭的材料。所设计的磁致伸缩换能器样机中 Terfenol-D 棒的直径为 15mm。当磁轭宽度为 8mm 时，Terfenol-D 棒的磁通密度为 0.67T，当磁轭宽度增加到 16mm 时，Terfenol-D 棒的磁通密度增加为 0.76T。由此可知磁轭宽度越大，空气中漏磁通越小。因此，增大磁轭的宽度有助于增加 Terfenol-D 的磁通密度从而改善磁致伸缩换能器的输出特性。从计算结果可知，磁致伸缩换能器的磁轭宽度应选为 16mm。但是过度增大磁轭的宽度会对谐振频率产生影响。综合分析，磁轭宽度选为 16mm，磁轭的长度选为 60mm。

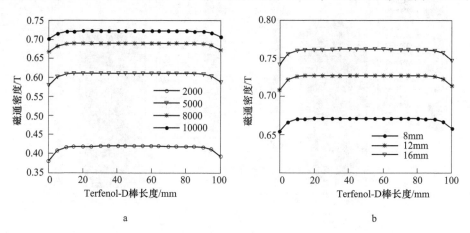

图 9-12 磁轭的相对磁导率和宽度对 Terfenol-D 棒磁通密度的影响

a—不同相对磁导率的磁轭；b—不同宽度的磁轭

9.2.4 磁致伸缩棒的设计

磁致伸缩棒的设计包括材料的种类选取、形状的选取与尺寸大小的确定。磁致伸缩材料选择 Terfenol-D，形状选择圆柱体。因此，磁致伸缩棒的尺寸大小由圆柱体的长度与直径大小来决定。

磁致伸缩棒的长度与最大伸长量的关系可由公式 9-9 表示：

$$l_T = \frac{\Delta l}{\lambda} \tag{9-9}$$

式中，l_T 为磁致伸缩棒的长度；Δl 为磁致伸缩棒的伸长量；λ 为磁致伸缩系数。

　　由磁致伸缩材料的高频涡流损耗特性可知在高频驱动下为减少涡流损耗，磁致伸缩棒需做切片处理以提高工作频率。磁致伸缩棒进行轴向切片并黏结。磁致伸缩棒沿轴线方向以相同间距被切割成薄片状，并将这些薄片按顺序用绝缘胶黏合起来，这样处理后的磁致伸缩棒的截面如图 9-13 所示。

　　对磁致伸缩棒完整结构和切片结构进行磁场分析，驱动频率为 10kHz，线圈施加大小为 3A 的正弦电流，得到两种结构的磁致伸缩换能器的磁场分布云图，如图 9-14 所示。

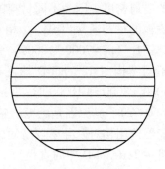

图 9-13　磁致伸缩棒切片图

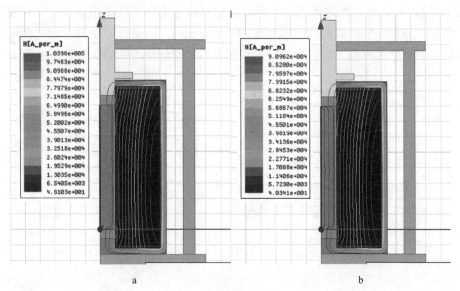

图 9-14　换能器磁场分布

a—整体结构换能器磁场分布；b—叠堆结构换能器磁场分布

　　由图 9-14 可以看出，由于集肤效应，整体结构磁致伸缩棒中磁场较少，都集中在表面，而叠堆结构磁致伸缩棒的磁场明显增多，更加均匀，有利于换能器更好地工作。

　　磁致伸缩棒磁感应强度密度分布如图 9-15 所示。由图 9-15 可见，整体结构磁致伸缩棒具有明显的趋肤效应，其在中心位置磁感应强度较小，磁致伸缩棒表面的磁感应强度最大，将圆柱块磁致伸缩棒切为 5 片粘接后的叠堆结构的磁感应分布则比正常的要好些，而经过切片处理的棒材磁感应强度更加均匀地分布了，由此可看出叠堆结构磁致伸缩棒的换能器可以更好地应用在实践中，

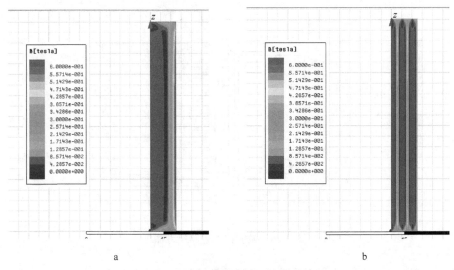

图 9-15　磁致伸缩棒磁感应强度密度分布

a—整体结构；b—叠堆结构

加大换能器的工作效率。

9.2.5　线圈的设计

换能器线圈为磁致伸缩棒的工作提供偏置磁场和激励磁场，而且它产生的磁场大小和通过线圈的电流成正比，为了得到较大的磁场必须要给线圈通较大的电流。但是在线圈结构一定的情形下，较大的电流就会带来较大的电阻损耗。因此很有必要对线圈的结构进行优化，优化设计线圈的内外径比及长度内径比等，可在同等线圈匝数下，能够实现更少的电阻热损耗，得到较优的磁场强度和电磁转换效率。

线圈结构如图 9-16 所示，r_r 是 GMM 棒的半径，l_r 是骨架绕线部分的长度，r_w 是导线的外径，a_1 是线圈的内半径，a_2 是线圈的外半径，α、β 是与线圈尺寸无关的两个形状因子。

根据毕奥-萨伐尔定律，得到螺线管中轴线上磁感应强度公式：

$$B = \mu \frac{NI}{2a_1(\alpha - 1)} \ln \left(\frac{\alpha + \sqrt{\alpha^2 + \beta^2}}{1 + \sqrt{1 + \beta^2}} \right) \tag{9-10}$$

其中，$\alpha = \dfrac{a_2}{a_1}$，$\beta = \dfrac{l_r}{2a_1}$。再根据：$N \propto l_r(a_2 - a_1) = 2a_1^2 \beta(\alpha - 1)$，可得 $H \propto a_1 \times K(\alpha, \beta)$，设：

$$K(\alpha, \beta) = \beta \ln \left(\frac{\alpha + \sqrt{\alpha^2 + \beta^2}}{1 + \sqrt{1 + \beta^2}} \right) \tag{9-11}$$

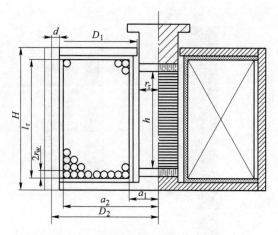

图 9-16　换能器的磁路尺寸图

实际设计中，a_1 是依据磁致伸缩棒的具体尺寸确定的，$K(\alpha, \beta)$ 则只是一个与线圈几何因数有关的变量，可以在 Matlab 中画出其等高线，如图 9-17 所示，可知：

（1）形状因子 α 和 β 越大，$K(\alpha, \beta)$ 越大，则磁场强度就越大；因此，为了得到尽量大的磁场，设计出的线圈必须使得 $K(\alpha, \beta)$ 尽量大。

（2）α 和 β 在梯度直线附近取值对产生磁场强度是较优的，即获得同样大小的磁场强度，可使线圈结构最紧凑或体积最小。

经计算求得梯度直线为 $\beta = 0.7(\alpha - 1)$，如图 9-17 中虚线所示。

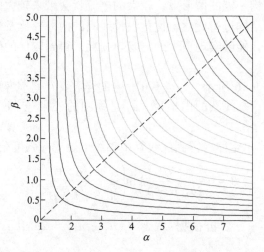

图 9-17　$K(\alpha, \beta)$ 等高线

除要使线圈产生尽可能大的磁场之外，降低线圈电阻损耗，提高线圈电-磁

转换效率也很关键。线圈损耗功率的计算公式为

$$P_{\text{coilloss}} = \frac{\rho_\omega a_1}{G^2 c} H^2 \tag{9-12}$$

式中，ρ_w 为线圈导线的电阻率；c 为导线截面的形状系数，其中圆导线取 $\pi/4$，方形导线取 1，这里引入形状因子 G，它是一个只跟线圈几何尺寸有关的系数，有

$$G(\alpha, \beta) = \frac{1}{5} \left(\frac{2\pi\beta}{\alpha^2 - 1} \right)^{\frac{1}{2}} \ln \left(\frac{\alpha + \sqrt{\alpha^2 + \beta^2}}{1 + \sqrt{1 + \beta^2}} \right) \tag{9-13}$$

由式 9-13 可知，G 越大，则线圈损耗功率越小。在 Matlab 中画出 G 等高线为图 9-18，从图中可得 G 的最大值约为 0.179，这时，$\alpha \approx 3$，$\beta \approx 2$。

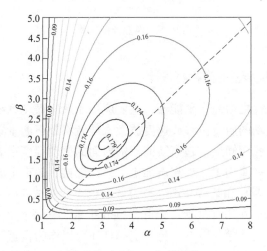

图 9-18　$G(\alpha, \beta)$ 等高线

由图 9-17 和图 9-18 及以上分析可得：

（1）获得大的磁场强度和高的电-磁转换效率之间是有一定矛盾的，即 K 是随着 α 和 β 的增大而增大，而 G 随着 α 和 β 的增大总体趋势是减小，所以设计必须平衡考虑。

（2）在实际设计中，首先尽量在 K 的梯度直线附近选择 α 和 β，同时必须考虑到使得 G 尽可能大，这样可使得 K 和 G 的取值都优。从图 9-18 中可看到，当 α 取值在 2~5 之间，可得 K 和 G 的取值都较大。确定了 α 和 β，而线圈内径 a_1 根据 GMM 棒的尺寸已确定，因此线圈的尺寸就可以完全确定了。

9.3　超声磁致伸缩换能器的机械结构设计

设计的超声磁致伸缩换能器的结构如图 9-19 所示，它主要是由 Terfenol-D

棒、激励线圈、碟簧、调节螺母、变幅杆、磁轭和壳体组成。高频磁致伸缩换能器的机械结构设计主要包括变幅杆设计、预应力设计及谐振频率设计。

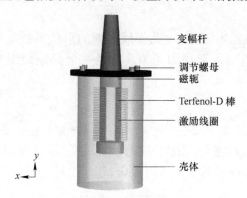

图 9-19　换能器的结构

9.3.1　磁致伸缩换能器的变幅杆设计

超声变幅杆又称之为超声聚能器，主要应用于超声振动系统中。变幅杆的主要作用是把机械振动的质点位移或速度放大，或者将超声能量集中在较小的面积上，即聚能作用。我们知道，超声换能器辐射面的振动幅度在 20kHz 范围内只有几微米。而在高声强应用中，如超声加工、超声焊接、超声金属成型（包括超声冷拔管飞丝和铆接等）和某些超声外科设备及超声疲劳试验应用中，辐射面的振动幅度一般需要几十到几百微米。因此必须在换能器的端面连接超声波变幅杆，将机械振动幅度放大。除此以外，超声变幅杆还可以作为机械阻抗变换器，在换能器和声负载之间进行阻抗匹配，使超声能量有效地从换能器向负载传输[22]。变幅杆的设计包括变幅杆的长度、位移节点和放大系数。

图 9-20 是变幅杆的二维截面图。在 x 方向，当 $x = 0$ 时，变幅杆的直径设为 D_1。当 $x = l$ 时，直径设为 D_2。其中，$S = S(x)$ 是变幅杆的截面积函数，$\xi = \xi(x)$ 是变幅杆的位移函数，变幅杆两端的力和振动速度分别为 F_1，$\dot{\xi}_1$ 和 F_2，$\dot{\xi}_2$。

变截面杆的纵向振动的波动方程为

$$\frac{\partial^2 \xi}{\partial x^2} + \frac{1}{S} \cdot \frac{\partial S}{\partial x} \cdot \frac{\partial \xi}{\partial x} + \kappa^2 \xi = 0 \tag{9-14}$$

式中，$\kappa^2 = (2\pi f)^2 / c^2$，$c$ 为棒中波传播的速度。公式 9-14 的解为

$$\xi = \frac{1}{x - \dfrac{1}{\alpha}} (A_2 \cos\kappa x + B_2 \sin\kappa x) \tag{9-15}$$

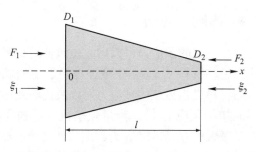

图 9-20　半波长圆锥形变幅杆的截面图

$$\frac{\partial \xi}{\partial x} = \frac{1}{x - \frac{1}{\alpha}}(-A_2\kappa\sin\kappa x + B_2\kappa\cos\kappa x) - \frac{1}{\left(x - \frac{1}{\alpha}\right)^2}(A_2\cos\kappa x + B_2\sin\kappa x)$$

$$(9\text{-}16)$$

式中，$\alpha = (D_1 - D_2)/(D_1 l)$，$N = D_1/D_2$。

（1）频率方程和变幅杆的长度。根据公式 9-16 和边界条件 $\partial\xi/\partial x\big|_{x=0} = 0$ $\partial\xi/\partial x\big|_{x=1} = 0$，可以得到频率方程和变幅杆的长度为

$$\tan(\kappa l) = \frac{\kappa l}{1 + \dfrac{N}{(N-1)^2}(\kappa l)^2}$$

$$(9\text{-}17)$$

$$l_p = \frac{\lambda}{2} \cdot \frac{\kappa l}{\pi}$$

$$(9\text{-}18)$$

（2）位移节点。根据公式 9-15 和边界条件 $\xi\big|_{x=0} = \xi_1$，$\partial\xi/\partial x\big|_{x=0} = 0$，其中 $A_2 = -\xi_1/\alpha$，$B_2 = -\xi_1/\kappa$，得到质点的位移为

$$\xi = \xi_1 \frac{1}{1 - \alpha x}\left(\cos\kappa x - \frac{\alpha}{\kappa}\sin\kappa x\right)$$

$$(9\text{-}19)$$

根据公式 9-19，当 $x = x_0$ 时，$\xi = 0$。位移节点位置 x_0 表示为

$$\tan(\kappa x_0) = \frac{\kappa}{\alpha}$$

$$(9\text{-}20)$$

（3）放大系数。根据公式 9-20 和边界条件 $\xi\big|_{x=i} = -\xi_2$。放大系数表示为

$$M_p = \left| N\left(\cos\kappa l - \frac{N-1}{N\kappa l}\sin\kappa l\right) \right|$$

$$(9\text{-}21)$$

根据已知的谐振频率与变幅杆两端的直径，通过式 9-14～式 9-21，可以计算得到换能器中变幅杆的长度、位移节点和放大系数的设计值。

9.3.2 磁致伸缩换能器的预应力设计

对磁致伸缩材料施加一定的预应力可以增大磁致伸缩材料的磁致伸缩，提高磁致伸缩换能器的输出位移（振幅）。在磁致伸缩换能器的机械结构中通过碟簧和调节螺母给磁致伸缩材料提供最佳的预应力。以最优磁致伸缩灵敏度 η 为目标确定磁致伸缩换能器的初始预应力[23]。为量化单位磁场强度激励下换能器的磁致伸缩位移大小，定义磁致伸缩灵敏度 η 为超磁致伸缩换能器在单位外磁场强度驱动下输出的磁致伸缩位移。根据磁化强度与磁场的关系 $M = (\mu(\sigma) - 1)H$ 和磁致伸缩系数 $\lambda(M, \sigma, \Delta T)$ 与预应力和磁场关系，得到磁致伸缩灵敏度 η：

$$\eta = l_1 \cdot \partial\lambda(\sigma, H, \Delta T)/\partial H \tag{9-22}$$

式中，l_1 为 Terfenol-D 棒的长度，根据公式 9-22 可以看出，磁致伸缩灵敏度在一定磁场下是预应力的单值函数。通过确定最佳的预应力，可以获得最大磁致伸缩灵敏度。为了确定磁致伸缩灵敏度，需要得到磁致伸缩系数 $\lambda(M, \sigma, \Delta T)$。在1995 年，Jiles D. C 描述了磁致伸缩与磁化强度之间的关系[24,25]：

$$\lambda(M, \sigma) = \sum_{i=0}^{\infty} \gamma_i(\sigma) M^{2i} \tag{9-23}$$

式中，$\gamma_i(\sigma)$ 为与应力相关的参数，上述磁致伸缩与磁化强度的关系式体现了磁-机耦合作用，但是温度对整体应变的影响并没有体现。因此对关系式进行改进，将温度效应引入磁致伸缩与磁化强度关系表达式：

$$\lambda(M, \sigma, \Delta T) = \sum_{i=0}^{\infty} \gamma_i(\sigma, \Delta T) M^{2i} \tag{9-24}$$

式中，ΔT 为温度差值。$\gamma_i(\sigma, \Delta T)$ 为与应力和温度相关的系数。考虑到模型的简易性和实用性，其中的 i 取值为 2，公式中的常数项仅为应力温度系数，对多场耦合效应影响非常小，可以忽略，最终得到磁致伸缩表达式：

$$\lambda(M, \sigma, \Delta T) = \gamma_1(\sigma, \Delta T) M^2 + \gamma_2(\sigma, \Delta T) M^4 \tag{9-25}$$

$\gamma_i(\sigma, \Delta T)$ 为与应力和温度相关的系数，通过泰勒展开为

$$\gamma_i(\sigma, \Delta T) = \gamma_i(0, 0) + \sum_{n=1}^{\infty} \frac{1}{n!}\left(\sigma\frac{\partial}{\partial\Delta T} + \Delta T\frac{\partial}{\partial\sigma}\right)^n \gamma_i(0, 0) \tag{9-26}$$

保留与应力和温度相关的线性部分：

$$\gamma_1(\sigma, \Delta T) = \gamma_{11} + \gamma_{12}\sigma + \gamma_{13}\Delta T \tag{9-27}$$

$$\gamma_2(\sigma, \Delta T) = \gamma_{21} + \gamma_{22}\sigma + \gamma_{23}\Delta T \tag{9-28}$$

式中，γ_{11}，γ_{12}，γ_{13}，γ_{21}，γ_{22}，γ_{23} 为材料的磁致伸缩系数，结合实验数据，通过测量不同应力和温度条件（如 $\sigma = 0\text{MPa}$，$\Delta T = 20℃$，$40℃$，$60℃$ 和 $\Delta T = 20℃$，$\sigma = 5\text{MPa}$，10MPa，15MPa）下饱和磁化强度与饱和磁致伸缩获得一齐次方程组，解方程组可得到磁致伸缩系数的数据[26]，见表 9-2。

表9-2 磁致伸缩模型参数取值

参 数	数 值	参 数	数 值
$\gamma_{11}/\text{m}^2 \cdot \text{A}^{-2}$	1.68×10^{-15}	$\gamma_{21}/\text{m}^4 \cdot \text{A}^{-4}$	4.73×10^{-28}
$\gamma_{12}/\text{m}^2 \cdot (\text{A}^2 \cdot \text{Pa})^{-1}$	-1.18×10^{-23}	$\gamma_{22}/\text{m}^4 \cdot (\text{A}^4 \cdot \text{Pa})^{-1}$	-1.19×10^{-34}
$\gamma_{13}/\text{m}^2 \cdot (\text{A}^2 \cdot \text{℃})^{-1}$	-9.93×10^{-19}	$\gamma_{23}/\text{m}^4 \cdot (\text{A}^4 \cdot \text{℃})^{-1}$	-2.95×10^{-30}

磁致伸缩 $\lambda(M, \sigma, \Delta T)$ 的表达式：

$$\lambda(M, \sigma\Delta T) = (\gamma_{11}M^2 + \gamma_{21}M^4) + \sigma(\gamma_{12}M^2 + \gamma_{22}M^4) + \Delta T(\gamma_{13}M^2 + \gamma_{23}M^4)$$

$$(9-29)$$

式中，前两项为与磁化强度有关的磁致伸缩；第三项为磁化强度和应力耦合引起的磁致伸缩；第四项为磁化强度和温度耦合引起的磁致伸缩。改进的磁致伸缩表达式可以清晰地反映换能器的多场耦合特性。因此只要确定了磁化强度，即可得到磁致伸缩应变。

通过实验得到的不同预应力下 Terfenol-D 的磁致伸缩曲线如图 9-21 所示。通过数据分析得到不同磁场下磁致伸缩和预应力之间的关系曲线，如图 9-22 所示。当磁场 H 为 15kA/m，预应力为 5MPa 时 Terfenol-D 的磁致伸缩系数最大为 346×10^{-6}。但是磁场 $H > 15$kA/m 之后，Terfenol-D 的预应力为 10MPa 时，Terfenol-D 的磁致伸缩系数最大，分别为 750×10^{-6}($H = 30$kA/m)、947×10^{-6}($H = 45$kA/m)、1028×10^{-6}($H = 60$kA/m)、1143×10^{-6}($H = 75$kA/m) 和 1200×10^{-6}($H = 90$kA/m)。所以预应力为 10MPa 时 Terfenol-D 的磁致伸缩性能最好。在磁场 $H < 80$kA/m 时，磁致伸缩曲线的线性度较好，在一定的预应力下，磁致伸缩曲线的线性段的中点所对应的磁场被确定为最佳偏置磁场。根据这一特性，适当选择偏置磁场 $H_0 = 40$kA/m 和激励磁场 $H_{ac} = 35$kA/m。根据公式 9-29，在 10MPa 预应力下，Terfenol-D 具有最大的磁致伸缩敏感度 $\eta = 0.65\mu\text{m} \cdot \text{m/kA}$。

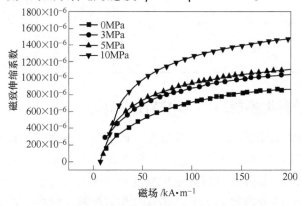

图 9-21 不同预应力下 Terfenol-D 的磁致伸缩

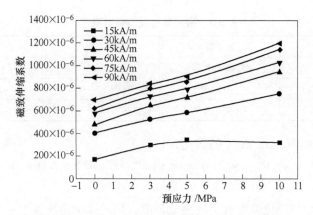

图 9-22 在不同磁场下磁致伸缩和预应力的关系

根据磁致伸缩换能器的工作原理，采用等效电路法，建立磁致伸缩换能器振动系统有源元件（Terfenol-D 棒）的机电等效电路，并借助于多场耦合与分析的专业软件 COMSOL 设计了换能器的磁路结构和换能振动系统机械结构，可确定超声磁致伸缩换能器的基本参数。将设计的超声磁致伸缩换能器样机的主要结构参数列于表 9-3 中。

表 9-3 换能器的主要结构参数值

参　数	数　值	参　数	数　值
Terfenol-D 棒半径/mm	7.5	线圈匝数	150 匝×2
Terfenol-D 棒长度/mm	102	线圈骨架长度/mm	120
线圈直径	0.1mm×200 股	线圈外径/mm	14
变幅杆长度/mm	144	变幅杆底部直径/mm	52
位移节点/mm	57	放大系数	2.79
磁轭宽度/mm	16	变幅杆顶部直径/mm	16
磁轭长度/mm	60	壳体半径/mm	85

9.4 超声磁致伸缩换能器的输出特性模型构建

建立磁致伸缩换能器的输出特性模型，即表述换能器输出位移 $y(t)$ 与磁场 $H(t)$、输出力 $F(t)$ 之间的关系。通过分析磁致伸缩换能器的输出特性，首先建立换能器核心元件磁致伸缩材料的磁化强度模型 $M(t)$，然后建立换能器核心元件磁致伸缩材料的应变模型 $\varepsilon(t)$，最后建立磁致伸缩换能器的输出位移（振幅）和输出力模型。

9.4.1　磁致伸缩材料的磁化强度模型

由铁磁学的基本原理[27]可知，静态或动态加载的条件下，都会引发各种能量损耗，导致磁致伸缩材料出现磁滞现象。静态加载时，损耗较少，仅为由钉扎效应导致的钉扎损耗。相比于静态损耗，动态加载条件下增加了动态损耗，即涡流损耗和附加损耗。

由 Jiles-Atherton 磁滞模型，准静态方程为[28]

$$M_{irr} = M_{an} - K_B \xi \frac{dM_{irr}}{dH_e} \tag{9-30}$$

$$M_{rev} = c_B(M_{an} - M_{irr}) \tag{9-31}$$

$$M_{an} = M_{rev} + M_{irr} \tag{9-32}$$

式中，M_{an} 为无磁滞磁化强度；M_{irr} 为不可逆磁化强度；M_{rev} 为可逆磁化强度；H_e 为有效磁场；K_B 为钉扎系数，和磁场有相同的量纲；c_B 为可逆因子。ξ 的取值是和磁场增减相关的变量，在外磁场增加时取值为 1，在外磁场减小时取值为 -1。

整理式 9-30 ~ 式 9-32，可得：

$$M = M_{an} - K_B \xi (1 - c_B) \frac{dM_{irr}}{dH_e} \tag{9-33}$$

根据能量平衡原理可得[29]：

$$\mu_0 \int M_{an} dH_e = \mu_0 \int M dH_e + \mu_0 \int \xi K_B (1 - c) dM_{irr} \tag{9-34}$$

等式左边的为外加驱动磁场所产生的能量，记为 ΔW_w，等式右边第一项是磁化过程中单位体积中的静态磁场能，记为 ΔW_q，等式右边第二项是静态加载下的损耗，就是钉扎损耗，记为 ΔL_m：

$$\Delta L_m = \mu_0 \int \xi K_B (1 - c_B) dM_{irr} \tag{9-35}$$

钉扎损耗无论在静态还是动态的加载下，其机理类似于摩擦损耗的原理。K_B 和 c_B 的表达式如下[30,31]：

$$K_B = K_0 \exp\left(- \frac{H^2}{2\sigma^2} - 4\frac{T}{T_c} \right) \tag{9-36}$$

式中，K_0 为钉扎系数的初始值；T 为环境温度；T_c 为居里温度。从 K_B 的表达式可以看出钉扎系数受到驱动磁场、应力、温度的影响。

$$c_B = c_0 \exp\left(- 4\frac{\Delta T}{T_c} \right) \left(1 - \frac{\Delta T}{T_c} \right)^{-0.5} \bigg/ \left(1 - \frac{T_r}{T_c} \right)^{-0.5} \tag{9-37}$$

式中，c_0 为可逆系数的初始值；c_B 为和温度有关的变量；ΔT 为温度差值（$\Delta T = T_a - T_r$，T_r 为自旋再取向温度）。

动态损耗可细化为涡流损耗 ΔL_e 和附加损耗 ΔL_a，涡流损耗的表达式可通过求解 Maxwell 方程获得，并假设磁场穿透了材料的整体。而异常损耗是由不同畴壁间强相互作用的力、局部涡流反向场、外加磁场的相互作用导致磁化强度分布不均匀所造成的。可以表达为[32]

$$\Delta L_e = \mu_0^2 \int (D/2\rho\beta)(\mathrm{d}M/\mathrm{d}t)^2 \mathrm{d}t \tag{9-38}$$

$$\Delta L_a = \mu_0^{3/2} \int (G_0 S_c H_0/\rho)(\mathrm{d}M/\mathrm{d}t)^{3/2} \mathrm{d}t \tag{9-39}$$

式中，D 为棒的直径；S_c 为棒的横截面积；β 为材料的几何因子，对于圆柱体，$\beta = 16$；无量纲常数 $G_0 = 0.1356$；H_0 为和材料畴壁相关的参数；ρ 为材料的电阻率。

考虑动态损耗后，能量方程 9-34 可以写成如下关系式：

$$\Delta W_w = \Delta W_q + \Delta L_m + \Delta L_e + \Delta L_a \tag{9-40}$$

依次将 ΔW_w、ΔW_q、ΔL_m、ΔL_e、ΔL_a 的表达式代入到方程 9-40 有

$$\mu_0 \int M_{an} \mathrm{d}H_e = \mu_0 \int M \mathrm{d}H_e + \mu_0 \int \xi K_B (1 - c_B) \mathrm{d}M_{irr} +$$

$$\mu_0^2 \int (D^2/2\rho\beta)(\mathrm{d}M/\mathrm{d}t)^2 \mathrm{d}t +$$

$$\mu_0^{3/2} \int (G_0 S_c H_0/\rho)^{1/2}(\mathrm{d}M/\mathrm{d}t)^2 \mathrm{d}t \tag{9-41}$$

化简整理，可以推导出非线性磁化方程：

$$\mu_0 \delta \frac{D^2}{2\rho\beta}\left(\frac{\mathrm{d}M}{\mathrm{d}t}\right)^2 + \mu_0^{1/2}\delta\left(\frac{G_0 S_c H_0}{\rho}\right)^{1/2}\left(\frac{\mathrm{d}M}{\mathrm{d}t}\right)^{3/2} +$$

$$\left[\xi K_B - \delta q(M_{an} - M) - c_B \xi K_B q \frac{\mathrm{d}M_{an}}{\mathrm{d}H_e}\right]\frac{\mathrm{d}M}{\mathrm{d}t} -$$

$$\left[\delta(M_{an} - M) + c_B \xi K_B \frac{\mathrm{d}M_{an}}{\mathrm{d}H_e}\right]\frac{\mathrm{d}H}{\mathrm{d}t} = 0 \tag{9-42}$$

式 9-42 中的第一项反映的就是交流激磁时的涡流损耗的作用，第二项反映的是附加损耗的作用，第三项和第四项是 Jiles-Atherton 模型的变形所得，并对部分参数进行了修正和改进，使得方程更加完善。运用编程软件，采用牛顿迭代法可求解磁化强度变化率 $\mathrm{d}M/\mathrm{d}t$，从而能够计算出动态磁化强度。

9.4.2　磁致伸缩材料的应变模型

应用建立的磁致伸缩材料的磁致伸缩系数 λ 的表达式，参考公式 9-29，可通过计算磁致伸缩材料的磁致伸缩，进而计算磁致伸缩材料的应变。

基于弹性 Gibbs 自由能，推导应变 ε 在磁场、应力、温度作用下的表达式。通常施加的预应力和外磁场是沿着磁致伸缩棒的轴向方向，在磁致伸缩棒的轴向方向具有显著的磁致伸缩效应，在其他方向的磁致伸缩效应较小，可忽略不计。

因此将磁致伸缩材料在多物理场作用下引起的应变方向视为轴向方向。热力学模型是一类被广泛使用的非线性模型，它基于热力学原理，通过定义一个自由能函数，然后将这个自由能函数的多项展开式按照某种方式进行切断而建立本构关系。

根据热力学原理可以得到相应的弹性 Gibbs 自由能为[33]

$$G(\sigma, M, T) = U - TS - \sigma\varepsilon \tag{9-43}$$

式中，U 为材料单位体积中的内能；T 为温度；S 为熵；σ 为应力；ε 为应变；M 为磁化强度。

将式 9-43 对应力求导，可得到应变和 Gibbs 自由能之间的关系式如下：

$$\varepsilon = -\frac{\partial G}{\partial \sigma} \tag{9-44}$$

Terfenol-D 用于磁致伸缩换能器时通常处在常温附近，这里主要分析 0～120℃温度范围内 Terfenol-D 棒材的应变特性。将单位体积的弹性 Gibbs 自由能密度函数 $G(\sigma, M, T)$ 在自由状态 $(\sigma, M, T) = (0, 0, 0)$ 处按泰勒公式展开，得到 Gibbs 自由能表达式为

$$G(M, \sigma, T) = G(0,0,0) + \sum_{n=1}^{\infty} \frac{1}{n!} \left[\frac{\partial}{\partial T}T + \frac{\partial}{\partial M}M + \frac{\partial}{\partial \sigma}\sigma \right]_0^n G(M, \sigma, T) \tag{9-45}$$

将式 9-45 进一步展开，并忽略对应变无影响的量，可得一维状态的多项式为

$$\begin{aligned}
G(M, \sigma, T) = & \frac{1}{2} \times \frac{\partial^2 G}{\partial \sigma^2}\sigma^2 + \frac{1}{3!} \times \frac{\partial^3 G}{\partial \sigma^3}\sigma^3 + \frac{1}{4!} \times \frac{\partial^3 G}{\partial \sigma^4}\sigma^4 + \Lambda + \\
& \frac{1}{2}\left(\frac{\partial^3 G}{\partial \sigma \partial M^2}\sigma + \frac{1}{2} \times \frac{\partial^4 G}{\partial \sigma^2 \partial M^2}\sigma^2 + \Lambda \right) M^2 + \\
& \frac{\partial^2 G}{\partial T \partial \sigma}\sigma \Delta T + \frac{1}{2} \times \frac{\partial^4 G}{\partial T \partial \sigma \partial M^2}\Delta T M^2 \sigma
\end{aligned} \tag{9-46}$$

再根据式 9-44，可求得应变多项式为

$$\begin{aligned}
\varepsilon(M, \sigma, T) = & -\frac{\partial^2 G}{\partial \sigma^2}\sigma - \frac{1}{2} \times \frac{\partial^3 G}{\partial \sigma^3}\sigma^2 - \frac{1}{3!} \times \frac{\partial^4 G}{\partial \sigma^4}\sigma^3 - \Lambda - \\
& \frac{1}{2}\left(\frac{\partial^3 G}{\partial \sigma \partial M^2} + \frac{\partial^4 G}{\partial \sigma^2 \partial M^2}\sigma + \Lambda \right) M^2 - \\
& \frac{\partial^2 G}{\partial T \partial \sigma}\Delta T - \frac{1}{2} \times \frac{\partial^4 G}{\partial T \partial \sigma \partial M^2}\Delta T M^2
\end{aligned} \tag{9-47}$$

式 9-47 中包括了应力场、磁场和温度场以及多场之间相互耦合对应变的作用。式中磁场、应力场和温度场的相互耦合复杂，通过分析磁致伸缩材料在多场作用下的物理意义并结合实验结果，公式 9-47 可简化和归纳为式 9-48。磁致伸缩材料的整体应变可以写成以下三部分[34]：

$$\varepsilon(M,\sigma,T) = \varepsilon_\sigma + \varepsilon_T + \lambda(M,\sigma,T) \tag{9-48}$$

式 9-48 中的第一部分为仅由应力产生的应变 ε_σ，第二部分为仅由温度变化产生的热膨胀应变 ε_T，第三部分为多场耦合作用下的磁致伸缩应变。其中，由应力引起的应变 ε_σ 为

$$\varepsilon_\sigma = \frac{\sigma}{E_s} + \begin{cases} \lambda_s \tanh(\sigma/\sigma_s) & \sigma > 0 \\ \lambda_s \tanh(2\sigma/\sigma_s)/2 & \sigma \leqslant 0 \end{cases} \tag{9-49}$$

式中，E_s 为弹性模量；λ_s 为饱和磁致伸缩；σ_s 为饱和磁化状态下的饱和应力。上式中的第二项是分段函数，即当应力呈现拉应力和压应力的时候会产生不一样的应变值。

整体应变式 9-48 中第二部分的温度应变可以表示为下式[35]：

$$\varepsilon_T = \alpha_T \Delta T \tag{9-50}$$

式中，α_T 为磁致伸缩材料热膨胀系数。当环境温度介于 $-100 \sim -10℃$ 之间时，热膨胀系数能够达到 -12×10^{-6}；当环境温度介于 $-10℃$ 和 $0℃$ 之间时，热膨胀系数能够达到 -75×10^{-6}；当环境温度介于 $0℃$ 和 $120℃$ 之间时，热膨胀系数能够达到 4×10^{-6}。整体应变式 9-48 中第三部分多场耦合作用下的磁致伸缩应变由公式 9-29 计算。

9.4.3　磁致伸缩换能器的输出位移（振幅）和输出力

基于结构动力学原理，将公式 9-48 写成自变量为时间 t 与磁致伸缩棒端点位置 x 的表达式并进行化简：$\varepsilon(t, x) = \sigma(t, x)/E_s + w(t, x)$。其中 $w(t,x) = \alpha_T \Delta T + (\gamma_{11} M(t,x)^2 + \gamma_{21} M(t,x)^4) + \sigma(\gamma_{12} M(t,x)^2 + \gamma_{22} M(t,x)^4) + \Delta T(\gamma_{13} M(t,x)^2 + \gamma_{23} M(t,x)^4) + \begin{cases} \lambda_s \tanh(\sigma(t,x)/\sigma_s) & \sigma(t,x) > 0 \\ \lambda_s \tanh(2\sigma(t, x)/\sigma_s)/2 & \sigma(t, x) \leqslant 0 \end{cases}$ 进一步将应变表达式转化为应力表达式：$\sigma(t,x) = E_s \varepsilon(t,x) - E_s w(t,x)$。换能器的输出位移与应变的关系式为：$\varepsilon(t,x) = \partial u(t,x)/\partial x$。上述的应力表达式中没有考虑 Kelvin-Voigt 阻尼的影响，加入阻尼后的表达式可以写为

$$\sigma(t,x) = E_s \frac{\partial u}{\partial x}(t,x) + C_D \frac{\partial^2 u}{\partial x \partial t}(t,x) - E_s w(t,x) \tag{9-51}$$

式中，C_D 为阻尼系数。磁致伸缩棒的横截面积为 S_c，因此棒截面合力为

$$N_{tot}(t,x) = E_s S_c \frac{\partial u}{\partial x}(t,x) + C_D S_c \frac{\partial^2 u}{\partial x \partial t}(t,x) - E_s S_c w(t,x) \tag{9-52}$$

并依据动量原理，能够推得沿轴向的波动方程：

$$\rho_0 S_c \frac{\partial^2 u}{\partial t^2}(t,x) = \frac{\partial N_{tot}(t,x)}{\partial x} \tag{9-53}$$

式中，ρ_0 为磁致伸缩棒的密度，取值为 9250kg/m^3。为了进一步分析换能器的动

力学过程，将其简化为等效力学模型，如图9-23所示。

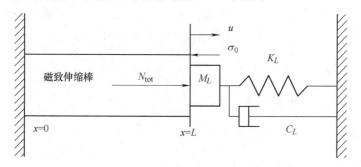

图9-23 换能器等效力学模型

认为负载的构成能够简化为由弹簧垫圈、顶杆和尾质量部分组成。在振动的过程中由于棒的一端固定在左侧，所以其位移为零，边界条件转化数学式，可表示为：$u(t,0) = 0$。而磁致伸缩棒的另一端和负载具有相同的位移、速度和加速度。

磁致伸缩棒由于受到预应力和磁场的作用，产生轴向的伸长或缩短。图9-24a是磁致伸缩棒处于自然状态下的情况，末端的位移为0；图9-24b是振动棒在预压力的作用下，会产生负轴向的位移。图9-24c是在预应力和磁场共同作用下的情况，产生整体位移，在下面的分析中把图9-24b中A点作为位移的零点。设磁致伸缩棒的长度为L，M_L、K_L、C_L分别为等效质量系数、等效刚度系数、等效阻尼系数。

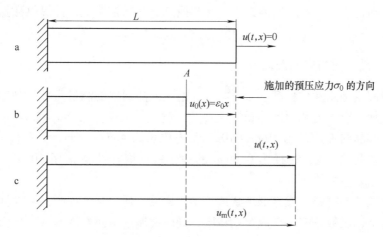

图9-24 应力和磁场引起的末端位移变化图

施加了预应力棒末端的初始输出位移为：$u_0(x) = \varepsilon_0 x$。考虑施加预应力后的平衡状态，能够得到平衡态整体位移为$u_m(t,x) = u(t,x) - u_0(x)$。对于大多数的应用领域而言，如果不涉及由预应力 σ_0 引起的位移 $u_0(x)$，那么所测出的应变和在平衡状态下的应变值不一致。因此在这些情况下，要考虑换能器系统的平衡态的输出位移 $u_\mathrm{m}(t, x)$，具有实际意义。此时方程 9-51 修正为

$$\sigma(t,x) = E_\mathrm{s} \frac{\partial u_\mathrm{m}}{\partial x}(t,x) + C_\mathrm{D} \frac{\partial^2 u_\mathrm{m}}{\partial x \partial t}(t,x) - E_\mathrm{s} w(t,x) + \sigma_0 \qquad (9\text{-}54)$$

代入合力方程，可得平衡态合力为

$$N_\mathrm{mtot}(t,x) = E_\mathrm{s} S_\mathrm{c} \frac{\partial u_\mathrm{m}}{\partial x}(t,x) + C_\mathrm{D} S_\mathrm{c} \frac{\partial^2 u_\mathrm{m}}{\partial x \partial t}(t,x) - E_\mathrm{s} S_c w(t,x) \qquad (9\text{-}55)$$

此时的波动方程变成

$$\rho S_\mathrm{c} \frac{\partial^2 u_\mathrm{m}}{\partial t^2}(t,x) = \frac{\partial N_\mathrm{mtot}(t,x)}{\partial x} \qquad (9\text{-}56)$$

依据建立的换能器模型，应用有限元数值计算方法和流程，通过软件编程可以计算换能器的输出位移（振幅）和输出力，为分析换能器的输出特性提供理论指导。

9.5　超声磁致伸缩换能器的损耗与温度特性分析

在高频激励条件下，如何准确计算磁致伸缩材料和器件的磁能损耗是研制磁致伸缩换能器的关键问题。通过对磁致伸缩材料进行切片处理可以有效地抑制涡流损耗，减少磁致伸缩材料的磁能损耗，但磁能损耗的产生机理以及影响因素尚未清楚。因此有必要研究片状磁致伸缩材料的高频磁滞特性以及磁能损耗特性，确定磁能损耗机理以及影响因素，为高频换能器的温控系统设计提供数据和理论支持。

9.5.1　磁致伸缩材料的损耗分析

磁滞回线是磁性材料基本参考曲线，通过磁滞回线的测量可以得到磁性材料的磁能损耗、矫顽力和剩磁等磁特性参数。测试样品采用方形环状 Terfenol-D 薄片样品，样品的外边长为 10mm×10mm，内边长为 4mm×4mm，其厚度为 2mm。驱动线圈选用 20 匝、线径为 0.5mm 的漆包线，取样线圈选用 10 匝、线径为 0.15mm 的漆包线[36]。

将磁致伸缩材料制成方形环状薄片结构样品，通过导线在样品磁路回环上紧密均匀缠绕，匝数较多，形成驱动线圈，同时绕制少量匝数的导线，以形成取样线圈。环状样品测试系统能够达到均匀磁化的目的，在驱动线圈和取样线圈之间可以完成磁通的有效传递。同时对于环状 Terfenol-D 样品材料的特点而言，环状测试结构简单易操作，适用于多次重复测量。

测试系统如图 9-25 所示，其工作原理为：为了给驱动线圈提供所需的正弦

交变磁场，由信号发生器向功率放大器中输入给定频率的正弦交变电流。其次为信号的检测和采集部分，感应电动势从取样线圈的两端产生。环状样品中磁场强度的变化由采样电阻上的电压反映；同时积分放大电路和取样线圈相连，通过放大电路中电容电压来反映材料中磁感应强度的变化，随之通过示波器同时采集通过积分放大电路的感应电动势和通过采样电阻的驱动线圈的信号，将采集到的数据导出到数据处理部分，也就是对应的计算机中，调用相关程序，并绘制出动态磁滞回线，计算磁滞回线面积来获得磁能损耗。

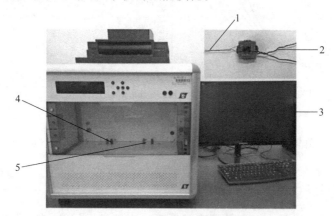

图 9-25 环状 Terfenol-D 样品的动态磁特性测量系统

1—取样线圈；2—驱动线圈；3—PC 机；4—取样线圈接线柱；5—驱动线圈接线柱

9.5.1.1 相同磁通密度幅值、不同频率下动态磁滞曲线

对 Terfenol-D 样品在一定的磁通密度幅值 B_m 下，测量材料的动态磁滞回线和磁能损耗。当 Terfenol-D 样品的 $B_m = 0.05T$ 时，测得不同驱动磁场频率为 1kHz、5kHz、10kHz、20kHz、50kHz 下的一组动态磁滞回线，如图 9-26a 所示。在设定的磁通密度幅值下，无论频率如何变化，动态磁滞回线均呈现为椭圆形，且曲线随着频率的增加横向变宽，椭圆形磁滞回环的倾斜程度不断变小，相应的磁滞回线面积不断增大。在设定的磁通密度幅值下，驱动磁场频率越高，其驱动磁场强度越大，Terfenol-D 材料中磁畴转动和磁畴壁移动等运动加剧，导致磁能损耗在不断增加。当 $B_m = 0.05T$ 时，测得 Terfenol-D 在不同驱动磁场频率 1kHz、5kHz、10kHz、20kHz、50kHz 下 的 磁 能 损 耗，分 别 为 8.519W/kg、54.594W/kg、134.628W/kg、325.831W/kg、1098.662W/kg。各频率段的斜率分别为 11.52、16.01、19.12、25.76。由图 9-26b 可知磁能损耗的数值随着驱动磁场频率增加而增大。随着驱动磁场频率增加，损耗的增速增加，表明低频驱动下 Terfenol-D 的损耗受频率影响较小；而在高频下，磁能损耗随着频率急剧增加。而从数值上看，驱动磁场频率为 20kHz 的磁能损耗为 1kHz 的 38 倍，50kHz 的磁能损耗为

1kHz 的 130 倍。因此高频下的磁能损耗不可忽略，当频率为 50kHz 时，磁能损耗的快速增加使得材料能量转换率迅速降低，所以后续材料与器件的磁特性研究将限于 1~20kHz 频率范围内。

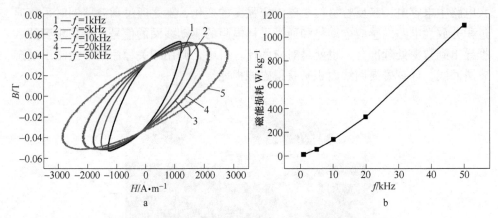

图 9-26　不同频率的动态磁滞回线（a）和磁能损耗（b）

9.5.1.2　相同频率、不同磁通密度幅值下动态磁滞曲线

对 Terfenol-D 样品在一定的频率条件下，测量材料的动态磁滞回线和磁能损耗。Terfenol-D 在驱动磁场频率为 20kHz 时，磁密幅值分别为 0.02T、0.04T、0.06T、0.08T 时测得的一组动态磁滞回线，如图 9-27a 所示。其中动态磁滞回线为一系列同心椭圆环。当磁通密度幅值增加，磁滞回线不断变高变宽，且面积随之不断增大。当频率一定时，椭圆形磁滞回环的倾斜程度基本保持一致，可认为磁化处于初始磁化阶段的可逆磁化过程，以可逆磁畴转动和可逆磁畴壁移动为主要运动过程。在驱动磁场为 20kHz，改变磁通密度幅值时测得的损耗分别为

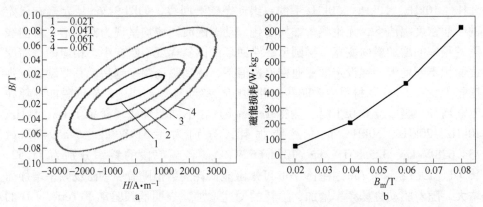

图 9-27　不同磁密幅值下动态磁滞回线（a）和磁能损耗（b）

54.359W/kg、206.186W/kg、459.421W/kg、821.354W/kg。各磁通密度段的斜率分别为 7591.35、12661.75、18096.65。从图 9-27b 可见，当磁通密度幅值增加，损耗的数值增大；随着幅值增加，损耗的增速在加快。说明损耗在较大磁通密度幅值的情况下，受其影响较大；反之，受其影响较小。而从数值上看，饱和磁密为 0.08T 的损耗为 0.02T 的 15 倍。

9.5.1.3 磁致伸缩材料在高频激励下的电磁损耗计算

对于 Terfenol-D 材料的高频应用，磁滞损耗系数、涡流损耗系数和异常损耗系数并没有文献准确给出。本节通过大量的实验和数据拟合，确定了 Terfenol-D 材料在不同频率和磁场条件下的各项损耗系数。当驱动频率分别为 1kHz、2kHz、5kHz、10kHz、15kHz、20kHz，最大磁通密度分别为 0.01T、0.02T、0.03T、0.04T、0.05T、0.06T、0.07T、0.08T 和 0.09T 时，测量了 Terfenol-D 样品的动态磁滞回线。得到 Terfenol-D 的磁能损耗，如图 9-28 所示。

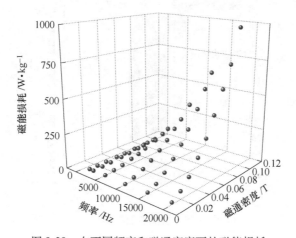

图 9-28 在不同频率和磁通密度下的磁能损耗

经过分析发现磁致伸缩材料在工作时的损耗 Q_{loss} 包括磁滞损耗 p_h，涡流损耗 p_e 和异常损耗 p_a，根据损耗分离公式它们分别表示为

$$p_h = k_h f B_m^\partial$$
$$p_e = k_e f^2 B_m^2$$
$$p_a = k_a f^{3/2} B_m^{3/2} \tag{9-57}$$

式中，k_h 和 ∂ 为磁滞损耗系数；k_e 为涡流损耗系数；k_a 为异常损耗系数；f 为驱动磁场的频率。根据图 9-28 中的数据，通过 1stOpt 软件使用 Levenberg-Marquardt 方法对参数 k_h、∂、k_e 和 k_a 进行数据拟合。数据拟合重复 10 次，计算得到平均拟合系数：$k_h = 4.12$，$\partial = 2.22$，$k_e = 2.34 \times 10^{-5}$，$k_a = 5.9 \times 10^{-3}$。

$$Q_{loss} = p_h + p_e + p_a$$

$$= 4.12 f B_m^{2.22} + 2.34 \times 10^{-5} f^2 B_m^2 + 5.9 \times 10^{-3} f^{3/2} B_m^{3/2} \quad (9\text{-}58)$$

根据公式 9-58 可以准确计算 Terfenol-D 材料在高频激励条件下的磁能损耗，为控制以 Terfenol-D 材料为核心元件的磁致伸缩换能器的热损耗提供理论依据。

9.5.2　换能器的温度特性分析

根据换能器热场的控制方程，利用 COMSOL 有限元软件，对换能器的整个工作过程进行建模。热源 Q 考虑了 Terfenol-D 棒的损耗和驱动线圈的铜损耗。Terfenol-D 棒的损耗包括磁滞损耗 p_h、涡流损耗 p_e 和异常损耗 p_a。对换能器样机，在 3A 偏置电流、2A 驱动电流和 20kHz 频率条件下，Terfenol-D 棒的总损耗计算为 83W，驱动线圈的铜损耗为 28.6W。当换能器在以上条件工作 30min 时，计算出换能器的二维轴对称温度分布云图，如图 9-29 所示。

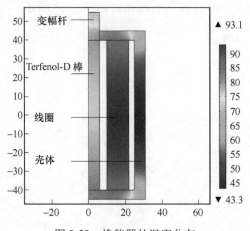

图 9-29　换能器的温度分布

当换能器长时间工作在高频条件下，Terfenol-D 棒的温度会超过 80℃，Terfenol-D 棒顶端的温度高于棒的中心位置的温度。驱动线圈的温度超过 93℃，驱动线圈中心部位的温度高于驱动线圈两端的温度，其中驱动线圈中心部位的温度最高。

温控系统的设计是高频磁致伸缩换能器设计的重要内容。冷却方式可以是空气冷却、水冷却或者油冷却。考虑到换能器工作在高频下，发热大，而水在循环回路中容易与金属发生氧化，会因生锈导致设备的水路堵塞，故高频磁致伸缩换能器的温控系统采用油冷。冷却介质选择为硅油。根据对流换热理论，在换能器的冷却管道中，通过控制硅油的温度和流速对换能器进行冷却。冷却管道分别在线圈骨架和 Terfenol-D 棒、线圈骨架和外部壳体之间，这是换能器温升最为严重的位置。硅油通过冷却循环机进行压缩冷却，从冷却管道的入口流到冷却管道的出口。入口设计在换能器的底部，出口设计在顶部。这种设计便于硅油带走换能器更多的热量。温控系统包括冷却管道、质量流量计和冷却循环机。计算机与温控装置构成闭环控制系统。在磁致伸缩换能器冷却回路的进出口同时设有温度传感器，可采集实时温度。通过调节冷却循环机可以控制硅油的温度和流速。质量流量计对硅油流速进行实时监测。

分析高频磁致伸缩换能器在温控系统下工作时的温度分布云图，如图 9-30 所示。工作条件为 3A 偏置电流，2A 驱动电流，20kHz 频率。硅油流速选择为 $v = 0.5m/s$，初始冷却温度为 20℃，从温度云图可知，线圈温度可控制在 26.2℃ 以下，Terfenol-D 棒顶部温度控制在 22.4℃，Terfenol-D 棒的中心温度低至 21.1℃。与不采用温控系统的换能器的温度分布云图相比，所设计的温控系统满足高频磁致伸缩换能器的工作应用。

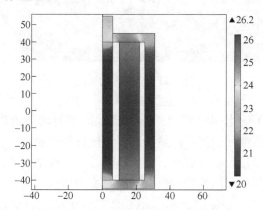

图 9-30 采用温控装置时高频磁致伸缩换能器的温度分布

9.6 超声磁致伸缩换能器的输出特性测试与分析

在磁致伸缩换能器的磁路、磁场优化设计准则和损耗、温升规律研究分析的基础上，设计了超声磁致伸缩换能器样机，搭建了输出特性测试系统并对换能器样机的输出位移（振幅）和加速度进行了测试与分析。

9.6.1 换能器输出特性的测试系统

磁致伸缩换能器输出特性实验测试系统如图 9-31 所示。测试系统包括电源箱、温度控制循环装置、测试模块和数据采集模块。温度控制循环装置包括冷却循环机、质量流量计和换能器中的双冷却管道。其中，电源通过施加稳定的直流给换能器提供偏置磁场，用来消除磁致伸缩材料的倍频效应。同时电源箱可以产生交流为换能器提供不同频率的高频励磁磁场。当换能器工作在高频激励条件下，会产生大量的温升，影响换能器的输出量程和精度，通过温度控制循环系统对换能器进行冷却，使换能器的工作温度保持在最佳条件。换能器的输出位移由激光位移传感器（LK-H008，KEYENCE）测得。换能器的振动加速度由 SQLAB Ⅱ型振动加速度传感器测量[37]。

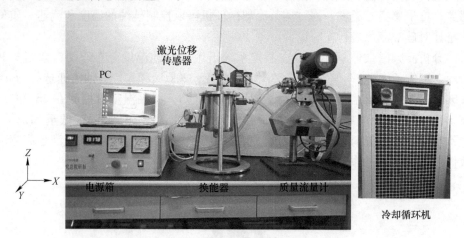

图 9-31　实验测试系统

质量流量计（YK-LK-10-FT51S）可以直接测量封闭管道内流体的质量流量和介质密度。质量流量计由流量测量传感器和流量转换器两部分组成。流量测量传感器由测量管、测量管驱动装置、位置检测器、支撑结构、温度传感器和壳体等几部分组成。它的外形结构为三角形结构，这种结构的优点是测量信号大，测量精度容易满足要求，安装应力影响小，具有二次耐压保护功能并易于实现保温。流量转换器是与流量测量传感器配套使用的流量测量信号转换仪表，它由信号基础转换器和显示器组成。测量单位包括质量流量、体积流量、密度、温度等。

冷却循环机（TOYO）是提供制冷的冷却设备。它的内部结构由节段式不锈钢水泵、不锈钢水箱、PVC 增强管组成。这些材料的材质不会被冷却介质锈蚀，保证了冷却介质的纯度。冷却循环机同时配有出水和回水过滤单元。通过冷却循环机的出、进口分别与换能器的进口和出口连接形成闭环回路。换能器的进口在下端部分，出水口在上端部分，这种设计有利于更有效地对换能器制冷。

9.6.2　换能器的输出位移（振幅）测试与分析

针对所设计的磁致伸缩换能器进行输出位移实验测试，研究其输出位移振幅与输入电流（即驱动磁场）的关系，测试动态工作条件下换能器输出位移（振幅）与电流、频率的关系。

实验过程中，使换能器通入直流电流，交流激磁线圈通入固定频率的正弦电流，设置冷却循环机的初始温度，通过质量流量计监控冷却介质的流速。数据采集包括电流、电压、时间、位移。研究固定频率下交流驱动时换能器的输出位移特性，可以根据实验结果确定合适的偏置电流和激励电流，为不同频率交流驱动提供实验依据，包括输出位移波形的重复性和振幅大小、换能器的内部磁场变化等。

测得换能器样机的实时振动位移如图 9-32 所示。测试条件为：19.1kHz 的激励频率，10MPa 的预应力，8A 的偏置电流，激励电流有效值分别为 1A 和 2A。当偏置电流信号不变时，随着增加激励电流信号的正弦周期性波动，换能器的输出位移也做同频正弦周期波动。其动态位移可重复性误差波动在-1%～1%的范围以内。说明换能器的动态位移可重复性好，能够保证换能器输出的稳定性。随着激励电流的增加，换能器输出位移的振幅也增加，当激励电流为 1A 时，换能器输出位移振幅为 5.9μm，当激励电流为 2A 时，换能器的输出位移振幅增加为 8.73μm。

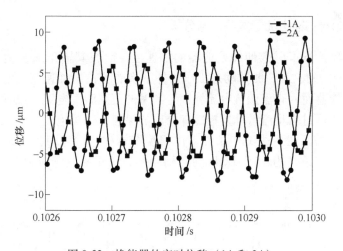

图 9-32　换能器的实时位移（1A 和 2A）

通过实验测试了换能器在不同频率下的输出位移曲线，得到换能器的振幅与频率的关系曲线，如图 9-33 所示。工作条件为：预应力为 10MPa，偏置电流为 8A，激励电流分别为 1A 和 2A。激励频率的范围为 16.5～22kHz，频率间隔为 500Hz。在不同激励电流条件下，换能器输出振幅的变化趋势一致，均呈现随着激励频率增加，输出振幅先增加后减小。输出振幅在 19.5kHz 处取得最大值，当激励电流为 1A 时，振幅为 6.07μm，当激励电流为 2A 时，振幅为 9.46μm。激励频率为 19.5kHz 是换能器样机的谐振频率。结果表明磁致伸缩换能器工作在 16.5～22kHz 范围内，在 19.5kHz 频率时具有谐振峰，此时换能器具有最大的输出振幅。激励电流有效值的大小对换能器的谐振频率点没有影响。

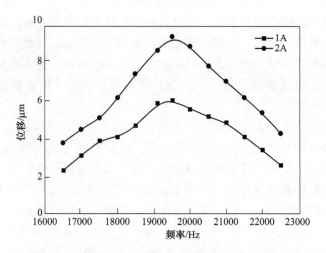

图 9-33　换能器在不同频率下的输出振幅（1A 和 2A）

9.6.3　换能器的输出加速度测试与分析

　　通过实验测试了磁致伸缩换能器的加速度，研究其输出加速度与输入电流（即驱动磁场）的关系，测试动态工作条件下换能器输出加速度与电流、频率的关系。给换能器通入直流偏置电流和固定频率的正弦激励电流，设置冷却循环机的初始温度，通过质量流量计监控冷却介质的流速。采集电流、电压、时间、加速度等实验数据。在下述工作条件下测得换能器样机的实时振动加速度，如图 9-34 所示。工作条件为：19.1kHz 的激励频率，10MPa 的预应力，8A 的偏置电

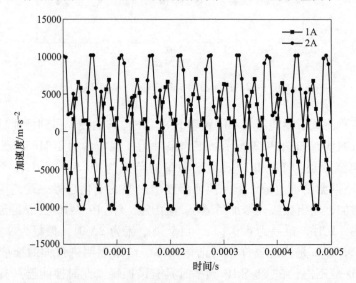

图 9-34　换能器的实时加速度（1A 和 2A）

流，激励电流为正弦波，有效值分别为 1A 和 2A。通过实验得到，换能器的振动加速度波形也按正弦规律变化，当激励电流为 1A 和 2A 时，换能器振动加速度的幅值分别为 6593m/s² 和 10172m/s²。

通过测量换能器样机在不同激励频率和电流下的实时振动加速度曲线，得到换能器样机的振动加速度幅值与频率的关系曲线，如图 9-35 所示。

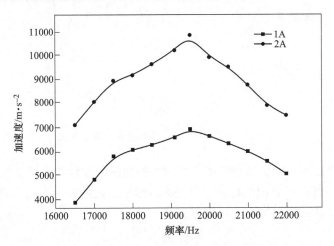

图 9-35 换能器在不同频率下的输出加速度的幅值（1A 和 2A）

当激励电流为 1A，激励频率分别为 19.5kHz、16.5kHz 和 22kHz 时，换能器的振动加速度的幅值分别为 6937m/s²、3937m/s² 和 5100m/s²。由此可见，换能器在 19.5kHz 激励频率下的振动加速度大于在其他激励条件下工作时的振动加速度。当激励电流为 2A，激励频率分别为 16.5kHz、19.5kHz 和 22kHz 时，换能器的振动加速度的幅值分别为 7119m/s²、10800m/s² 和 7500m/s²。通过实验得出在不同的激励磁场下，换能器振动加速度的幅值均在频率为 19.5kHz 时达到最大值。

为了验证所设计的换能器样机的位移节点位置的准确性，在换能器样机的位移节点处进行加速度实验测试，如图 9-36 所示。工作频率为 19.1kHz，预应力为 10MPa，偏置电流为 8A 和激励电流为 2A，测得换能器样机的三维实时振动加速度在 x 方向、y 方向和 z 方向分别为 19m/s²、18m/s² 和 40m/s²。三个方向的定义如实验测试系统图所示。通过数据分析发现换能器节点处的加速度远小于换能器的输出加速度，证明此换能器样机的实际位移节点与位置设计值一致。

9.6.4 换能器的谐振频率分析

当器件工作在由机械结构确定的固有频率时，器件具有最大的输出能量和最高的工作效率。对换能器进行结构设计时，需要通过器件的模态分析确定几何结

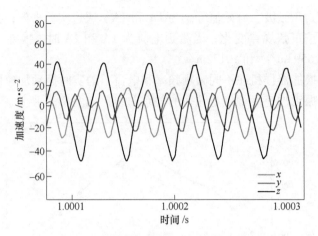

图 9-36 换能器在位移节点处的三维加速度

构的多阶固有频率，确定谐振频率是否与谐振频率的设计值一致。模态分析可基于 COMSOL 软件进行有限元计算。器件固有频率附近的频率区间为器件的有效频率区间。典型的无阻尼模态分析方程为

$$[K][\phi_i] = \omega_i^2[M][\phi_i] \tag{9-59}$$

式中，$[K]$ 为刚度矩阵；$[\phi_i]$ 为器件第 i 阶的振型矢量；ω_i 为器件第 i 阶的固有频率；$[M]$ 为质量矩阵。基于有限元法对换能器进行模态分析，首先对换能器的几何结构进行离散化，其次加载边界条件，最后求解得到换能器的多阶固有频率下的振型，通过求解换能器的固有频率和振型可以指导换能器的机械结构设计。

根据表 9-3 中换能器的结构参数，在 COMSOL 中建立了换能器的几何结构。在模态分析中，频率范围是从 1Hz 到 60kHz。通过模态分析，利用 Block Lanczos 方法提取了换能器的前六阶模态，得到它的固有频率。图 9-37a~f 是换能器前六阶模态的振型。根据图 9-37 可知，第三阶模态是纵向振动振型，频率为 19.1kHz，这是换能器所需要的振动振型。第一阶模态（$f = 10.6$kHz）和第二阶模态（$f = 11.1$kHz）是径向振动振型。在第四阶模态（$f = 25.6$kHz）、第五阶模态（$f = 25.7$kHz）和第六阶模态（$f = 36.3$kHz）中，Terfenol-D 棒在径向发生弯曲变形。结果表明，设计的换能器最佳工作频率为 19.1kHz。与设计值 $f = 20$kHz 相比，偏差为 4.5%。模态分析结果表明所提出的机械结构设计方案的正确性。

当超声振动系统工作在谐振状态时，能量转换效率最高，发热最小，寿命更久，因此要求对换能器进行阻抗分析并进行阻抗匹配，使振动系统在谐振点附近工作。换能器的匹配主要包括调谐、变阻及滤波。调谐的作用是外加一个电抗来减少或消除换能器本身的电抗，使换能器阻性负载功率增加；变阻的目的是将换能器的阻抗变换至合适的值，使换能器输出足够的功率；滤波是因为开关型电源

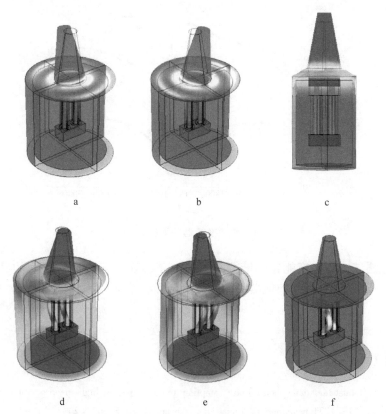

图 9-37　换能器的前六阶的模态振型和固有频率

a—第一阶模态振型，f=10.6kHz；b—第二阶模态振型，f=11.1kHz；

c—第三阶模态振型，f=19.1kHz；d—第四阶模态振型，f=25.6kHz；

e—第五阶模态振型，f=25.7kHz；f—第六阶模态振型，f=36.3kHz

的输出是方波，含有大量的谐波成分，需设计合理的滤波网络滤除谐波，滤波可减少换能器的发热，提高换能器的效率。

　　通过阻抗分析可以确定换能器样机的谐振频率。将换能器的线圈两端与阻抗分析仪（NYSE：KEYS E4990A）连接。为保证测量的精准性，阻抗分析仪在工作前进行校准。实验时，首先将频率范围设置为 1Hz~20kHz，在此频率范围内进行粗扫描，每隔 500Hz 记录该频率条件下的电阻和电抗。通过观察样本点在二维平面的分布，确定需要进一步细化测量的频率范围。通过阻抗分析实验得出，换能器样机的谐振频率为 18.55kHz，如图 9-38 所示。

　　三种方法确定的磁致伸缩换能器的谐振频率：（1）通过有限元法确定换能器的固有频率和振型，得出换能器的第三阶模态是纵向振动振型，频率为 19.1kHz。（2）通过实验测试得出换能器的谐振频率为 19.5kHz。（3）对换能器

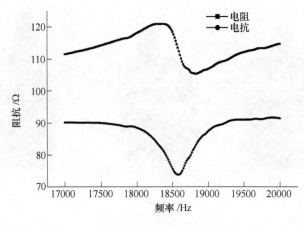

图 9-38　换能器的阻抗分析

进行阻抗测试，测得换能器的谐振频率为 18.55kHz。三种方法之间的最大误差为 5.2%，说明磁致伸缩换能器的设计方法合理有效。

参 考 文 献

[1]　Xu Q S. Robust impedance control of a compliant microgripper for high-speed position/force regulation [J]. IEEE Transactions on Industrial Electronics，2015，62（2）：1201~1209.

[2]　Yang Z S，He Z B，Li D W，et al. Direct drive servo valve based on magnetostrictive actuator：Multi-coupled modeling and its compound control strategy [J]. Sensors and Actuators A：Physical，2015，235：119~130.

[3]　Lu X，Fan B，Huang M. Anovel LS-SVM modeling method for a hydraulic press forging process with multiple localized solutions [J]. IEEE Transactions on Industrial Informatics，2015，11（3）：663~670.

[4]　Lin S. Study on the multifrequency Langevin ultrasonictransducer [J]. Ultrasonics，1995，33（6）：445~448.

[5]　袁易全. 超声换能器 [M]. 南京：南京大学出版社，1992：130~159.

[6]　Clark A E. Magnetostrictive rare earth-Fe$_2$ compounds [J]. Handbook of ferromagnetic materials，1980，1：531~589.

[7]　林书玉. 超声换能器的原理及设计 [M]. 北京：科学出版社，2004.

[8]　Swamy K M，Narayana K L. Intensification of leaching process by dual-frequency ultrasound [J]. Ultrasonics Sonochemistry，2001，8（4）：341~346.

[9]　鲜晓军. 复频功率超声换能器的设计与研究 [D]. 西安：陕西师范大学，2008.

[10]　Weisensel G N，Sater J M，Hansen T T，et al. High-power ultrasonic TERFENOL-D transducers enable commercial applications [J]. Proceedings of SPIE-The International Society

for Optical Engineering, 1998, 3326: 450.

［11］林仲茂. 新型超声清洗换能器及其应用［J］. 清洗世界, 2004, 20（11）: 30~33.

［12］黄文美, 薛胤龙, 王莉, 等. 考虑动态损耗的超磁致伸缩换能器的多场耦合模型［J］. 电工技术学报, 2016, 31（7）: 173~178.

［13］王博文, 曹淑瑛, 黄文美. 磁致伸缩材料与器件［M］. 北京: 冶金工业出版社, 2008.

［14］Karunanidhi S, Singaperumal M. Design, analysis and simulation of magnetostrictive actuator and its application to high dynamic servo valve［J］. Sensors and Actuators: A Physical, 2010, 157（2）: 185~197.

［15］张海英. 水声换能器在海底通信中的研究［J］. 科技信息, 2011（18）: 540~542.

［16］Engdahl G, Mayergoyz I D. Handbook of giant magnetostrictive materials［M］. San Diego: Academic press, 2000.

［17］Tao M L, Zhuang Y, Chen D F, et al. Characterization of magnetostrictive losses using complex parameters［J］. Advanced Materials Research, 2012, 490-495: 985~989.

［18］Kim Y Y, Kwon Y E. Review of magnetostrictive patch transducers and applications in ultrasonic nondestructive testing of waveguides［J］. Ultrasonics, 2015, 62: 3~19.

［19］Ueno T, Saito C, Imaizumi N, et al. Miniature spherical motor using iron-gallium alloy（Galfenol）［J］. Sensors and Actuators A: Physical, 2009, 154（1）: 92~96.

［20］Guo J, Suzuki H, Higuchi T. Development of micro polishing system using a magnetostrictive vibratingpolisher［J］. Precision Engineering, 2013, 37（1）: 81~87.

［21］李明范, 项占琴, 吕福在. 超磁致伸缩换能器磁路设计及优化［J］. 浙江大学学报（工学版）, 2006, 40（2）: 192~196.

［22］林仲茂. 超声变幅杆的原理和设计［M］. 北京: 科学出版社, 1987.

［23］蔡万宠, 冯平法, 郁鼎文. 超磁致伸缩换能器预应力优化设计方法研究［J］. 振动、测试与诊断, 2017, 37（1）: 48~52.

［24］Jiles D C. Theory of the magnetomechanical effect［J］. Journal of Applied Physics, 1995, 8: 1537~1546.

［25］Dapino M J, Smith R C, Flatau AB. Structural magnetic strain model for magnetostrictive transducers［J］. IEEE Transactions on Magnetics, 2000, 36（3）: 545~556.

［26］Wang Li, Wang Bowen, Wang Zhihua, et al. Magneto-thermo-mechanical characterization of giant magnetostrictive materials［J］. Rare Met, 2013, 32（5）: 486~489.

［27］Sirohi J. Investigation of thedynamic characteristics of a piezohydraulic actuator［J］. Journal of Intelligent Material Systems and Structures, 2005, 16: 481~492.

［28］Sablik M J, Jiles D C. A model for hysteresis inmagnetostriction［J］. Journal of Applied Physics, 1988, 64（10）: 5402~5206.

［29］Li Y, Wang B, Huang W, et al. A hybrid Jiles-Atherton/Armstrong magnetization model considering uniaxial anisotropy for magnetostrictive alloy rods［J］. AIP Advances, 2019, 9（3）: 035238.

［30］Wilson P R, Ross J N, Brown A D. Optimizing the Jiles-Atherton model of hysteresis by a genetic algorithm［J］. IEEE Transactions on Magnetic, 2001, 37（2）: 989~993.

[31] Raghunathan A, Melikhov Y A, Snyder J E, et al. Theoretieal model of temperature dependence of hysteresis based on mean field theory [J]. IEEE Transactions on Magnetic, 2010, 46 (6): 1507~1510.

[32] Jiles D C. Modelling the effects of eddy current losses on frequency dependent hysteresis in electrically conducting media [J]. IEEE Transactions on Magnetic, 1994, 30 (6): 4326~4328.

[33] 林宗涵. 热力学与统计物理学 [M]. 北京: 北京大学出版社, 2008.

[34] Huang W, Li Y, Weng L, et al. Multifield coupling model with dynamic losses for giant magnetostrictive transducer [J]. IEEE Transactions on Applied Superconductivity, 2016, 26 (4): 4900805.

[35] Jin K, Kou Y, Zheng X J. A nonlinear magneto-thermo-elastic coupled hysteretic constitutive model for magnetostrictive alloys [J]. Journal of Magnetism and Magnetic Materials, 2012, 36: 1954~1961.

[36] Huang W, Gao C, Li Y, et al. Experimental and calculating analysis of high-frequency magnetic energy losses for Terfenol-D magnetostrictive material [J]. IEEE Transactions on Magnetics, 2018, 54 (11): 2802004.

[37] Li Y, Huang W, Wang B, et al. High-frequency output characteristics of giant magnetostrictive transducer [J]. IEEE Transactions on Magnetics, 2019, 55 (6): 8202305.